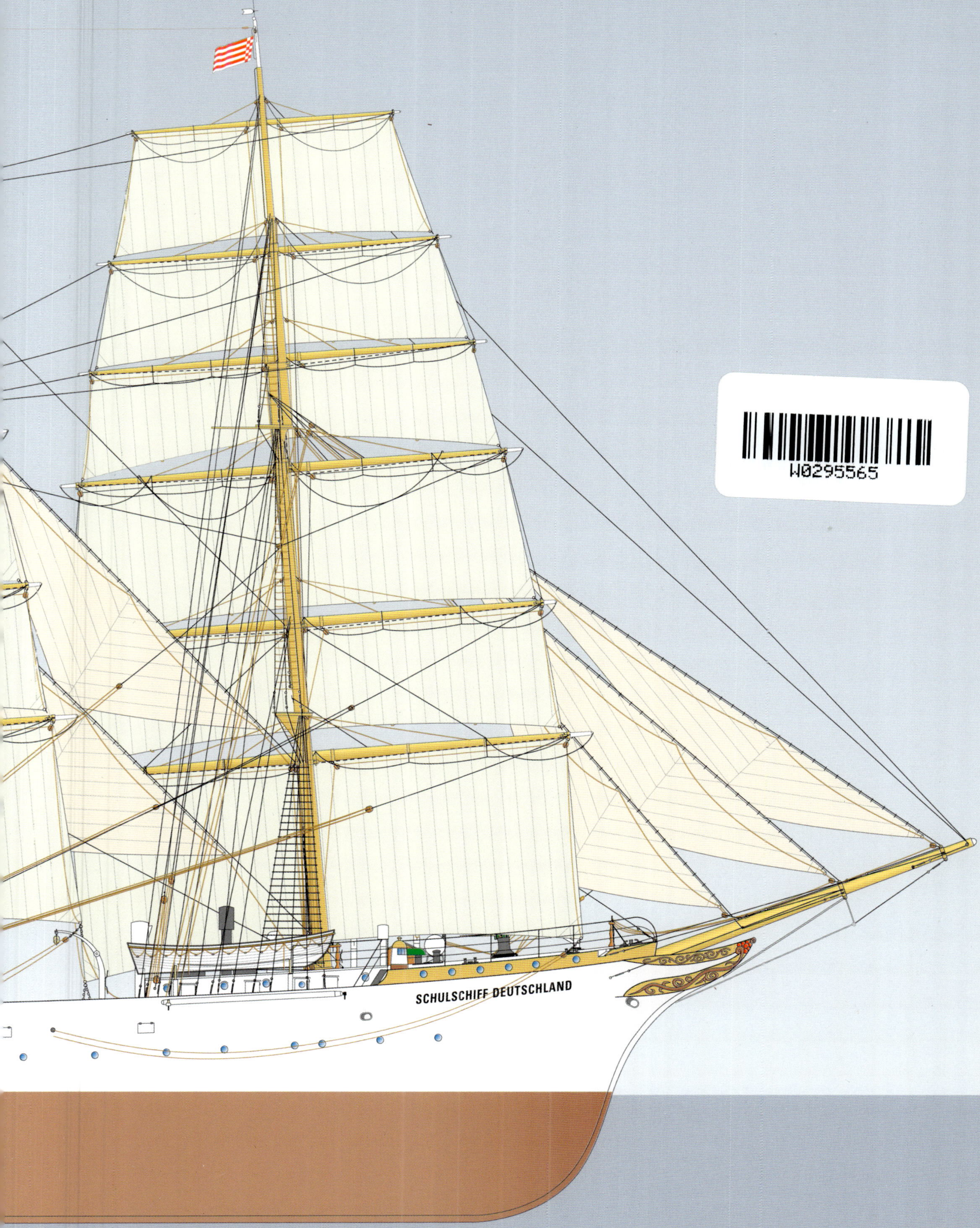
SCHULSCHIFF DEUTSCHLAND

HANS GEORG PRAGER

SCHULSCHIFF DEUTSCHLAND

Wir gratulieren zur Trauung
und wünschen Ihnen für Ihren
gemeinsamen Lebensweg
alles Gute!

Bremen, den 5. Oktober 2013

(Dominik)
Geschäftsführer DSV
Fregattenkapitän a. D.

HANS GEORG PRAGER

SCHULSCHIFF DEUTSCHLAND

Weißer Schwan der Unterweser

HAUSCHILD

Abbildung auf dem Schutzumschlag:
Schulschiff Deutschland in die Weser einlaufend.
Foto: Dr. H. Hückstädt, Sammlung DSM

Abbildung auf dem Vorsatz vorn:
Schulschiff Deutschland, 1927 gebaut von der Werft Joh. C. Tecklenborg in Geestemünde.
Bruttoraumgehalt 3562 cbm. Seine 25 Segel hatten eine Gesamtfläche von 1950 qm.
Zeichnung: Bernd Jocham, Hörlkofen

Abbildung auf dem Vorsatz hinten:
Die 12 Atlantik-Reisen von Schulschiff Deutschland. Karte: Bernd Jocham, Hörlkofen.
Herausgeber: Deutscher Schulschiff-Verein

Abbildung auf dem Frontispiz:
Reproduktion eines Gouache-Gemäldes des Marine-Malers Jochen Sachse. Motiv ist das morgendliche Auslaufen des Rahseglers Schulschiff Deutschland aus Kapstadt. Als »Gegenkommer« sieht man im Hintergrund die Carnarvon Castle von der Union Castle Mail, London.

Farbfotos: Jens Meyer (9); Deutscher Schulschiff-Verein (6); Margarethe Reisinger (4); Peter Lohmeyer (2); Udo Gneiting (1); Elke Mistler (1).
Schwarzweißfotos: Ludwig Vellguth, Wedel (7); Walter H. Henning, Bremen (6); DSV-Club Hamburg, Wolfgang Scharrnbeck (6); Arnold Focken, Bremen (3); Schiffsleitung Grossherzogin Elisabeth, Elsfleth (3); Karl Kemper, Oldenburg (3); Seemannsschule der Freien Hansestadt Bremen (3); Franz Grützmacher (2); Georg Gärtner, Travemünde (2); Rolf Heitmann, Bad Schwartau (2); Werkfoto Deutsche Werke A.G., Kiel (2); Rudi Schmidt, Berne (2); Heinrich Engelke, Wesermünde-G. (1), Horst Erlenbach, Frankfurt a. M. (1); Hans Kohl, Koblenz (1); Hermann Reil, Bremen (1); Peter Ludwig Stassen, Halle/Saale (1); Jochen Stoss, Bremen (1); Archiv Deutscher Schulschiff-Verein, Bremen (32).
Nachträglich hinzugekommene Fotos erhielten den Urhebervermerk in der jeweiligen Bildunterschrift.

Umschlagentwurf und Buchgestaltung: Rolf Wernet, Bremen
Gesamtherstellung: H. M. Hauschild GmbH, Bremen

ISBN 978-3-89757-439-7

Inhaltsverzeichnis

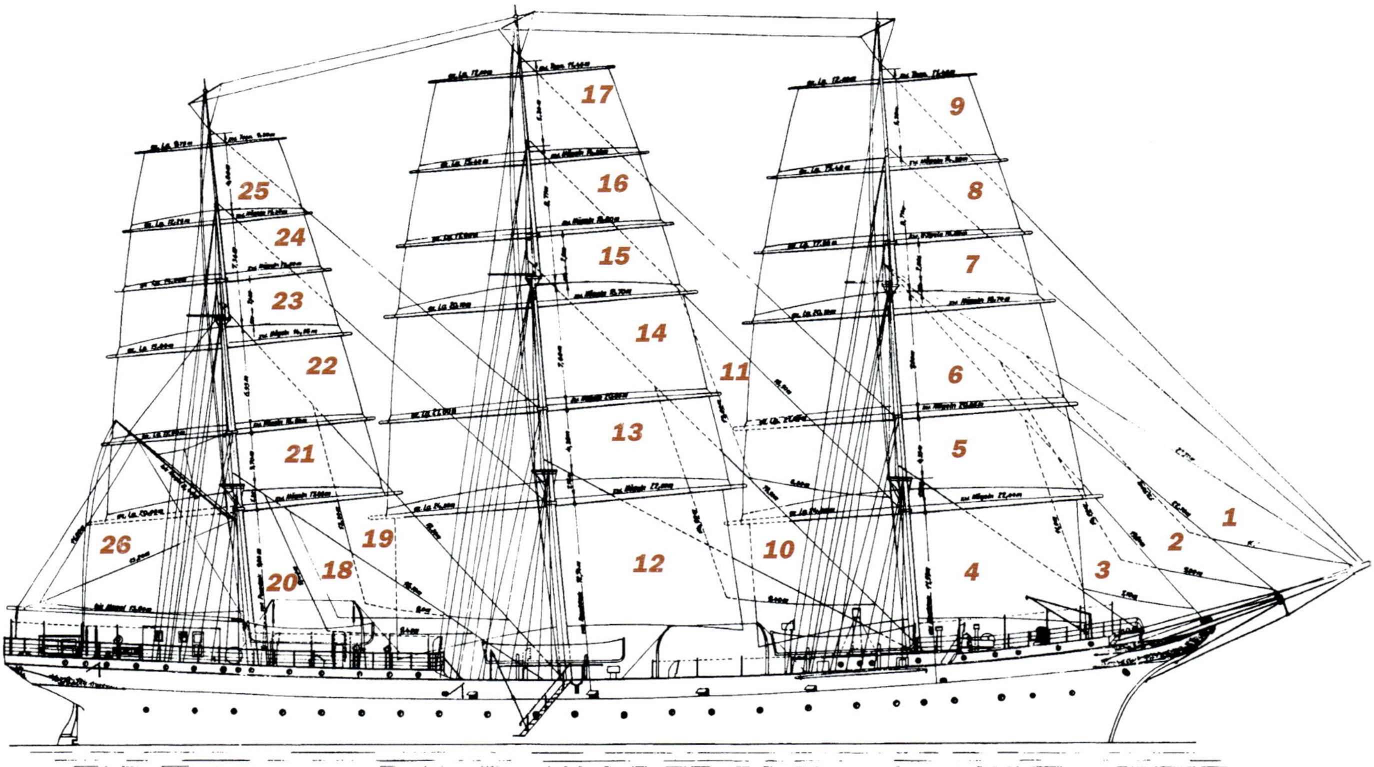

1 Außenklüver
2 Klüver
3 Binnenklüver
4 Focksegel
5 Voruntermarssegel
6 Vorobermarssegel
7 Vorunterbramsegel
8 Voroberbramsegel
9 Vorroyal
10 Großstagsegel
11 Großstengestagsegel
12 Großsegel
13 Großuntermarssegel
14 Großobermarssegel
15 Großunterbramsegel
16 Großoberbramsegel
17 Großroyal
18 Kreuzstagsegel
19 Kreuzstengestagsegel
20 Kreuzsegel/Bagiensegel (Dieses Segel wurde nie geführt)
21 Kreuzuntermarssegel
22 Kreuzobermarssegel
23 Kreuzunterbramsegel
24 Kreuzoberbramsegel
25 Kreuzroyal
26 Besansegel

Der Schritt ins Unbekannte

Am Morgen des 16. September 1927 bevölkerten mehrere Dutzend junger Männer den oldenburgischen Umsteigebahnhof Hude. Sie alle hatten verschnürte Kartons als Reisegepäck dabei. Dieses gemeinsame Merkmal führte ganz bald zu ersten abtastenden Gesprächen untereinander. Schnell war das gleiche Reiseziel ausgemacht: Elsfleth an der Hunte – die dort in die Weser mündet – und das SCHULSCHIFF DEUTSCHLAND.

Viele der jungen Männer kamen aus dem Binnenland. Sie kannten das Meer nur aus Büchern und vom Hörensagen, viele von ihnen hatten noch nie ein Segelschiff gesehen. In einer unausgegorenen Mischung von Fernweh und romantischem Erlebnishunger hatten sie sich für den Seemannsberuf entschieden. Emotional vorgeprägt, etwa durch die Lektüre von Graf Luckners »Seeteufel« oder andere Erzählungen über die See, basierte ihr Enthusiasmus weitgehend auf vagen Vorstellungen.

Die Jungen aus Elternhäusern an der Waterkant wußten schon eher, was auf sie zukommen würde. Ihnen war bekannt, daß es recht rauh zugeht auf See und daß manche Kröte zu schlucken war auf dem Weg zum selbstgesteckten Ziel. Die Ausbildung auf SCHULSCHIFF DEUTSCHLAND würde ganz und gar kein Zuckerschlecken sein. Aber welche großartige Chance bot sich andererseits diesen Jungen: Ihnen würde schon als Schiffsjungen, als Lehrlingen im Seemannsberuf, der Traum erfüllt, mit einem weißen Segelschiff gleich Südamerika und Südafrika zu erreichen!

Für gewöhnliche Sterbliche gab es damals noch keine Reisen nach Übersee. Sie waren das Privileg von Geschäftsleuten und gut Betuchten. Es gab noch kein Weltluftverkehrsnetz. Ein Subkontinent wie Südamerika oder die Südspitze Afrikas lagen unvorstellbar weit weg und waren unerreichbar – es sei denn, man fuhr zur See.

Im damals üblichen Sprachgebrauch des Deutschen Schulschiff-Vereins (DSV) galten die 70 Ankömmlinge auf dem Elsflether Bahnhof als »Zöglinge«. Diese antiquierte Bezeichnung für Auszubildende im Seemannsberuf stammte noch aus dem Gründungsjahr 1900 des Vereins, dem das SCHULSCHIFF DEUTSCHLAND gehört. Das Schiff war am 14. Juni 1927 bei der Werft Joh. C. Tecklenborg in Geestemünde (heute Bremerhaven) vom Stapel gelaufen.

Schon knapp zwei Monate nach dem Stapellauf war der Neubau fertig ausgerüstet und machte zur Abnahmeprobefahrt seeklar. Am 10. August 1927 eröffnete Kapitän Walker eigenhändig mit Frakturschrift das »Schiffstagebuch« SCHULSCHIFF DEUTSCHLAND, auf dessen Titelseite das erste amtlich zugeteilte (Flaggen-)Unterscheidungssignal NHDG, das auch als Funkrufzeichen diente, deutlich sichtbar hervorgehoben wurde. Auch der Auszug aus dem Schiffszertifikat war auf diesem Titelblatt wiedergegeben:

SCHULSCHIFF DEUTSCHLAND
Dreimast-Vollschiff, Baumaterial Stahl
Raumgehalt:
brutto 3.561,7 cbm, 1267,28 Register-Tonnen
netto 2.179,2 cbm, 796,26 Register-Tonnen
Anzahl der wasserdichten Querschotte: fünf
Anzahl der Decks:
Zwei durchlaufende, ein partielles Deck
Besondere Ausrüstung: F.-T.-Station, Unterwasser-Schallsignal-Empfänger, Lichtmotor

Und dann heißt es in dem Tagebuch:
»Das Schiff trat heute, Mittwoch, 10. August (1927), von der Tecklenborg-Werft kommend, seine Probefahrt an. Das Schiff ist nach der höchsten Klasse des Germanischen Lloyd erbaut. Einrichtung und Ausrüstung entsprechen den gesetzlichen Bestimmungen. Rettungsboote und Rettungsgeräte befinden sich in Ordnung, die Besatzung beträgt einschließlich des Kapitäns 177 Mann. Tiefgang bei voller Belastung (Ausrüstung und 560 tons Ballast)

vorne: 16 Fuß 10 Zoll (16'10'')
hinten: 18 Fuß 6 Zoll (18' 6'')

Der Wind wehte aus Richtung Südwest zu Süd in Stärke 3 und ging an diesem Tag mit bewölktem Himmel immer weiter auf West herum, während das motorlose Vollschiff unter Assistenz des Schleppers SIRIUS nach Lotsenanweisung nordseewärts steuerte. Da Schiffstagebücher akribisch geführte Dokumente sind, in denen nichts radiert und verändert werden darf, ist uns anhand dieser erhalten gebliebenen Originale noch heute jede Einzelheit überliefert.

Und was nicht in diesen nüchternen Angaben der jeweiligen Wachhabenden Offiziere niedergelegt ist, darf aus den Augenzeugenberichten rekonstruiert werden: Das neue Segelschulschiff, das schon beim Stapellauf

Das neue Segelschulschiff genoß breite Sympathie der Seeleute und der Küstenbevölkerung. Überall wurde es von winkenden Menschen oder von akustischen Grüßen verabschiedet.

in allen Zeitungen abgebildet war und nun erstmals »seine Schwingen regte«, genoß breite Sympathie der Seeleute und der Küstenbevölkerung. Von jedem Molenkopf und von jedem Krabbenkutter winkten Menschen dem neuen SCHULSCHIFF DEUTSCHLAND hinterher. Jeder »Gegenkommer« trompetete dem Rahsegler mit der Dampfpfeife oder dem Preßluft-Typhon das »Kompanie- und Freundschaftssignal« zu: drei lange Töne. Die Schiffe hatten das Flaggensignal gesetzt: »Wünschen glückliche Reise«.

Das neue Vollschiff passierte die damals noch ausliegenden Feuerschiffe AUSSENJADE, BREMEN, MINSENER SAND und AUSSENWESER. Danach segelte der Windjammer unter Vollzeug, mit allen 25 gesetzten Segeln, wendete eine Stunde später auf »Backbordbug« und halste eine Dreiviertelstunde später auf »Steuerbordbug«[1].

Bei leicht bewegter See wurden die Pumpen betätigt, sie förderten etwas Schweiß- und Spritzwasser aus dem Schiff. Am nächsten Morgen wurde viertel vor acht auf »Backbordbug« gehalst, um 11.00 Uhr auf »Steuerbordbug«. Sauber errechnete »Gewinn- und Verlustschläge« führten den Rahsegler, kreuzend immer weiter seinem Fahrziel Helgoland näher. Die hohe Kunst der Rahsegler-Schiffsführung verband sich dabei mit der erkennbaren vorzüglichen Segeleigenschaft des »weißen Schwans«.

Nach letztmaligem Halsen auf »Steuerbord-« und »Backbordbug« wurde die Glockentonne Helgoland »nahe bei« an Backbord passiert. Punkt 10.00 Uhr donnerte der Steuerbordanker zu Wasser. Bei 10 m Wassertiefe ließ man 75 m Kette ausrauschen.

Bald danach trat SCHULSCHIFF DEUTSCHLAND offiziell ins Leben. DSV-Vorstand, Werftleitung und Gäste führten auf der Reede von Helgoland gemeinsam den Flaggenwechsel durch. Die Werftflagge von Joh. C. Tecklenborg wurde niedergeholt und statt derer die Flagge des Deutschen Schulschiff-Vereins (DSV) zum Großtopp aufgeheißt. Ein dreifaches Hipphipphurra beendete die Zeremonie. Damit war SCHULSCHIFF DEUTSCHLAND abgenommen und von der Werft dem Auftraggeber und Reeder übergeben.

Um 10.30 Uhr wurden der DSV-Vorstand, die Gäste und der Lotse in zwei ausgesetzten Kuttern an Land gepullt und nachmittags vom neuen Lloyd-Bäderdampfer ROLAND nach Wesermünde zurückgebracht. Die Erprobung des Neubaus SCHULSCHIFF DEUTSCHLAND auf Herz und Nieren lief jedoch noch fast drei Wochen lang weiter.

Die Besatzung des Schiffes bestand aus befahrenen Leichtmatrosen des schon seit 1901 in Fahrt befindlichen DSV-Segelschulschiffes GROSSHERZOGIN ELISABETH und einem bereits für SCHULSCHIFF DEUTSCHLAND angemusterten Teil-Kontingent von 30 neuen Zöglingen der »Frühjahrseinstellung 1927«. Auch die Führungskräfte waren teilweise von dem einen auf das andere Schiff übergewechselt. Das galt für Kapitän Reinhold Walker, der bis dato die GROSSHERZOGIN ELISABETH geführt hatte, ebenso wie für den einschlägig erfahrenen Zahlmeister Arnold Focken. Sie blieben endgültig auf dem Neubau, während die Wachoffiziere Jarren und Laamann nur ausgeliehen waren.

Es lag Kapitän Walker daran, das neue Schiff in seinem Verhalten gründlich kennenzulernen, gleichzeitig aber den bereits an Bord befindlichen ersten Schub der neuen »Zöglinge« auszubilden.

Den neu eingestiegenen Zöglingen begannen allmählich »Seebeine zu wachsen«.

Schließlich nahm Schulschiff Deutschland wieder Kurs in Richtung Unterweser. Am 3. September 1927 wurden nachmittags Nordenham und Brake passiert. Um 19.00 Uhr war das Schiff im Heimathafen Elsfleth vorn mit der Ankerkette und zwei Drähten (Stahlleinen), achtern mit drei Drähten zwischen zwei Bojen gut festgemacht.

Am Sonntag, dem 4. September, wurde der Besatzungs-Mix beendet. Die beiden ausgeliehenen Schiffsoffiziere sowie vier Unteroffiziere und 40 Mann vom Schulschiff Grossherzogin Elisabeth gingen wieder auf ihr Schiff zurück. Die unterwegs »angefütterten« neuen Zöglinge mußten jetzt ihren Mann stehen.

Sie hatten immerhin schon drei Wochen Seereise hinter sich – im Gegensatz zu den 70 neuen, noch gänzlich »unbeleckten« Schiffsjungen der Neueinstellung Herbst 1927, die nun, am besagten 16. September, an Bord erwartet wurden.

Dieses Datum des Jahres 1927 wurde für jeden der neu einzustellenden Zöglinge zur bedeutendsten Zäsur. Kein weiterer Lebensabschnitt sollte sich als derart prägend erweisen wie diese Zeit auf dem Schulschiff. Sie vermittelte völlig neue Erfahrungen und Selbsterkenntnisse.

Ganz ohne Herzklopfen blieb wohl keiner der Zöglinge, als sie auf dem Weg vom Elsflether Bahnhof zur Hunte erstmals das dort an Bojen vertäute Schiff erblickten. Seine drei kirchturmhohen Masten überragten die gesamte Umgebung – der Großtopp lag immerhin 52 m hoch. Wie einem dort oben in der Takelage wohl zumute

Kapitän Reinhold Walker führte Schulschiff Deutschland von 1927 bis 1933.

sein würde? An Bord angekommen, sahen sich die Neuen mit einer höchst ungewohnten Lebensweise konfrontiert: Im Wohndeck mußten sie ihre gesamte mitgeführte Habe in einem quadratischen Blechspind mit den Abmessungen eines größeren Kartons unterbringen. Eine Schlafgelegenheit war nirgendwo zu sehen. Erst später wurde den Neuen erklärt, daß jeder von ihnen eine Hängematte bekommen werde, die abends nach dem Hochklappen der Tische und Bänke unter der Decke der Wohnräume aufgehängt würde.

Eng gedrängt hingen die Segeltuch-Hängematten nachts nebeneinander. Tagsüber wurden diese mit sämtlich darin enthaltenem Bettzeug wurstartig eng zusammengerollt und fest verzurrt in den Hängemattschapps weggestaut. Bei der morgendlichen Hängemattenmusterung an Oberdeck wurde streng darauf geachtet, daß das Zurren mit den aufgenähten Bändseln so stramm und wasserdicht vorgenommen wurde, daß die zusammengerollten Hängematten im Seenotfall als zusätzliche Schwimmhilfe dienen konnten.

Es wurde für die »Neuen« sicherlich recht ungewohnt, in einem solchen, krumm durchhängenden Segeltuch-

Enggedrängt hingen pro Divisionsraum im Zwischendeck rund 40 Hängematten vor den recht kleinen Spinden. Für die Seestiefel war kein Platz, sie wurden unter den Hängematten »beigebändselt«.

Dieses Foto vom Aufentern läßt die Püttingswanten erkennen, auf denen man – rücklings schräg nach unten hängend – die Marssaling (Mastplattform) umklettern muß.

Behältnis schlafen zu müssen, wenn sie bis dahin in ihrem Elternhaus ein richtiges Bett zur Verfügung hatten.

Die Quartiernahme in derartigen Zwischendeck-Wohnräumen machte den 16. September für die Neuen zum Tag des Dienstantritts. Aber es galt noch, Hindernisse zu überwinden. Nach einem Eintopfessen und dem zunächst provisorischen Wegstauen der nicht am Leibe getragenen Kleidung war die Untersuchung durch den Schiffsarzt Dr. Bullgrin im Behandlungsraum des Bordhospitals fällig. Diese erste Hürde nahmen sie alle anstandslos. Schlimmer wurde jedoch für einige die anderntags fällige Spezialuntersuchung durch den Medizinalrat Dr. Steenken, den Vertrauensarzt der See-Berufsgenossenschaft:

Damit aber war für einige der so hoffnungsfroh Angereisten die Seefahrt abrupt zu Ende, ehe sie überhaupt angefangen hatte. Es stellte sich heraus, daß einer grünblind war, einer Farbenschwäche zeigte, ein anderer völlig farbenblind war und ein weiterer hatte gar nur die Hälfte der geforderten Sehschärfe. Ein fünfter unter den »Neuen« erregte die Aufmerksamkeit des Arztes und wurde danach sofort von den Ausbildungsoffizieren in die Mangel genommen. Er mußte ebenfalls zurückgewiesen werden, weil er reaktionsarm bis zur Begriffsstutzigkeit und damit untauglich für den Bordbetrieb war.

Zurückgewiesene erhielten das von den Eltern eingezahlte »Pensionsgeld«, den selbst aufzubringenden Ausbildungszuschuß, unverzüglich ersetzt.

Aber mit der Einstellungsuntersuchung durch die beiden Ärzte war die Tauglichkeitsprüfung noch nicht zu Ende. Es folgte die sogenannte Schwindelprobe, der Schwindelfreiheitstest. Jeder »Neue« mußte einmal »ins Gehölz«, in die Takelage, aufentern, diesmal noch behutsam und ohne Eile.

Man machte den Jungen klar, wie das vor sich zu gehen hat: Jeder mußte sich mit den Händen allein an den Hoftauen festhalten, während er mit zunächst mehr oder weniger weichen Knien auf den durchhängenden Webleinen, den Trittsprossen der Wanten, emporkletterte.

Das echt problematische Hindernis tat sich in etwa 15 m Höhe auf, aber dort stand einer der Ausbilder zur Hilfestellung klar. Unterhalb der dortigen Marssaling[2] waren nämlich die Püttingswanten erreicht – die »Umsteigestelle« von den sich verengenden Unterwanten auf die heruntergreifenden Marswanten. Bei diesem Umklettern der Plattform namens Saling entstand eine zunächst etwas bangemachende Situation: Man mußte zeitweilig mit dem Rücken nach unten, in hängender Lage, weiterklettern. Der spätere Kapitän Rolf Wohlert, Vegesack, erlebte diese Prozedur so:

»Dort oben, eben unter der Mars, stand unser Ausbildungsoffizier und forderte mich auf: ›Jetzt mal eine Hand loslassen und ein Bein seitwärts abspreizen!‹ Dann hielt er mich am Kragen fest. ›So, jetzt den Kopf nach unten und die Augen auf!‹ Ganz schön hoch, stellte ich fest – es war erst ein Drittel der Masthöhe. Ich durfte wieder nach unten klettern.«

Die Ausbilder hatten erkennen können, ob die Bewerber extrem schwindelanfällig und für die Segelschiffausbildung grundsätzlich ungeeignet waren. Es hatte durchaus schon Fälle gegeben, daß jemand angstschlotternd nur mit fremder Hilfe aus der Takelage zurückgeholt werden konnte.

Zuletzt nahm der sogenannte Wasserschout, der Sachbearbeiter des Seemannsamtes Brake, die offizielle Anmusterung der für tauglich befundenen Seemannsschüler vor. Sie erhielten das erste Seefahrtbuch ihres Lebens. Damit war der Schritt über die Schwelle geschafft und vollzogen. Nachdem jeder Zögling die Eintragungen zur Person überprüft und die eigene Unterschrift darin geleistet hatte, wurden die Seefahrtbücher wieder eingesammelt. Sie blieben bis zum Ende der Reise in Verwahrung der Schiffsleitung.

Mit dem Vermerk »Angemustert als Schiffsjunge« unterstand der jeweilige Inhaber eines solchen Buches der strengen Seemannsordnung aus dem Jahre 1902, die dem Seefahrtbuch als Anhang beigeheftet war.

Drei Tage nach der Einstellung wurden die neuen Schiffsjungen eingekleidet. Sie erhielten je eine individuell angepaßte blaue und weiße Marineuniform, die je-

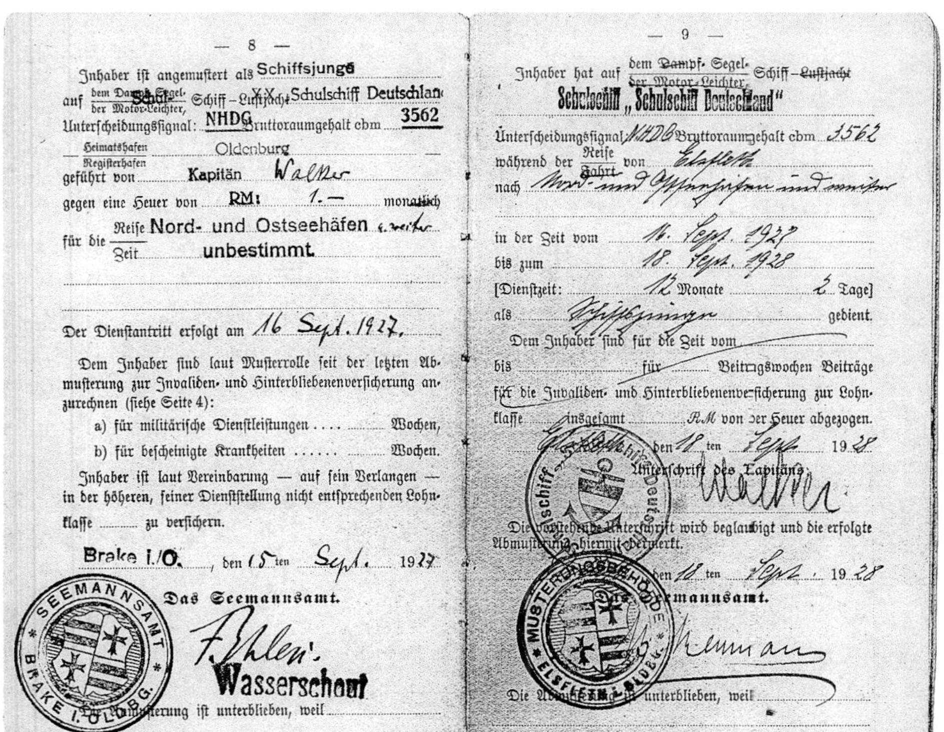
— 8 —

Inhaber ist angemustert als Schiffsjunge

auf dem Dampf- Segel- Schul- Schiff – Luftjacht der Motor-Leichter, Schulschiff Deutschland

Unterscheidungssignal: NHDG Bruttoraumgehalt cbm 3562

Heimatshafen / Registerhafen Oldenburg

geführt von Kapitän Walter

gegen eine Heuer von RM: 1.– monatlich

für die Reise / Zeit Nord- und Ostseehäfen u. weiter unbestimmt.

Der Dienstantritt erfolgt am 16 Sept. 1927.

Dem Inhaber sind laut Musterrolle seit der letzten Abmusterung zur Invaliden- und Hinterbliebenenversicherung anzurechnen (siehe Seite 4):

a) für militärische Dienstleistungen .... Wochen,

b) für bescheinigte Krankheiten ...... Wochen.

Inhaber ist laut Vereinbarung — auf sein Verlangen — in der höheren, seiner Dienststellung nicht entsprechenden Lohnklasse ...... zu versichern.

Brake i./O., den 15ten Sept. 1927

Das Seemannsamt.

Wasserschout

Seemannsamt Brake i. Oldbg.

Die Abmusterung ist unterblieben, weil

— 9 —

Inhaber hat auf dem Dampf- Segel- Schiff – Luftjacht der Motor-Leichter, Schulschiff „Schulschiff Deutschland"

Unterscheidungssignal NHDG Bruttoraumgehalt cbm 3562

während der Reise / Fahrt von Elsfleth

nach Nord- und Ostseehäfen und weiter

in der Zeit vom 16. Sept. 1927

bis zum 18. Sept. 1928

[Dienstzeit: 12 Monate 2 Tage]

als Schiffsjunge gedient.

Dem Inhaber sind für die Zeit vom

bis für Beitragswochen Beiträge

für die Invaliden- und Hinterbliebenenversicherung zur Lohnklasse insgesamt RM von der Heuer abgezogen.

Elsfleth, den 18ten Sept. 1928

Unterschrift des Kapitäns

Walter

Die vorstehende Unterschrift wird beglaubigt und die erfolgte Abmusterung hiermit vermerkt.

den 18ten Sept. 1928

Das Seemannsamt.

Musterungsbehörde Elsfleth i. Oldbg.

Die Abmusterung ist unterblieben, weil

Dienstantritt 16. September 1927. Auszug aus dem Seefahrtbuch des damaligen Zöglings Georg Baake.

nen der Reichsmarine (der Weimarer Republik) zum Verwechseln ähnlich sahen. Sie erhielten außerdem Takelzeug und weißes Arbeitszeug sowie Segeltuchschuhe, Uniformmütze, Pudelmütze, Sportzeug und anderes, auch Ölzeug und Seestiefel sowie Südwester. Sie standen vor dem Rätsel, wie das alles (mit Ausnahme der Ölzeug-Garnitur) in den winzigen Spind hineinpassen sollte. Aber nun zeigte man ihnen, wie das Wunder ermöglicht wurde: durch sorgsames Falten und kantengenaues Übereinanderstapeln. Peinliche Ordnung war die einzige Möglichkeit einer solchen Unterbringung in einem von je 40 Mann belegten Divisions-Wohnraum.

Gleich nach der Einkleidung[3] wurde Zeugdienst angesetzt, damit jeder die vorbereiteten Namenläppchen in alle empfangenen Kleidungsstücke einnähen konnte. Das nannte sich laut Dienstplan »Zeug-Zeichnen« und vermied künftige Verwechslung von Kleidungsstücken beim hastigen Umziehen in der Enge des Wohndecks.

Die »Neuen« wurden wie an Bord eines Kriegsschiffes in »Divisionen« eingeteilt. Sie mußten die roten Kennstreifen der jeweiligen Wache und Division auf den linken oder rechten Ärmel ihrer Arbeitsblusen aufnähen. Sie wurden lautstark immer öfter zur Eile angetrieben und traten zu Besatzungsmusterungen an Deck sogar in Linie zu zwei Gliedern an. Dennoch hatte das Ganze nur entfernte Ähnlichkeit mit militärischem Dienstbetrieb. Es entsprang reinen Zweckmäßigkeiten, rund 170 Menschen unter den beengten Bordverhältnissen eines in der Wasserlinie nur 67,90 m langen und 11,93 m breiten Seglers unterzubringen, ohne daß jemand dem anderen unnötig auf die Füße trat. Jede Division mußte sich reibungslos an den anderen vorbeibewegen können, weil die verschiedenen Abläufe des praktischen und theoretischen Unterrichts nach Plan das ebenso erforderten wie das blitzschnelle Beziehen der nachher jedem einzelnen »Zögling« zugeteilten Manöverstation – festgelegt vom sogenannten Rollenplan. Und wer genau hinsah, erkannte bald den Unterschied zum militärischen Betrieb:

Schon seit Indienststellung der Grossherzogin Elisabeth im Jahre 1901 hieß es in den Ausbildungsvorschriften des Deutschen Schulschiff-Vereins unverändert: »Die Grundsätze zur Erreichung dieses Ziels [der Ausbildung zum Seemann] *basieren auf freiwilliger Einsichtsfähigkeit der Zöglinge. Es muß daran gedacht werden, daß es sich um Knaben* [in der Pubertät] *handelt, bei denen Wohlwollen und Belehrung besser und anhaltender wirken als große Strenge.*

Ordnung, Pünktlichkeit, Sauberkeit und Gründlichkeit [ohne die ein Zusammenleben von rund 200 Menschen unter beengten Bordverhältnissen unmöglich gewesen wäre; d. Verf.] *sollen zur Gewohnheit werden. Dieses wird durch Überwachung und Verhinderung besser erreicht als durch Bestrafung für begangene Fehler …*

Es darf nicht geduldet werden, daß Jungen geschlagen oder mißhandelt werden, daß sie durch Reden in ihrem natürlichen Ehrgefühl verletzt, beschimpft oder beleidigt werden.«

Solche Grundsätze lassen aufhorchen, denn sie stammen aus einer Zeit, in der mancher Schiffsjunge mehr als einmal eine kräftige Abreibung mit dem »Tampen« (dem gern als Züchtigungsmittel verwendeten Tau-Ende) ertragen mußte oder gar, wie Graf Luckner später aus seiner Schiffsjungenzeit zu berichten wußte, »mehr Prügel als Essen erhielt«.

Auf den DSV-Schulschiffen gab es durchaus disziplinare Maßregelungen für bestimmte Verstöße – bis zur nächtlichen Strafwache oder bis zum durchaus stupiden An-Deck-Stehen mit der Hängematte. Aber es gab weder Unteroffiziere als Ausbilder von Korporalschaften noch ein Arrestlokal an Bord oder etwa das systematische Brechen des Willens junger Menschen, die mit Verbalinjurien »zur Schnecke gemacht« werden sollten. Statt dessen gab es das sogenannte »Anciennitätsprinzip« in Form einer Ausbildung der jüngeren durch ältere, bereits erfahrene Zöglinge.

Und so begriffen die Neulinge vom ersten Tage an, warum sie zunächst rote Pudelmützen zu tragen hatten. Damit wies man sie als »Frischlinge« aus, die ihre erste Reise absolvierten. Nach einem halben Jahr Borddienst durften sie den Titel »Alter Junge« führen, nach einem weiteren halben Jahr nannten sie sich »Junger Leichtmatrose« und nach einem weiteren Halbjahr »Alter Leichtmatrose«. Von der zweiten Reise an waren sie zum Tragen der blauen Pudelmütze berechtigt. Die Alten Leichtmatrosen trugen stets die Tellermütze. Sie genossen in der Divisionshierarchie die höchste Stellung, die es neben jener der Ausbildungsoffiziere gab. Bei denen handelte es sich um drei zusätzliche 2. Offiziere mit besonderem pädagogischem Talent, die auch Englisch-Unterricht zu geben vermochten. Sie bestimmten mit ihrem Unterrichtsstil weitgehend das Betriebsklima des Schiffes. Zugleich hielten sie sich beim routinemäßigen Ablauf des Dienstbetriebes weitgehend im Hintergrund, behielten aber im Auge, daß die Alten Leichtmatrosen ihre Machtvollkommenheit gegenüber den »dummen Schiffsjungen« nicht überzogen.

Die Angehörigen der Backbordwache trugen ihre roten Streifen auf dem linken, die der Steuerbordwache auf dem rechten Ärmel. Die Divisionsnummer ergab sich aus der Anzahl: ungerade Nummern Steuerbord, gerade Nummern Backbord.

Es ging auf den Schulschiffen »rauh, aber herzlich« zu. Von morgens bis abends war schnelle Gangart angesetzt, immer schnellere besonders beim Aufentern. Doch dabei blieb es nicht. Bald hieß es »Leg aus überall!«

Es ging, auf den Fußpferden balancierend, hinaus auf die Rahen.

Dabei galt es, sich an den Jackstagen gut festzuhalten, die als Stahlleisten auf der Oberseite der Rahen angebracht waren. Aber bald kam das Problem beim Anschlagen, Setzen oder Festmachen der Rahsegel. Entweder hatte man nur einen Arm für die Arbeit frei oder man beugte sich weit über die Rah, um mit beiden Händen zupacken zu können – in Gefahr, die Balance zu verlieren. Die heute vorgeschriebenen »Lifebändsel«, Sicherheitsleinen mit Karabinerhaken, mit einzupickender Sicherheitsleine waren damals noch nicht erfunden.

Diesen »Trockenübungen« folgte bald das Einüben des Umgangs mit Brassen, Schoten, Gordings und Geitauen. Man fand sich immer besser in die Systematik der Segelbedienung hinein und lernte allmählich über hundert »Tampen«, d.h. Tau-Enden des laufenden Guts, zu unterscheiden, die an Deck säuberlich um die sogenannten Belegnägel der Nagelbänke herum aufgeschossen waren.

Kein Vokabeln-Pauken mußte derart intensiv betrieben werden wie die richtige »Ansprache« der verwirrend zahlreichen »Enden«.

Der Lernzwang war unerbittlich, denn nachher auf See durfte auf keinen Fall jemand die Vorstengenstagsegel-Schot mit der Innenklüver-Schot, das Voruntermars-Geitau mit der Voruntermars-Gording oder den Großbramstengenstagsegel-Niederholer mit dem Oberbram-Stengenstagsegel-Niederholer verwechseln. Auch galt es, die Fock-Braß von der Voruntermars-Braß oder das Bramgeitau von der Bram-Bauchgording zu unterscheiden – und wehe, wenn jemand nachher beim Sturm und gischtüberschütteten Deck eine Schot mit einer Reeftalje verwechseln würde!

Nach und nach galt es also, sämtliche Funktionen des laufenden Guts zu erfassen. Und so entfuhr es einem der »Neuen« nach wenigen Tagen »Stationsausbildung«, noch am Liegeplatz des Heimathafens: »Heiliger Neptun, so dämlich bin ich mir noch nie vorgekommen. Als Abiturient wurde ich hier zum Analphabeten!«

Am 21. September zeigte sich der Deutsche Schulschiff-Verein von seiner »fürsorglich-generösen« Seite: Zwei Offiziere, ein Unteroffizier und 77 Zöglinge gingen für einen Ganztagsausflug in die Freie Hansestadt Bremen von Bord. Die neu eingestellten Schiffsjungen lernten die liebenswerte Altstadt kennen, den Dom mit dem berühmten Bleikeller, das Rathaus im Stil der Weserrenaissance. Sie bewunderten Roland, den Riesen, der 1404 als Symbol der bremischen Freiheit und des Rechtsfriedens geschaffen wurde.

Die aus allen Teilen Deutschlands stammenden Zöglinge bekamen einen lebendigen Begriff von 600 Jahren deutscher Geschichte, die sich in der zweitgrößten Hafenstadt Deutschlands kristallisieren.

Es war gut, daß die neu eingestellten »Seemannslehrlinge«, wie man sie gelegentlich scherzhaft zu nennen pflegte, vor ihrem ersten Schritt nach Übersee das Bild dieser Hansestadt mit hinausnahmen.

Ansonsten eskalierte »des Dienstes ewig gleichgestellte Uhr« zu immer intensiverem Herangenommenwerden: Bootsdienst, Aufentern zur Übung – mit immer engerer Zeitvorgabe –, abermalige Übernahme von Proviant und Kohlen (für die Zwischendecks und -heizung und die Kombüse). Am 23. September schlugen ältere und jüngere Zöglinge gemeinsam die Marssegel an. Einen Tag später wurde die »Toppverteilung« vorgenommen. Jedermann hatte fortan seine feste Station auf einem der drei Masten. Und neben intensiverem Unterricht über die Takelage konnten danach schon exakte Rollenmanöver geübt werden. Jeder mußte in den Masten und auf den Rahen trittfest werden und wenigstens die wichtigsten Handgriffe in seinem Bereich sicher beherrschen.

Am 15. Dezember 1927 waren übrigens auch zehn Flugschüler der Deutschen Lufthansa an Bord gekommen. Sie waren Teilnehmer an der Südatlantik-Ausbildungsreise.
Die Verkehrsfliegerei mit weiten Strecken über See bevorzugte damals aus Sicherheitsgründen möglichst Flugboote, die etwaige Notlandungen auf dem Wasser vornehmen konnten.

Die Flugschüler, erkenntlich an den zunächst nur von ihnen getragenen weißen Käppis, lernten intensiv den Umgang mit Schlauchbooten des an Bord von Lufthansa-Flugbooten als Rettungsmittel mitgeführten Typs.

Deshalb beflog die damals noch junge Lufthansa mit zwei- und schließlich sogar viermotorigen Passagierflugbooten des Typs Dornier »Super Wal« Strecken nach Kopenhagen, Oslo, Stockholm, Helsinki und Riga. Außerdem unterhielt man in der Sommersaison einen Bäderflugdienst mit Schwimmer-Flugzeugen. Sogar ein erster Luftpost-Dienst über den Südatlantik – zunächst mit Flugbooten des Grundtyps Dornier »Wal« – befand sich im Planungsstadium. Er wurde Anfang der 1930er Jahre ebenso verwirklicht wie schließlich auch ein solcher nach Nordamerika.
Alle Flugbootpiloten hatten auf einer der Deutschen Verkehrsfliegerschulen zunächst den Pilotenschein für Landflugzeuge zu erwerben. Die weitere Ausbildung zum »Flugzeugführer See« erhielten sie auf den Deutschen Verkehrsfliegerschulen List auf Sylt, Warnemünde und Stettin-Altdamm. Eine gründliche seemännische und navigatorische Ausbildung schloß sich auf einem Segelschulschiff an. Zwangsläufig waren diese »Flugschüler« oder »Flieger« schon älter als alle anderen »Zöglinge« an Bord. Sie brachten sogar ihren eigenen Navigationslehrer mit, um unterwegs Unterricht nicht nur in terrestrischer, sondern auch in astronomischer Navigation zu erhalten. Sie hatten also teilweise einen anderen Tagesdienstplan als das Gros der Schiffsjungen und fühlten sich bereits als gestandene »Luftikusse« und damit einer besonderen Kaste zugehörig. Ihre Integration in die von Tag zu Tag homogener werdende übrige Bordgemeinschaft war nicht immer unproblematisch. Es gehörte viel Fingerspitzengefühl der Ausbilder dazu, Eigenbrödlereien oder gar Starallüren der jungen Flieger Grenzen zu setzen, damit sie nicht zum Fremdkörper wurden. (Dieses Problem löste sich erst 1934, als die Lufthansa ein eigenes Segelschulschiff [!] in Dienst stellte und SCHULSCHIFF DEUTSCHLAND fortan ausschließlich seemännischen Nachwuchs für die Handelsschiffahrt auszubilden hatte.)

Recht unpathetischer Abschied

Am 25. September wurden fast alle Rahsegel angeschlagen, am 26. auch die Fock (als größtes der vorderen Rahsegel) und alle Stagsegel. Danach machte das Schiff seeklar. Nach Längsseitskommen des Schleppers STELLA verließ SCHULSCHIFF DEUTSCHLAND seinen Heimathafen Elsfleth sang- und klanglos.

Natürlich winkten Angehörige der Stammbesatzung ebenso hinterher wie die Steuermannsschüler der Seefahrtschule. Aber die »Reise« führte zunächst nur bis zur Reede von Bremerhaven.

Um 16.50 Uhr fiel dort der Steuerbordanker, man »steckte« 100 m Kette bei 12 m Wassertiefe und schwojte fortan mit jedem Gezeitenwechsel hin und her. Es wurde bereits Seewache gegangen. Unterricht und Handhabung der Takelage wurden weiter intensiviert. Das Tagebuch vermerkt lakonisch: »I., II. Division Kenntnis der Takelage, III. und IV. Division Arbeitsverteilung.« Dann wieder heißt es noch drastischer: »Dienst derselbe«.

Ansonsten gab es wenige berichtenswerte Ereignisse. Einmal kam das Wasserboot QUELLE längsseits, damit SCHULSCHIFF DEUTSCHLAND noch 110 tons Frischwasser übernehmen konnte. Dann wieder wurden Feuerlösch- und Bergerolle geübt. Der zweitgenannte Begriff bedeutete »Mann über Bord zur Übung«: alarmmäßiges Besetzen der dafür vorgesehenen Kutter und Bergen der über Bord gefallenen Person, die durch eine geworfene Rettungsboje angedeutet wurde. Anschließend mußten die Kutter wieder »aufgelaufen« werden. Im Trappelschritt wurden die Taue der Bootsheißanlage von den Zöglingen vorwärtsbewegt und damit die Kutter wieder nach oben gebracht.

Am vierten Tag auf Bremerhaven-Reede wurde die Sache ernst. Der 1. Offizier Ahlers und der Kapitän zeichneten gemeinsam die Tagebuch-Eintragung ab: »Das Schiff ist für die bevorstehende Reise ordnungsgemäß ausgerüstet und befindet sich in einem seetüchtigen Zustand. Rettungsboote, Rettungsgürtel und Schwimmwesten wurden überholt (d.h. überprüft) und in Ordnung befunden. Bootsmanöver und Bergerolle wurden geübt.«

Die Besatzungsliste wies 167 Personen[4], darunter 144 Zöglinge, aus:

1 Kapitän
1 Erster Offizier
4 Wachoffiziere
1 Schiffsarzt
1 Zahlmeister
7 Unteroffiziere
2 Köche
1 Bäcker
3 Aufwärter
2 Matrosen

»Hiev rund – ein bißchen plötzlich, wenn ich bitten darf!«
Mittels Spillspaken wurde das Gangspill zum Hieven des Ankers gedreht.

Die Nordsee war äußerst gnatzig. Das war ganz und gar kein schöner Anfang. Nun begann die Leidenszeit der Seekranken, das tagelange Martyrium.

35 Leichtmatrosen
30 Schiffsjungen der Frühjahrseinstellung 1927
70 Schiffsjungen der Herbsteinstellung 1927
10 Flugschüler

Die Stammbesatzung umfaßte demnach 8 Offiziere und 7 Unteroffiziere mit den Funktionen Bootsmann, Zimmermann, Segelmacher, Elektriker, Wachtmeister, Koch und Proviantmeister (zugleich Musikmeister).

Am 29. September 1927 machte der Schlepper HERKULES um 12.40 Uhr längsseits fest und um 13.05 Uhr erschien der Lotse Lübsen an Bord. Fünf Minuten später hieß es »Hiev rund!« Mittels Gangspill wurde, unter munterem Antreiben des Bootsmannes – wieder im Trappelschritt – mit dem Hieven des Ankers begonnen, der 35 Minuten später freikam. Kurz zuvor hatte der Schlepper seine Trosse fest. Wenige Minuten später wurden die Segel gesetzt. Zunächst noch unter Schlepperassistenz und nach Lotsenanweisung steuerte SCHULSCHIFF DEUTSCHLAND weserabwärts. Um 15.30 Uhr warf der Schlepper los, das Vollschiff war allein und passierte zwanzig Minuten später den Leuchtturm Hoheweg. Zwei Stunden später setzten beide Wachen den Lotsen ab, das Schiff mußte dazu backgebraßt und aufgestoppt werden. Um 18.00 Uhr wurde WESER FEUERSCHIFF passiert. Der Wachhabende Offizier vermerkte: »Anfang der Reise«.

Es war verfrüht und verfehlt zugleich, daß einer von den »Neuen« das Wetter mit seiner wechselnden Bewölkung und der sanften Windstärke 3 loben zu müssen glaubte. Die Strafe folgte auf dem Fuß: Um 20.00 Uhr hatte es bereits auf Windstärke 4–5, um 23.00 Uhr auf Stärke 6–7 aufgebrist. Und dann begann das Martyrium für fast alle »Neuen«. Der Wachhabende hielt nüchtern im Tagebuch fest: »Schiff arbeitet in grober See, nimmt Wasser über Deck.« Anfangs hatten an allen drei Masten je sechs Rahsegel gestanden, schließlich nur noch jeweils drei, zuletzt allein die Untermarssegel.

Das war ganz und gar kein schöner Anfang mit 70 noch völlig unerfahrenen Neulingen an Bord. Aber ein Mann wie Kapitän Walker gab nicht klein bei. Dieser wortkarge Mann war, wie jeder Eingeweihte wußte, ein brillanter Schiffsführer, dem man sich in jeder Lage voll anvertrauen konnte. Walker nahm die Herausforderung an und stand alle nacheinander über SCHULSCHIFF DEUTSCHLAND herfallenden Herbststürme eisern durch. Aber die Schiffsjungen waren naturgemäß äußerst übel dran.

Ein kluger Kopf hat einmal das Bonmot geprägt: »Das Verliebtsein, den Nationalismus und die Seekrankheit findet man immer nur bei den anderen komisch.«

Es nützte alles nichts, daß die wenigen Nichtanfälligen und die bereits vorher immun Gewordenen ermunternde Sprüche klopften wie: »Trag dein Leiden mit Geduld – wenn du zur See fährst, biste selber schuld!« Höchst unschöne würgende Geräusche, von Seekranken verursacht, waren allerorten in den Wohndecks zu hören. Neptun fand immer neue Opfer.

Die »Alten Leichtmatrosen« mußten acht geben, daß die bereits ganz und gar Ausgefallenen nicht etwa an Oberdeck gelangten. An deren Fähigkeit, jetzt noch aufzuentern und weitere Segel festzumachen, war sowieso nicht mehr zu denken.

Die Sturmtage wurden zur besonderen Bewährungsprobe für die bereits befahrenen und schon seefesten »Lichtings« (Leichtmatrosen).

Für die voll Funktionsfähigen war es eine mühselige Sache, gegen Mitternacht die Zahl der Segel auf nur noch drei pro Mast zu reduzieren und die anderen ordentlich festzumachen. Um 02.00 Uhr toste der Sturm mit Stärke 7–8 aus Südsüdwest, während das Schiff noch mit nordwestlichem Kurs von 70° und sechs Knoten Fahrt zukehr ging.

Endlich aber zeigte der Sturm rechtsdrehende und abflauende Tendenz, leider nur vorübergehend. Die Sturmbesegelung blieb, während SCHULSCHIFF DEUTSCHLAND hart am Wind »gegenan bolzte« und in südlicher Dünung noch immer heftig stampfte.

Eine unschönere Begrüßung der »Neuen« hätte der Nordsee wirklich nicht einfallen können. Man war gerade erst 18 Stunden unterwegs, aber viele spuckten schon Galle. Sie lagen völlig apathisch neben ihrer Pütz. Alle Romantik vom weißen »Traumschiff unter Segeln« war restlos verflogen.

Die Divisionsoffiziere setzten nach dem Grundsatz »Arbeit ist die beste Therapie« für den Vormittag Zeugwäsche und Reinschiff an. Aber die Quote der Totalausfälle blieb dennoch beträchtlich. Mittags wurde mit beiden Wachen auf Backbord- und abends auf Steuerbordbug gehalst. Dazwischen stand auf dem Dienstplan: I. Division Unterricht – Kenntnis der Takelage, II. Division Arbeitsverteilung.

Aber die Nordsee gab keine Ruhe. Am 1. Oktober blies neuer Südweststurm mit Stärke 7, um 20.00 Uhr erreichte er Windstärke 9–10! »Schiff stampft in grober See«, hieß es weiterhin lakonisch im Schiffstagebuch.

Seit Verlassen der Weser waren wohlweislich Strecktaue über das Deck gespannt, so daß die zu Segelmanövern beorderten Männer einen Halt finden konnten. Und es hatte nur noch symbolischen Wert, daß die Bordroutine mittags Back-Geschirrmusterung, für die II. Division Reinschiff im Zwischendeck und die »Flieger« seemännische Arbeiten vorsah. Die Decks wurden noch immer von unschöner Geräuschkulisse durchzogen. Es stank zum Gotterbarmen, aber an Durchlüftung war nicht zu denken. Die Bullaugen mußten unbedingt fest verschlossen bleiben. Sogar die Windhutzen blieben »dicht«.

Der 2. Oktober schien Erbarmen zu zeigen. Wind und Seegang nahmen zunächst stark ab und Kapitän Walker

Über Deck gespannte Strecktaue waren die unentbehrliche Hilfe beim Vorwärtskommen über das nasse Holzdeck auf dem Weg zur Manöverstation.

Endlich war alles überstanden. Ab Kanalausgang schlug der Herbstmonat Oktober in eine Art Frühlingsklima um.

getraute sich um 11.00 Uhr sogar, wieder alle sechs Segel pro Mast setzen zu lassen. Aber sei es, daß Neptun gerade das als Provokation empfand oder daß selbst das Barometer trog: Schon mittags mußte wieder alles auf die Untersegel und jeweils beide Marssegel, nach und nach auf die Untermarssegel allein reduziert werden.

Um 13.00 Uhr heulte ein Südsüdweststurm mit Stärke 8, um 18.00 Uhr ein Südwest in voller Stärke 10, der um 23.00 Uhr, aus West kommend, volle Stärke 11 erreichte.

Das Schiffstagebuch kommentiert dies mit: »Wilde, hohe See, Schiff stampft schwer, nimmt Wasser über Deck.«

Am 3. Oktober, dem vierten Tag der Ausreise, war man schon froh, daß der Sturm laut Schalenkreuz-Anemometer auf Stärke 9 und schließlich Stärke 8 herunterging. Aber es mußte notiert werden: »Heftige Regenschauer, hohe See und Dünung, Schiff stampft heftig.«

Selbst als sich der Herr der Stürme endlich erbarmte, seine »Püster« erst auf West 6, dann sogar auf Südwest 4–5 zurücknahm, blieben die Kriterien bestehen: »Hohe See und Dünung. Schiff nimmt Wasser über Deck.«

Aber die Ausbilder ließen auch jetzt nicht locker. Die Wache mußte seemännische Arbeiten vornehmen. Es lachte niemand auch nur matt, als der 1. Offizier sein todsicheres Rezept gegen Seekrankheit empfahl: »Sich unter einen grünen Eichbaum legen.« Sollten die Qualen denn überhaupt kein Ende finden?

Nach vier Tagen und 18 Stunden Reise geschah dann doch das Wunder: Es flaute auf West Stärke 3 ab, die See war nur noch mäßig bewegt. Endlich konnte SCHULSCHIFF DEUTSCHLAND wieder Vollzeug setzen und rauschte mit sieben Knoten Fahrt auf Kurs Süd, um einen »Verlustschlag« zu ermöglichen, der nachher per »Gewinnschlag« stracks in den Englischen Kanal hineinführte.

Die Seekranken kamen langsam wieder zu sich. Die meisten von ihnen waren durch die erlittenen Qualen für immer immun geworden, was sie allerdings noch nicht wußten. Die Decks konnten endlich wieder risikolos über die Windhutzen durchlüftet werden.

Wie Perlen einer Kette kam nun eins der britischen Feuerschiffe nach dem anderen näher: OUTER GABBARD, GALLOPER und nach Einbruch der Dunkelheit auch KENTISH KNOCK. Kapitän Walkers Taktik zum Ansteuern des Ärmelkanals war meisterhaft. Am nächsten Tag reihte er vor dem nördlichen Wind, während des Verlustschlages nach Süd, beim Passieren auch die Feuerschiffe NORTH GOODWIN, EAST GOODWIN und schließlich Feuerturm SOUTH FORELAND mit auf die Kette.

Und dann war es geschafft. Mit Staunen blickten die Schiffsjungen vormittags zum ersten Mal auf die berühmten Kreidefelsen bei Dover.

Um 16.00 Uhr ergab eine Kreuzpeilung von FEUERSCHIFF ROYAL SOVEREIGN und dem Feuerturm BEACHY HEAD, daß nun der Kurs Süd 70 West (Kurs 250°) anliegen konnte. Das Schiff schäumte mit fast westlichem Kurs weiter und Walker konnte es sich leisten, zur allgemeinen Ermunterung nach Einbruch der Dunkelheit, um 22.00 Uhr, Segelexerzieren anzusetzen. Wir lesen: »Segel los und fest, übungsweise«.

Längst konnte der Ausbildungsstundenplan wieder uneingeschränkt aufrechterhalten werden. Das Wetter

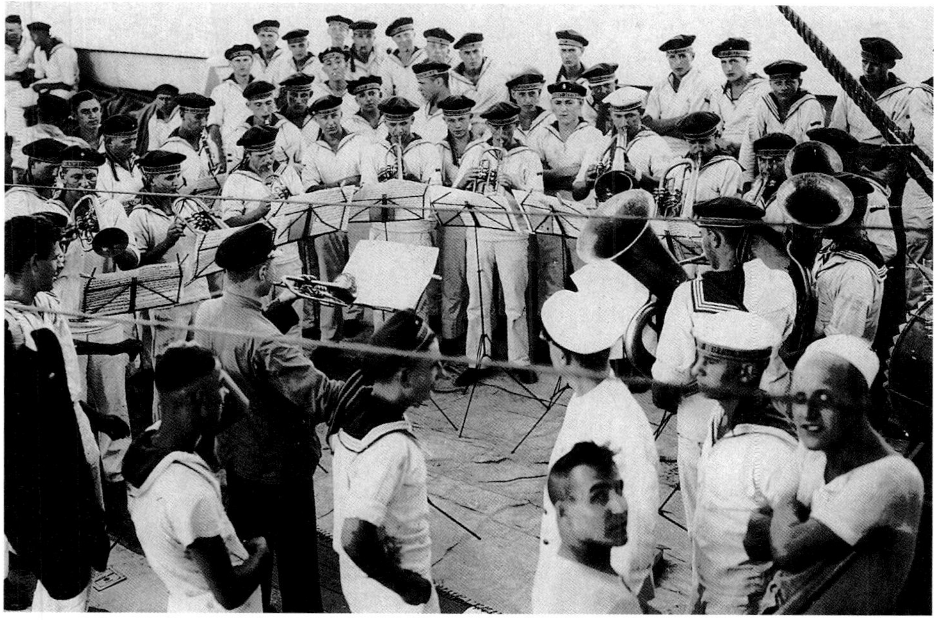

Jetzt war die große Stunde für Konzerte der Bordkapelle unter Leitung von Musikmeister und »Lagerini« Gerhard Koch gekommen.

war heiter bis mäßig bewölkt, die Lufttemperatur betrug immer noch 15° Celsius – so ließ man sich den Englischen Kanal im Oktober gefallen – und das immer noch bei Schiebewind aus Nordnordost und Nordost bei weiterhin durchgehaltenem westlichen Kurs.

Am Abend des 8. Oktober wurde mit dem Sextanten eine Nordsternbreite von 49 Grad 19 Bogenminuten Nord gemessen und eine gegißte (durch Koppelung geschätzte) Länge von 6 Grad West. Lizard Point und Kap Landsend und damit das Ende von Cornwall waren demnach, außerhalb der Sichtgrenze, passiert. Bald würde SCHULSCHIFF DEUTSCHLAND südlich der Scilly Islands stehen. Mit Erreichen des Kanalausgangs lag somit der freie Atlantik vor dem Schiff.

Als es am 9. Oktober bei Starkwind bis Beaufort 6 noch einmal ziemlich grobe See gab, hatte das für fast alle Zöglinge den Schrecken verloren. Sie stellten beglückt fest, daß ihnen tatsächlich Seebeine gewachsen waren.

Zuvor hatte das Schiff zeitweilig unter Vollzeug die Braßfahrt von 14 Knoten erreicht. Und wohl jeder von den jungen, angehenden Seeleuten empfand die Beglükkung durch jenes Gefühl, das Joseph Conrad mit den Worten beschrieb: »Nirgends sinken die Tage, Wochen und Monate schneller hinab in die Vergangenheit als auf See. Sie scheinen so leicht wie die hellen Luftblasen im wirbelnden Kielwasser, die zurückbleiben, und sie entschwinden in eine große Stille, in der sich das Schiff auf zauberhafte Weise fortbewegt.«

Nachdem tagelang stets vier Rudergänger zugleich mit höchster Kraftanstrengung das Vollschiff hatten auf Kurs halten müssen, standen jetzt nur noch zwei Mann an dem doppelten Ruderrad. Immer spürbarer schlug der Herbstmonat Oktober in eine Art Frühlingsklima um.

Es war die richtige Stimmung dafür, ein Shanty-Singen auf der Back anzusetzen. Außerdem gab die bald nach Ankunft der neuen Schiffsjungen schon in Elsfleth zusammengestellte Bordkapelle tagsüber beim »Reinschiff« an Oberdeck mit munteren Weisen ihr Debüt.

Schon im Fragebogen zur Einstellung hatten die Bewerber angeben müssen, welche Instrumente sie eventuell spielen. Und es war schon seit Indienststellung der GROSSHERZOGIN ELISABETH zur Tradition geworden, daß alle DSV-Schulschiffe eine eigene Bordkapelle besaßen. Sie diente im noch medienarmen Zeitalter unterwegs zur Erbauung der Besatzung, begrüßte im Ausland die an Bord kommenden ranghohen Gäste mit der jeweiligen Nationalhymne und gab bei Aufenthalten in fremden Hafenstädten Platzkonzerte, die sehr bald große Beachtung fanden.

Die Musikinstrumente wurden – wie auch die Bücherbestände der Bordbibliothek – von großen Reedereien gestiftet, die DSV-Mitglieder und -Förderer waren.

Für den Neubau SCHULSCHIFF DEUTSCHLAND hatte der DSV den vormaligen Reichswehr-Musikmeister Gerhard Koch angeworben. Er verstand sein Handwerk. Freilich mußte er eine Doppelfunktion ausüben. Etatmäßig war er als »Lagerini« (Proviantverwalter) angemustert, was auf einem Segelschiff ohne Kühleinrichtung bei derart langen Reisen eine schwierige, oft genug auch undankbare Aufgabe war. Aber die Qualität seines schon jetzt erfolgreich musizierenden Orchesters stellte niemand in Frage.

Im Frieden der Spanischen See

Zwischen der Azorenschwelle südwestlich von Portugal und dem Kanarischen Becken des Atlantiks liegt die von den Fahrensleuten so genannte Spanische See. Sie erstreckt sich von Höhe der Straße von Gibraltar bis zu den Atlantischen Inseln und wird landseitig durch die Küsten Marokkos begrenzt. Sie ist als Übergangszone zum Passatgebiet vom Wetter vorwiegend begünstigt und daher besonders beliebt.

Am 14. Oktober 1927, nach 15 Tagen Reise ab WESER FEUERSCHIFF, ergab das astronomische Mittagsbesteck – die Standortbestimmung nach »Sonneschießen« mit dem Sextanten – eine Position von 34 Grad 41 Bogenminuten Nord und 17 Grad 08 Bogenminuten Ost. Für Nautiker stellt sich das dar als 34°41' N/17°08' E (East).

SCHULSCHIFF DEUTSCHLAND befand sich also nördlich vom Madeira-Archipel, der zu den Atlantischen Inseln zählt und zu Portugal gehört.

Nochmals hatten Kapitän und Ausbilder die I. und die II. Division gehörig herangenommen: Großsegel übungsweise los und fest. Segel setzen und bergen.

So scheuchte man die Jungen hin und her, wobei inzwischen niemand mehr in die Irre lief, wenn es zum Beispiel hieß: »Großhals und Großschot!« Dann wieder kombinierte man das Setzen von Fock und Großsegel gemeinsam: »An die Halsen und Schoten der Untersegel!« »An die Fockgeitaue und Gordings!« Sekunden später tat nach dem Kommando »An die Großgeitaue und Gordings!« die Großtoppmannschaft dasselbe. Und man bekam »kein Bein an Deck«, so rasch folgten dann die Kommandos »Gei auf die Fock!«, »Gei auf das Großsegel!«.

Schot und Hals der beiden Rahsegel wurden gefiert, die Geitaue und Gordings dichtgeholt und übungshalber belegt (festgemacht). Man lief sich dabei erheblich in Schweiß und lernte es, dennoch keinen anderen Toppsgasten umzurennen.

Für die anderen Divisionen waren inzwischen Manöverkunde und Kompaßkunde angesetzt, man übte das Morsealphabet und die Benutzung der Winkflaggen gemäß Winkalphabet. Der Dienstplan ließ während der Arbeitszeit niemanden aus den Fängen.

Dann aber wurde die Sache spannend. Am 16. Oktober meldete der Ausguckposten auf der Back gegen 05.00 Uhr morgens ein Leuchtfeuer, das sofort nach seiner Kennung und »Wiederkehr« (seinem Erscheinungstakt nach Intervallsekunden) als das von Punta do Pargo identifiziert wurde. Damit grüßte bereits der Archipel Madeira herüber.

Wer nun dachte, daß SCHULSCHIFF DEUTSCHLAND geradewegs in Richtung Madeira fuhr, der kannte Reinhold Walker nicht, den Meister der Ansteuerungs-Trigonometrie. Der wußte genau, was er tat und wie nachher der »Landfall« vorzunehmen war.

Der »Master next God« nahm sich also Zeit. Um 15.00 Uhr ließ er das Kreuzuntermarssegel abschlagen. Dann setzte er seine Kreuzschläge mal mit nördlichen, mal mit südlichen Kursen fort.

Spanische See: Segel übungsweise los und fest. Segel setzen, Segel bergen (Spitzname: Großes Mastaffen-Fest).

Anderntags, um 08.15 Uhr, gellte das Kommando »Beide Wachen klar zum Manöver!« über Deck. Sofort wurden die Brassen klar gelegt, die Backsgasten nahmen die Vorsegelschoten wahr. Dann erklang durch die »Flüstertüte« (Megafon): »An die Großgeitaue und Gordings, Besaneinholer!« Das war das Signal zum Besetzen des genannten laufenden Guts[5]. Auch Segelhals und Schot wurden besetzt, ebenso wie der Besaneinholer. Das Manöver zum Halsen wurde eingeleitet. (Wie es im einzelnen vor sich ging, erklärt der unten stehende Textkasten.)

Doch endlich war – nach der Plackerei des Halsens – »Klar Deck« angesagt, Freizeit, Sonntagsroutine. Die Toppoffiziere konnten ihre Mannen wegtreten lassen.

Wie kompliziert die Manöver eines Rahseglers beim Wenden und Halsen sind, wird hier am Beispiel »Halsen« verdeutlicht – in gekürzter Wiedergabe der »DSV-Anweisung für Segelmanöver«:
16 genau durchdachte Kommandos, alle im richtigen Augenblick, setzen eine Kette jeweiliger Maßnahmen in Gang, die genau gelingen müssen:
»Beide Wachen Klar zum Manöver, Klar zum Halsen!«
»An die Großgeitaue und Gordings, Besaneinholer!«
»Gei auf Großsegel, hol ein Besan!«
»An die Achterbrassen!«
»Fall ab zum Halsen!«
»Braß lebend achtern!«
»Braß vierkant achtern!«
»An die Vorbrassen!«
»Braß vierkant vorn!«
»Braß an achtern!«
»Großhals und Großschot, Besanausholer!«
»Braß an vorn!«
»Beim Wind!«
»Beim Wind, toppweise brassen und kanten!«
»Klar Deck!«
»Toppweise wegtreten!«

Der Satz »Feiern Sonntag« bedeutete dienstfrei und zugleich vormittägliche musikalische Erbauung durch die Bordkapelle an Oberdeck.

Um 22.10 Uhr wurde allerdings abermals mit beiden Wachen gehalst, diesmal auf Backbordbug.

Aber was machte der »Alte« bloß, wollte er denn überhaupt nichts von Madeira wissen? Längst hatte man doch klare Peilungen von Punta do Sol, von Santo Antonia und von der Canico-Kirche, bald auch von Santo Lorenco. – Was wollte man mehr? Und weitere Namen von Peilmarken und Begriffen hörte man: Punta Antalaya, Punta da Calera, Santo Oliveira.

Anfangs wehte es noch mit Stärke 4 aus Nordnordost, dann setzte zwischenzeitlich Flaute ein. »Treiben in der Stille« war angesagt, schließlich »Treiben bei umlaufenden Winden«.

Da hatte man also das so innig ersehnte Reiseziel Madeira auch den ganzen 17. Oktober über vor Augen, kam diesem aber kaum näher. Die Geduld der Schiffsjungen wurde arg strapaziert.

Was war nur los mit Kapitän Reinhold Walker? Die Schiffsjungen wurden nicht klug aus ihm. Sie wußten nur, daß er sich völlig absonderte und grundsätzlich allein in seiner Kapitänskajüte zu essen pflegte.

Was machte der »Alte« bloß, wollte er denn überhaupt nichts von Madeira wissen? Das waren Tantalusqualen, Funchal nicht endlich näherzukommen!

Einer der Teilnehmer an der ersten Überseereise des Schiffes, der spätere Elsflether Seefahrtschuldirektor Kapitän Georg Baake, hatte beim Postenstehen einmal bemerkt, daß der nach der Whisky-Marke mit dem Spitznamen »Johnny Walker« belegte Kapitän, in seinem Salon sitzend, höchst eigenhändig seine Strümpfe strickte! Beim Interview in der 1999 ausgestrahlten Fernsehsendung von »N3 maritim« schilderte Baake ihn als »strengen, guten Kapitän«.

Der ehemalige Leichtmatrose Dickmann ergänzte das positive Urteil schon früher: »Schwabe, wortkarg, beherrscht, zurückhaltend, beobachtend, hart nach außen und – wie ich meine – gerecht im Urteil. Ein hervorragender Seemann ...«

Für die Offiziere seines vorherigen Schiffes, Grossherzogin Elisabeth, hatte festgestanden, daß Reinhold Walker ein seglerisches Genie war. Auf ihn traf ganz genau das zu, was der Australier Alan Villiers vom Führer eines Rahseglers an Qualitäten gefordert hatte:

»Keine Schöpfung des Menschen war mehr in der Hand eines Mannes als der Langreisesegler in der seines Führers. Er war mehr als des Schiffes Gehirn. Er war sein Charakter, seine Entschlußkraft, seine Hoffnung auf Erfolg ... Der große Rahsegler kann mit einem Orchester verglichen werden, das einen begeisterten Dirigenten braucht, um zu voller Entfaltung zu kommen. Der Wind war die Partitur und die Segel waren die Instrumente. Weniger befähigte Dirigenten konnten natürlich auch etwas tun, aber nur unter dem wirklichen Meister vermochte das Konzert vollen Glanz zu gewinnen.«

Die Zöglinge verstanden Walkers Ansteuerungsmethoden und Segelführungen anfangs noch zu wenig. Die Offiziere aber wußten genau, warum sich »der Alte« mit dem Ansegeln der Bucht von Funchal Zeit nahm und das nachher irrtumsfrei meisterte.

Der nächste Tag, 18. Oktober 1927, begann zur Abwechslung für beide Wachen mit einem Wendemanöver auf Backbordbug, Schulschiff Deutschland ging also mit dem Bug durch den Wind. Aber bald darauf wiederholte sich das Spiel vom Vortag: 09.45 Uhr mit beiden Wachen Halsen auf Steuerbordbug, 10.45 Uhr dasselbe mit Halsen auf Steuerbord – und um 11.40 Uhr wieder auf Backbordbug.

Alle waren nachher geschafft, das Mittagessen war redlich verdient. Und während die Backschafter das in sogenannten Barkassen (Tragkübeln) aus der Kombüse geholte Essen an ihre Backs-, die Tischgemeinschaft, ausgaben, stöhnte einer, er habe inzwischen sicherlich zehn Meter lange Arme vom dauernden Tampen-Durchholen. Und ein anderer konterte sofort: »Mühsam ernährt sich das Eichhörnchen!« Ein dritter fiel nun prompt ein und erklärte, daß er von Funchal aus nach Hause schreiben und erklären werde, tatsächlich inzwischen ein Eichhörnchen geworden zu sein.

Die Lästermäuler wurden schließlich aber doch beschämt: Als um 13.20 Uhr der Steuerbordanker auf 46 m Wasser fiel und 75 m Kette gesteckt wurde, lag Schulschiff Deutschland wie mit dem Theodolithen eingemessen metergenau auf der von Kapitän Walker vorausberechneten Position – in Kreuzpeilung vom Roca Lov und der Entrata-Mole des Hafens Funchal; so dicht wie möglich an der Hafeneinfahrt, ohne aber andere Schiffe zu behindern. Das Schiff hatte dazu keinen Schlepper benötigt.

Längst war die portugiesische Gastflagge vorgeheißt. Die Freigabe des Schiffes durch den Hafenarzt dauerte ganze fünf Minuten, es war dann sofort jeglicher Bootsverkehr mit dem Land erlaubt.

Aber vor das Paradies hatte Gott bekanntlich den Engel mit dem Flammenschwert gestellt. Nachmittags waren zunächst die I. und II. Division mit Unterricht nach Plan, die III. und IV. mit Arbeitsverteilung dran. Dienst ist Dienst! Für die »Fliegerlinge« gab es die Extrawurst, daß sie schon um 19.30 Uhr Landurlaub bekamen.

Aber »Wer zuletzt lacht ...«. Die Zöglinge der beiden Einstellungen vom Frühjahr und Herbst 1927 zogen doch das bessere Los: Sie erlebten Funchal und Umgebung bei Tageslicht. Am nächsten und übernächsten Tag gingen jeweils 49 Jungen, begleitet von einem ortskundigen Offizier, an Land. Die Ausflugstouren hatten es in sich. Einen schöneren Einstieg in die Welt der Subtropen und Tropen als die Insel Madeira konnte es nicht geben. Die klimatisch günstige Lage ließ sie mit 112 Pflanzenfamilien und 760 Arten zum »Blumentopf im Atlantik« werden.

Da die beiden bewohnten Hauptinseln Madeira und Porto Santo ebenso wie die unbewohnten »Islas Desertas« Chao, Deserta Grande und Bugio als vulkanische Gebilde aus dem ringsum 4000 m tiefen Atlantik aufsteigen, ist Madeiras höchster Berg Pico Ruivo mit seinen 1861 m Höhe unter die »Sechstausender« unserer Erde einzuordnen. Seine Felsen fallen imposant steil zum Meer ab. Madeira ist an jeder Ecke zum Malen schön. Es will etwas heißen, wenn hier ein kühler Brite wie Guide de Monterey zum schwärmerischen Romantiker wurde, der enthusiastisch formulierte: »Das Bild Madeiras läßt sich zusammenfassen mit dem Text der Schöpfungsgeschichte, nachdem diese Insel als das Paradies auf Erden angesehen werden kann: lieblich und friedlich, der Garten Eden voller Wunder, wo sich die Sonne widerspiegelt im Farbenrausch der Natur ... wo die Luft dauernd mit dem Duft der Blumen und Früchte erfüllt ist, die überall üppig sprießen ... Madeira ist ein Zauber, ein Gedicht, ein Lächeln der Natur, ein Dankgebet.«

Das erlebten auch die Jungseeleute von Schulschiff Deutschland wie ein unfaßbares Wunder.

Die Vegetation Madeiras ist wirklich paradiesisch. In großer Zahl trifft man auf Palmen, Araukarien, Drachenbäume, Jakaranten, Flammenbäume. Der betörende, über der Landschaft liegende Duft wird durch die Fülle an Azaleen, Hibiskus, Kamelien, Fuchsien, Hortensien, Bougainvileen, Orchideen bedingt. Irgend etwas blüht auf Madeira immer, das Gesetz der Jahreszeiten scheint aufgehoben.

Fassungslos standen die Schiffsjungen zum ersten Mal in ihrem Leben vor Stauden mit reifenden Bananen. Und bald sahen sie die Marktstände voller bunter Früchte bekannter und exotischer Arten. Sie durchstreiften die Standreihen mit kostbaren Leinendecken und Stickereien, mit handgefertigten Korbwaren und Korbmöbeln. Sie sahen die fangfrischen Thunfische und Schwertfische auf dem Fischmarkt. Man gab ihnen Zuckerrohr und Likörwein zu kosten. Sie hatten es jedenfalls besser als seinerzeit Napoleon Bonaparte, der sich damit begnügen mußte, von seinem Verbannungsschiff H.M.S. Northumberland aus die Stadt zu betrachten. Man hatte ihm auf der Fahrt nach St. Helena jeden Landgang verwehrt.

Natürlich blicken sich überall die Passanten, darunter mehr als eine hübsche Señorita, nach den schmuck uniformierten, körperlich gestählten Jungseeleuten mit dem schwarz-weiß-rot eingefaßten Mützenband um. Das neue deutsche Segelschulschiff war groß in der Zeitung abgebildet. Sein glänzendes Ankermanöver war zum Stadtgespräch geworden.

Ja, Funchal, der »Fenchelplatz« – 1000 km von Lissabon und 700 km von der afrikanischen Küste entfernt. Die Landausflügler sahen die prachtvolle palmenbestandene Avenida do Mar, sahen die trotz ihrer Schmucklosigkeit eindrucksvolle, 1514 geweihte Kathedrale mit ihrer Zedernholzdecke und den Elfenbein-Intarsien. Sie bestaunten und fotografierten die würdevolle Fassade des Stadthauses an der Praca do Municipio, eines ehemaligen Grafen-Palastes, sowie die Architektur des Jesuiten-Kollegs und den Schandpfahl in der Platzmitte.

Was die Stadt unverwechselbar anmutig macht, ist ihr Emporklettern an den Berghängen. Je höher man steigt, desto phantastischer ist die Aussicht auf die Bucht von Funchal und auf das wie ein Spielzeug anmutende eigene Schiff.

An einem hohen Punkt liegt das ehemalige Klarissinnen-Kloster, in dessen Kirche sich die Grabstätte von João Concalves Zarvo, eines der beiden Kolonisatoren Madeiras, befindet. Aber die Krönung aller Kirchen ist fraglos die hoch im Außenbezirk Monte liegende zweitürmige Nossa Senhora do Monte aus dem 18. Jahrhundert, Ruhestätte von Österreich-Ungarns letztem Kaiser Karl I. von Habsburg – alljährlich am Tag Mariä Himmelfahrt Ziel der Romaria, der größten aller portugiesischen Wallfahrten auf Madeira.

Das ganz besondere Madeira-Erlebnis ließ man sich aber auch nicht aus der Nase gehen, das durch das eigenartige Straßenpflaster aus hochkant gestelltem gerundetem Brandungsgeröll ermöglicht wird. Dieses Pflaster macht Schlittenfahrten ohne Schnee, weil es die Kufenreibung erheblich vermindert, zum Erlebnis. Auf den Steilhängen wissen die Bauern und Winzer den Transportschlitten auch heute noch zu schätzen, anderswo ist er durch Asphaltüberdeckung des Pflasters und den Kraftwagenverkehr verschwunden.

Aber die Personenschlitten, die Carinhos da Cesta, sind noch immer da – heute noch wie damals anno 1927. Mit Begeisterung verteilten sich die »Schulschiffer« auf die in großer Zahl im Bergvorort Monte bereitstehenden, mit Holzkufen versehenen breiten Korbstühle für jeweils 2–3 Mann. Immer zwei Madeirenser stehen mit einem Bein hinter dem Stuhl auf der Kufen und stoßen zur Beschleunigung der Fahrt mit dem anderen vom Boden ab. Die Schußfahrt von Monte hinunter zur Stadt Funchal ist phantastisch. Auch wenn hier und dort die beiden Fahrer abspringen und zu Bremsern werden müssen – sie beherrschen ihre Gefährte souverän.

Entsprechend begeistert schrieben die Schulschiff Deutschland-Jungseeleute von Madeira aus nach Hause. Aber diese Insel war erst der Anfang. Es sollten noch viele Höhepunkte während dieser großen Reise folgen.

Großer Südatlantik-Sprung

Madeira war seinerzeit für die portugiesischen Entdecker die erste Etappe für immer weitere Vorstöße ins Unbekannte. Madeira wurde auch für SCHULSCHIFF DEUTSCHLAND jener Punkt in der blauen Weite, an dem der große Sprung in Richtung Südatlantik begann. Ein langer, einsamer Seetörn stand bevor.

Man erfaßte bald die Weisheit Joseph Conrads:

»Um den Mittelgürtel der Welt herrschen die Passate so unumschränkt und unbestritten wie Monarchen lange bestehender Königtümer ... Die Passatreiche sind den Handelsschiffen freundlich gesonnen; nirgends ist das Leben an Bord so angenehm wie zwischen den Wendekreisen. Die Reiche, in denen der Nordost- und der Südostpassat regieren, sind friedlich und heiter.«

Der Zauber der Passatsegelei offenbarte sich in ganzer Schönheit. Schweinsfische spielten in der Bugsee und schossen ihre Kapriolen. Es war eine Lust, ihnen bei Freiwache vom Klüvernetz aus zuzuschauen, dem Lieblingsplatz vieler während dieser Zeit.

Das Schiff hielt mit der stetig gleichen Streichrichtung des Nordostpassates unter Vollzeug seinen Kurs vor dem Winde durch. Es stand eine mäßig bewegte See. Der Wind und eine lange Dünung machten die Reise mit südlichen und südwestlichen Kursen fast ohne Unterbrechung angenehm. Zwar hatte es anfangs noch ein paar Regenböen mit umspringenden Winden gegeben, aber das blieb nur eine kurze Episode.

Nach knapp sechs Tagen Reise (ab Funchal) kamen während der Morgenwache zwei Leuchtfeuer der Kapverdischen Inseln durch. Sie ermöglichten durch Kreuzpeilung eine sichere Standortbestimmung. Die Inselgruppe selbst blieb freilich bei verhangenem, zeitweilig sogar regnerischem Wetter unsichtbar.

Am Abend des sechsten Reisetages überzog ein Wetterleuchten den nordwestlichen Himmel. Am nächsten Tag wurde sogar der gesamte Horizont von einer weiteren Erscheinung dieser Art regelrecht überflammt – ein unvergeßlich gespenstisches Bild.

Am 8. Tag fauchten Böen mit Windstärken bis 7 heran, so daß die Royals und jeweils beide Bramsegel festgemacht werden mußten. Doch bald darauf war diese meteorologische Störung vorbei. Der barometrische Ausgleich dominierte wieder. Auf dem Dienstplan konnte dann endlich auch »Sport« mit ungestörter Regelmäßigkeit erscheinen. An Deck wurden Reck, Barren und Pferd aufgebaut. Turnen und Freiübungen dreimal pro Woche gehörten zum Ausbildungsplan auf DSV-Schiffen.

Die Sonnenuntergänge entfalteten immer von neuem eine Pracht, die sich unter den Neulingen zuvor niemand hatte vorstellen können. Und wenn nach Einbruch der Dunkelheit der Ausguckposten auf der Back – auch für die laufende Kontrolle der beiden Lampentürme mit den Petroleumseitenlichtern des Schiffes verantwortlich – zum regelmäßigen rhythmischen Auf- und Abschwellen des Rauschens der Bugsee melodisch aussang: »Auf der Back ist alles wohl – die Laternen brennen!«, kam sich mancher beim Anblick der sanft hin und her pendelnden Segelpyramiden vor einem oft genug unheimlich nah erscheinenden, glasklaren Sternenhimmel wie verzaubert vor. Man hätte ein Herz aus Beton haben müssen, um in solchen Nächten nicht zum Romantiker zu werden.

Unbeschreiblich schön war die Stimmung vor allem auch jeweils nach Mondaufgang, wenn der Silberglast auf dem Atlantik eine seltsame Transparenz der Untersegel erzeugte, umgeben vom feinen, kunstvollen Gespinst der Takelage. Hier sei Hans Frhr. von Stackelberg, der ehemalige GORCH FOCK-Kommandant, zitiert, der solche Stimmung meisterhaft beschrieb:

»Durch silberne Mondnächte jagte das Schiff vor einem lauen Passat nach Westen. Die schwarzen Schatten der Segelpyramiden sowie der weit über die versilberte See aufragende Bugspriet mit dem breiten Klüvernetz und den bleich angestrahlten Vorstagsegeln lassen diese Nächte zum unvergeßlichen Erlebnis werden.«

Knapp elf Tage nach Funchal hatte SCHULSCHIFF DEUTSCHLAND erstmals eine Kalmenzone erreicht, das Schiff trieb plötzlich in bleierner Stille durch leichte, durcheinanderlaufende Dünung. Bald war dies jedoch erst einmal wieder vorbei.

Nach 13 Tagen fegte eine Windböe mit umspringenden Winden heran. Gleich danach setzte abermals völlige Flaute ein. Müde flappten alle 25 gesetzten Segel unter den Rahen und Stagen. Und es blieb dabei.

Nun schieden sich die Geister. Je nach Gemüt machten sich Mißmut, Ungeduld, Gelassenheit oder sogar Aberglaube breit. Hier und dort kratzte jemand heimlich an einem der Masten, weil so etwas angeblich neuen Wind herbeizaubert. Von Villiers stammt das drollige Zitat:

»Unter solchen Umständen haben sich schon ganz vernünftige Kapitäne in säuerliche, verdrießliche Wüteriche verwandelt, die auf dem Achterdeck herumtobten und denen nichts recht zu machen war oder die voller Wut auf ihrem Hut herumtrampelten.«

Auf Schulschiff Deutschland machte man aus der Not eine Tugend. Navigationslehrer Andresen, der zugleich als vierter Wachoffizier eingesetzt war, veranstaltete abends für alle Mann Sternkunde an Deck. Es wurde zum Erlebnis besonderer Art, als er nun das legendäre Kreuz des Südens zeigen konnte, das sich erstmals während der Reise – zunächst nur niedrig – über der Kimm erhoben hatte.

Ansonsten gab es tagsüber keine Langeweile. Mit der Präzision eines Uhrwerks lief der Dienstbetrieb weiter: divisionsweise Bootsdienst, Segelbedienung, Signaldienst, Knoten und Steke, Manöverkunde, Unfallverhütungsvorschriften, Handhabung des Logs, Ankergeschirr und Verwarpen von Ankern, Lichterführung und Gesetzeskunde, Winkern, Schiffstypenkunde, Seestraßenordnung und Ausweichregeln, Schwimmende und landfeste Seezeichen, Morsen, Lothandhabung, Rudergeschirr, Lenzpumpen, Taljen-Scheren oder Themen wie Algebra, Astro-Navigation und Englisch für die Flieger, dann wieder Zeugdienst, Hängemattenlüften. Dazwischen immer wieder Segelmanöver zur Übung, nicht zuletzt die besonders beliebte »Putzstunde«. Rolf Wohlert fand dazu das Bonmot: »Alles sollte blitzen und blinken. Wer hat bloß dieses Messing erfunden, bestimmt kein Schiffsjunge. Wohin man auch sah: Bullaugen, Nagelbankbeschläge, Schiffsuhr und Lampen, alles Messing. Mit einer Mischung von Sand, Schmierfett und Petroleum, die Schiffsjunge Heinrich in seiner Lampenlast für uns mixte, gingen wir die Sache an, doch die Arme wurden lahm und Hände schwarz.«

Auch die Zeit im Kalmengürtel war schließlich vorbei. Das Vollschiff bekam wieder südöstlicheren Wind in die Segel und nahm bis zu zehn Knoten Fahrt auf.

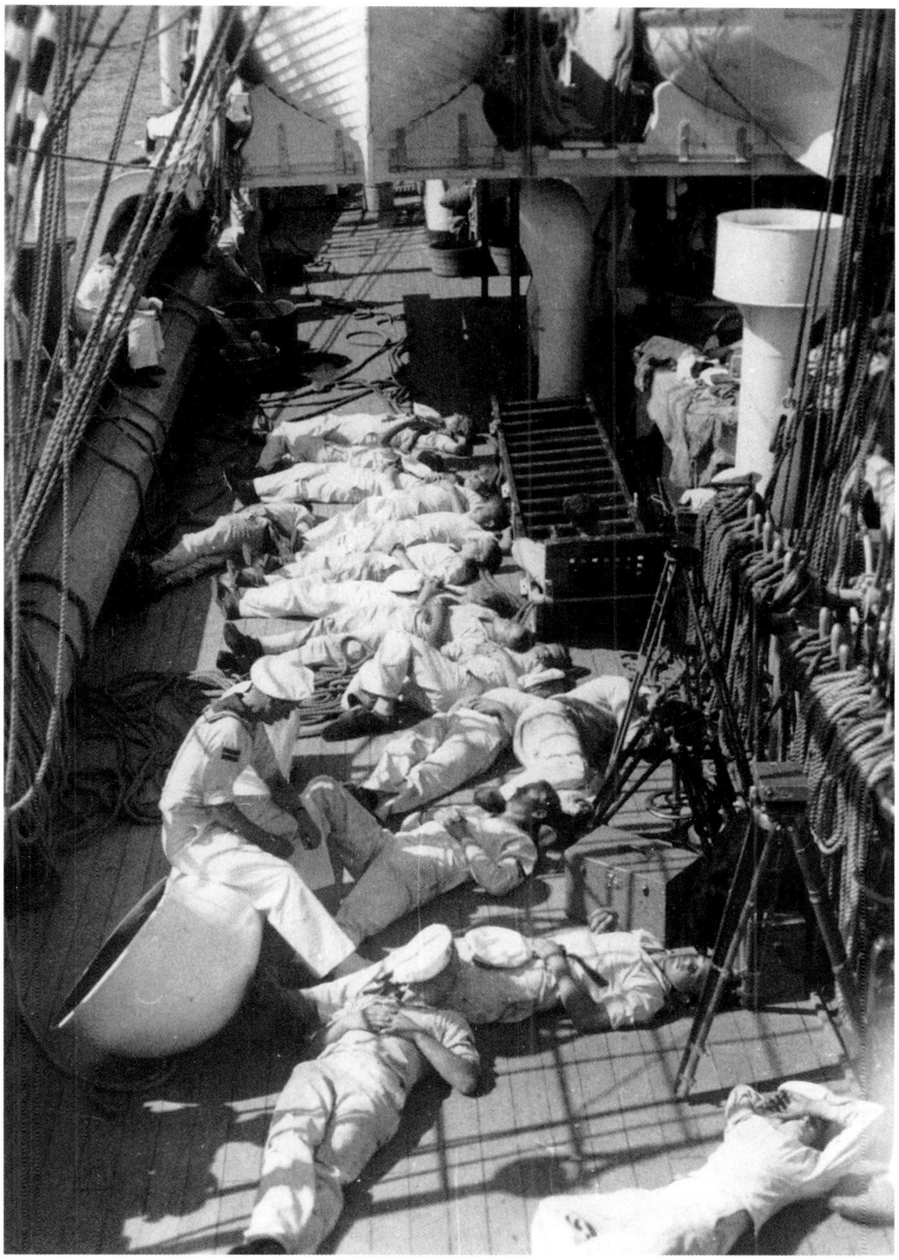

Siesta an Deck während der Mittagspause im Passat. So ließ man sich die Seefahrt natürlich gefallen!

Meldung an Admiral Triton

Bald hörte man tagelang hinter den verschlossenen Türen von Werkstätten und Lasten (Vorratsräume von Bootsmann, Zimmermann und Schmied) unermüdliches Sägen, Hämmern und Feilen. Auch in der Segelmacherei und Schneiderei herrschte Hochbetrieb. Die Vorbereitung für das bedeutendste innerbetriebliche Ereignis der gesamten Südatlantik-Reise lief auf Hochtouren: die Äquatortaufe. Sie wurde auf den Seglern des Deutschen Schulschiff-Vereins seit je groß aufgezogen. Es wurden Kostüme genäht, Stellagen gezimmert, Schilder gemalt, dichterische Talente entfalteten sich, Rollen wurden eingeübt.

Diejenigen, die bereits eine Taufurkunde besaßen und den Ereignissen ohne Furcht, aber voller Schadenfreude entgegensehen konnten, boten Garantie dafür, daß die noch »vom Schmutz der nördlichen Halbkugel zu Reinigenden« gehörig »ihr Fett« abbekamen.

Während die Schiffsjungen am Abend des 10. November arglos in ihren Wohndecks beim Abendessen saßen, hatten es der Bootsmann und der Zimmermann fertiggebracht, unbemerkt das Fallreep auszubringen und wegzufieren. Dann wurde backgebraßt, das Schiff stoppte. Es ertönten die Pfiffe: »Alle Mann an Deck!«

Nach einem kunstvollen Trompetensolo sorgten die Blechbläser von Musikmeister Koch für gewaltiges Getöse. Es wurde ein kakophonischer Tusch geblasen, der selbst die Royalrahen zum Wackeln brachte. Mit steinerner Miene stand Kapitän Walker am oberen Fallreepspodest bereit, dem nun höchst würdevoll »aus dem Meer« emporsteigenden Triton, Admiral des gewaltigen Meeresherrschers Neptun, Meldung zu machen.

Der Schiffsführer bat »gehorsamst« um Erlaubnis, mit seinem noch neuen Schiff erstmals ins Reich der Südhalbkugel eindringen zu dürfen.

(Es handelte sich bei Admiral Triton in Wirklichkeit um den Leichtmatrosen von Kampen, der zur allgemeinen Erheiterung den gestrengen Herrn Kapitän jovial mit »Lieber Walker!« anredete.) Aber dann entlud sich Tritons Mißmut. Der »Admiral« ließ ein heiliges Donnerwetter los – mit dem Tenor, daß diese »Seemannswickelkinder« von SCHULSCHIFF DEUTSCHLAND wohl ganz besonders schlimm »dran glauben« müßten. Sie hätten es nicht anders verdient. Sicherlich schliefen alle, denen die Äquatortaufe bevorstand, in der Nacht vor diesem Ereignis nicht sonderlich gut.

Am nächsten Morgen gab es abermals »Rabatz«. Gleich nach dem Frühstück zwitscherten die Bootsmannspfeifen »Divisionsweise antreten auf den Musterungsplätzen!«

Aber um Himmels willen, wie hatte sich inzwischen das Deck verwandelt: Da war während der Nacht ein großes Badesegel aufgespannt und mit Wasser gefüllt worden. Da stand ein aus gezurrten Hängematten zusammengefügter imposanter Thron mit Baldachin. Neben aufgestellten Armesünderbänken standen Stellagen mit »herzrutschverursachenden« Folterinstrumenten und Ingredienzen – von einer kolossalen Flachzange bis zum gewaltigen Gummihammer, überdimensionalen Rasierpinsel und Rasiermesser. Daneben sah man reihenweise Gläser mit höchst rätselhaften Tinkturen, auf deren Etiketten schauerliche Namen erkennbar waren.

Das nüchterne Wort »Bergerolle« bedeutete immer wieder »Boje über Bord! Kutter klar!« und Wiederauffischen der Boje, d.h. des Rettungsrings.

Als Begrüßungsmarsch für König Neptuns Hofstaat ertönte ohrenbetäubende Katzenmusik. Majestät schritt höchstderoselbst mit unnachahmlicher Würde vorn. Seiner Königskrone sah man nicht an, daß sie aus dem Blech einer Dose von »Specht's Mannschaftskaffee« gezaubert war. Seine kunstvoll aus Fasertauwerk gefertigte Perücke machte diesen Neptun einem Rokokofürsten nicht unähnlich. Seine »liebliche Gemahlin« Thetis – aufgedonnert wie eine Animierdame – war eine Augenweide besonderer Art. Beim Umzug über das Deck flirtete sie ungeniert mit den Offizieren des Schiffes – und niemand konnte in dieser aufreizenden »Bollwerksaster« den Leichtmatrosen Bielert erkennen.

Der Pastor, der schließlich eine äußerst launige Festpredigt hielt, war kein Geringerer als Bootsmann Steigerwald. Bald darauf überreichte der Aktuarius (Gerichtsschreiber) Neptuns Kanzler die Auszüge aus dem Sündenregister jedes einzelnen Täuflings. Die Verlesung in zweizeiliger Versform war kurz und prägnant, sie wurde jedesmal durch einen dröhnenden Paukenschlag beendet.

Nach »Narkose« mit dem Gummihammer für jeden Täufling waltete zunächst der Hofmedicus seines Amtes. Mit der furchterregenden Flachzange und laut knackendem Geräusch zog er »die losen Zähne«. Der Hofapotheker verabreichte danach einen Mix aus Heringslake und Rizinusöl sowie Pillen, deren Substanz sich aus Mehl, Schmieröl, flüssiger Seife, Pfeffer und Kohlenstaub zu-

Auch die »Fliegerlinge« (links) sollten bald drankommen. Beim Umzug des Hofstaates sah man vorn »die liebliche Thetis« und Admiral Triton, von König Neptun aber nur (dazwischen) ein Stück Krone.

Der Aktuarius (Gerichtsschreiber) stand mit dem Sündenbuch klar, hinter ihm lauerte das Unheil in Gestalt von Hofmedicus und Hofapotheker.

sammensetzte. Dann traktierte der Hofbarbier das Haupthaar der Täuflinge mit einem riesigen Kamm, bevor er ihnen mit der nicht minder großen Schere einen kräftigen Schnitt »verpaßte«. Anschließend mußte jeder Täufling die mit schwarzem Lederfett dick beschmierten Seestiefel von König Neptun und obendrein auch noch das »Fahrgestell« der barfüßigen Thetis küssen, wobei ihm ein aufgeweichter Stockfisch rechts und links um die Ohren gehauen wurde. Dann folgte jener Stoß, der die Delinquenten rücklings »in den Bach« beförderte. Im Taufbekken fielen dann Neptuns Trabanten – es waren immerhin zwanzig halbnackte, am ganzen Körper pechschwarz geschminkte »Taufneger« – entsprechend über ihre Opfer her. Deren dreimaliges Untertauchen war nicht zu knapp bemessen. Kaum hatten diese die Prozedur japsend überstanden, mußten sie in Büßerhaltung vor dem zwölf Meter langen, dreiviertel Meter durchmessenden Windsack Platz nehmen. Dann folgte das besonders gefürchtete Kriechen durch den Windsack, in den an beiden Enden ein kräftiger Strahl aus Deckwaschschläuchen hineingehalten wurde. Während man also dergestalt mit »Weihwasser« traktiert wurde, wand sich der mit mehreren Täuflingen gleichzeitig gefüllte Windsack wie eine Schlange hin und her. Zur Ermunterung schlug ab und zu jemand von außen mit einem Tau auf das Menschenknäuel. Es war gar nicht einfach, am anderen Ende des Windsackes wieder ins Freie zu gelangen.

Schulschiff-Äquatortaufen verrieten wenig Zimperlichkeit. Sie glichen Mannbarkeitsritualen der Naturvölker. Sie waren eine Härteprobe mit Schinderei. Aber Ausbildungsoffiziere standen immerhin parat, um etwaige Exzesse zu unterbinden.

Zu guter Letzt bekam jeder dem Windsack Entronnene heißen Kakao und Butterbrote. Bald aber trat der Hofastronom erneut in Tätigkeit. Er trug ein langes, mit goldenen Sternen besetztes Gewand in der Farbe des Himmels und einen übermäßig hohen Zylinder auf dem Kopf. Schon vorher hatte der Astronom mehrfach mit einem metergroßen hölzernen »Sextanten« laut klappernd herumgefuchtelt. Als nun der letzte Täufling seinem Martyrium entronnen war, hob der Astronom ein gewaltiges Fernrohr ans Auge und rief gellend laut: »Dort hinter dieser Pinie: Die L i n i e!«

Das war Signal dafür, daß der Breitengrad Null erreicht war. Die Takelure ertönte, das handgekurbelte Segelschiff-Nebelhorn. Sogleich wiederholte die Bordkapelle mit voller Lautstärke diesen Signalton mit allen Instrumenten.

Es herrschte Hochstimmung, als Neptuns »ganzes Gelumpe« nunmehr zu schmissiger Marschmusik, zum Abschied eine Schlußrunde um den Schauplatz der »gar schröcklichen Christenverfolgung« drehte.

Einen guten Nutzen hatte das Badesegel nach der Äquatortaufe: Es konnte der Erfrischung dienen.

Der »Finger Gottes«

Am Morgen des nächsten Tages konnte der Ausguckposten auf der Back gleich bei Hellwerden mit lauter Stimme »aussingen«: »Land in Sicht!«

Um 08.00 Uhr wurde die gesamte Besatzung an Deck geholt, damit sie sich das Wunder ansehen konnte: Auf Position 30°50' Süd/32°21' West wurde in nur drei Seemeilen Abstand die Insel Fernando Noronha passiert. Ein markanter, steilaufragender Felsen, der »Finger Gottes« genannt, überragt dieses Eiland, auf dem 2000 Einwohner, abgeschieden von der Welt, lebten. Damals war dort auch die Strafkolonie Remedios untergebracht.

Wieder mal war Zeugwäsche angesagt. Das weiße Arbeitszeug konnte einen ganz schön nerven, zumal bei dem ewigen Wassermangel, mit dem man beim »Knobeln« der Wäsche fertig werden mußte.

Nach Aufheißen der Wäschejolle hatten die Rudergänger nicht nur die Unterlieken von Segeln, sondern auch die baumelnden Hosenbeine der zu trocknenden Büxen vor der Nase.

Außerdem hatte man 1921 auf Fernando Noronha große Phosphatlager entdeckt, an deren Abbau man 1927 gerade heranging.

Auf SCHULSCHIFF DEUTSCHLAND stieg die Nationalflagge von Brasilien als Gastflagge empor. Die Insel ist brasilianisch. Man hatte also den Sprung über den Südatlantik geschafft, aber noch weitere zehn Reisetage sollten folgen, ehe der Bestimmungshafen Rio de Janeiro endlich erreicht war.

Auf der Weiterreise gen Süden »standen« alle Segel die ganze Zeit. Bei durchschnittlich Windstärke 4 machte das Vollschiff recht gute Fahrt zwischen sechs und neun Knoten. Eine passende Gelegenheit, wieder einmal »Alle Mann Zeugwäsche« anzusetzen. Bei äußerster Sparsamkeit mit dem allzu knappen Frischwasser (auch Regenwasser hatte man aufgefangen) hatten die Jungseeleute an Oberdeck ihr Weißzeug in Baljen einzuweichen und dann höchst intensiv von Hand »durchzuknobeln«. Nachher wurden die Wäschestücke nacheinander auf Leinen angebändselt, die mit der »Wäschejolle« – einem Jolltau – bis zur Höhe der Untermarssegel zum Trocknen aufgeheißt wurden. So etwas sah jedesmal aus, als habe SCHULSCHIFF DEUTSCHLAND eine besondere Flaggengala angelegt, eine »Orgie in Weiß«.

SCHULSCHIFF DEUTSCHLAND hatte große »Wäsche-Gala-Beflaggung«. Dieser kuriose Anblick der reihenweise aufgeheißten Wäschestücke bot sich auf allen DSV-Schulschiffen von Zeit zu Zeit.

Geradezu würdevoll segelte SCHULSCHIFF DEUTSCHLAND *in die Bucht von Guanabara ein. Die Spannung an Bord stieg, denn gleich würden sich herrliche Panoramen von Rio de Janeiro bieten.*

Nach 22 Tagen Reise seit dem Verlassen von Madeira kam Kap Agostinho in Sicht. Damit war man dem brasilianischen Festland »auf die Pelle gerückt«. Mit seinem 8,51 Millionen Quadratkilometern Bodenfläche ist Brasilien nicht nur der größte aller südamerikanischen Staaten, sondern ein Territorium, das fast eine Millionen Quadratkilometer größer ist als der gesamte Kontinent Australien!

Der 5500 km lange Amazonenstrom nimmt in seinem 2,6 Mio. qkm großen Amazonasbecken drei Nebenflüsse auf, die länger als die Donau und 14 weitere, die länger als der Rhein sind.

Allein die Atlantikküste Brasiliens hat eine Länge von 7000 Kilometern. Die künftigen Seeleute auf SCHULSCHIFF DEUTSCHLAND *bekamen erst nach und nach eine Ahnung von den tatsächlichen Dimensionen[6]. Beim Kap Agostinho hatte der Segler mit acht Grad Süd erst die geographische Breite von Recife erreicht. Nun galt es, fünf weitere Breitengrade – einer Distanz von 300 Seemeilen (Wegstrecke), 556 km entsprechend – zu überqueren, ehe man auf 13° Süd die Höhe von Salvador erreichte. Von dort aus waren weitere neun Breitengrade bis zum Kap des Heiligen Thomas (Cabo de São Tomé) zurückzulegen. (Neun Breitengrade zu je 60 Äquatorialbogenminuten entsprechen einer weiteren Distanz von 540 Seemeilen, damit 1000 Kilometern!)*

Beide Wachen befanden sich am 22. November nach dem Mittagessen an Deck, als nach 30 Tagen Reise der große Augenblick kam, dem man seit Wochen entgegengefiebert hatte: SCHULSCHIFF DEUTSCHLAND hatte schon um 08.00 Uhr die Maricas-Inseln passiert und segelte nun in die Guanabara-Bucht von Rio de Janeiro ein. Der Anblick, der sich nun den jungen Besatzungsmitgliedern bot, ließ jene Faszination nachempfinden, der sich seinerzeit der portugiesische Entdecker André Goncalves hingegeben haben dürfte. Er war als erster in diese Bucht hineingesegelt, die er zunächst allerdings für eine Flußmündung gehalten hat. Weil der Kalender gerade den 1. Januar 1502 anzeigte, gab Goncalves dieser Meereslandschaft den Namen »Januarfluß«, auf Portugiesisch Rio de Janeiro. Bei diesem hübschen Namen beließ man es, auch nachdem sich später der Irrtum herausgestellt hatte.

So wie hier eine Ausflüglertruppe der Grossherzogin Elisabeth *auf dem Corcovado abgelichtet wurde, entstanden an gleicher Stelle auch Gruppenbilder der* Deutschland-*Ausflügler. Im Hintergrund der Zuckerhut und die Guanabara-Bucht.*

Die Bucht von Guanabara und die von ihr abzweigende Flamenco-Bucht beeindruckten ein Jahr später auch den portugiesischen Entdecker Concalo Coelho, der mit einer ganzen Expeditionsflotte erschien. Der wenig später ebenfalls in dieser Bucht eingelaufene Genueser Amerigo Vespucci sprach nachher ebenso in höchsten Tönen von dieser bezaubernden Meereslandschaft. Der an Bord seines Schiffes befindliche deutsche Geograph Martin Waldseemüller bekräftigte später dessen Aussagen. Und als er 1507 eine neue Weltkarte herausbrachte, prägte er für den immer weiter bekannt gewordenen Kontinent der »Neuen Welt« erstmals den Namen »Amerika«, zu Ehren seines Schiffsführers Vespucci, mit dem Vornamen Amerigo.

Als um 14.12 Uhr das zum Schutz der Hafeneinfahrt erbaute Fort Santa Cruz zum Greifen nahe passiert war, gellten die Bootsmannspfeifen das Signal »Antreten auf Manöverstationen!« übers Deck von Schulschiff Deutschland. Knapp 40 Minuten später ließ Kapitän Walker, in Kreuzpeilung zu besagtem Fort und der Ilha dos Cobras, backbrassen. Nachdem er die Fahrt aus dem Schiff genommen hatte, kam – auf 32 m Wassertiefe – das Kommando »Fallen Anker!«. Man fuhr 75 m Kette aus. Nun konnten die Segel festgemacht werden. Rechtzeitig hatte man mit den entsprechenden vier Flaggen vorschriftsmäßig auch das Unterscheidungssignal des Schiffes gesetzt. Zoll- und paßamtliche sowie hafenärztliche Einklarierung des Schiffes für Brasilien waren bereits über Funktelegrafie beantragt worden.

Die phantastische Stadtszenerie Rios, die von mehreren »Morros« (Felskegeln) überragt wird, zog jeden der Ankommer in ihren Bann. Der markanteste Felsen befindet sich zur Linken, jenseits der tief ins Weichbild von Rio de Janeiro eingreifenden Flamenco-Bucht. Es ist der 395 m hohe »Zuckerhut«, das eigentliche Wahrzeichen der Stadt.

Das zentrale Stadtgebiet liegt zwischen drei anderen Erhebungen ähnlicher Art. Davon trug der Morro Castell 1927 noch das imposante Jesuitenkolleg und die Klosterkirche, die beide in den dreißiger und vierziger Jahren dem Großflughafen Santos Dumont weichen mußten. Der direkt vom Hafen umgebene Morro São Bento wird freilich auch heute noch vom Benediktinerkloster auf seinem Gipfel gekrönt.

1927 fehlten die heute alles erdrückenden Wolkenkratzer noch weitgehend. Man sah vom Ankerplatz aus wesentlich mehr von den repräsentativen Bauten der damaligen Metropole Brasiliens.[7]

Die Vorfreude auf den Landgang in Rio war riesengroß. Aus der abendlichen Freizeit wurde am Ankunftstag jedoch nicht viel. Um 18.05 Uhr trabten die Schiffsjungen der Wache wieder im Kreis und drückten, jeweils mit mehreren Mann hinter jeder eingesteckten Spillspake, das Gangspill im Kreis herum und hievten mit Menschenkraft den schweren Anker samt Kette aus dem Wasser. Aus zwingenden Gründen hatte das Hafenkapitanat einen Liegeplatzwechsel anordnen müssen. Zum Glück brauchten die Segel nicht wieder losgemacht zu werden, weil ein Schlepper namens BISMARK (ohne »ck« im Namen) das Verholen des Schiffes besorgte.

Der 23. November, der nächste Tag, brachte erhöhte Ungeduld. Tagesdienstplan: I. und II. Division Bootsdienst, III. Division Groß-Oberbramsegel bergen, anschließend Unterricht. IV. und V. Division Arbeitsverteilung.

Es wurde erheblich gemault. Aber es gab Dinge, die nicht übers Knie gebrochen werden konnten. Sie bedurften sorgfältiger Vorbereitungen, die sich allerdings bezahlt machten.

Der 24. November brachte die Beweise dafür. Gleich morgens um 06.00 Uhr erschien Schlepper BISMARK abermals, diesmal sozusagen als Fähre, und brachte zwei Offiziere, einen Unteroffizier und 37 Schiffsjungen an Land. Sie waren nach Nova Friburgo eingeladen, das weit außerhalb der Stadt im Gebirge liegt. Die Bahnfahrt dorthin und der dortige dreitägige Aufenthalt wurden zu einem besonders tiefgreifenden Erlebnis.

Am Mittag des gleichen Tages verließen ein Offizier und 57 Mann das Schiff zu einem siebenstündigen Autobus-Ausflug nach Tijuca, den am nächstfolgenden Tag noch eine weitere gleich große Gruppe antrat. Die Fahrt führte zunächst zu den interessantesten Sehenswürdigkeiten der Stadt, auch entlang der Copacabana. Man zeigte den Männern aber auch die Arcos da Carioca am Largo da Lapa im Zentrum von Rio. Dieser an römische Vorbilder angelehnte Aquädukt wurde 1719–1725 errichtet, um für die Wasserversorgung der Stadt das Tal zwischen den Hügeln Morro de Santa Teresa und Morro Santo Antonio zu überbrücken. Das lebenswichtige Naß kam aus den quellenreichen Höhenzügen von Tijuca. Dort hinauf ging nun die Fahrt weiter, vorbei an stilvollen Landgütern der Kolonialzeit, in die Waldgebiete der herrlichen Tropen-Blütenlandschaft, der Floresta da Tijuca. Das Gesamtpanorama, das sich schließlich von den hochgelegenen Aussichtspunkten über Rio de Janeiro, seine Meeresbuchten und sein Umland bot, verdiente die Bezeichnung »atemberaubend«. Höhepunkt dieser Exkursion war der Besuch des Corcovado, über dessen Gipfel sich der kolossale segnende Christus erhebt. Dort oben war natürlich eine Gruppenaufnahme aller Ausflügler fällig.

Die nach Nova Friburgo eingeladenen DEUTSCHLAND-Fahrer trauten ihren Augen nicht, als sie am Bahnhof des kleinen Städtchens im Gebirge der Provinz Rio de Janeiro von dort lebenden Nachfahren deutscher Einwanderer begrüßt wurden. Die Jungseeleute trafen also in Südamerika auf eine typisch deutsche Kleinstadt mit anmutigen Fachwerkhäusern, Blumengärten, Gaststätten, Läden, Vereinshäusern. Mit deutschen Volksliedern bot ihnen der Männergesangverein von »Neufreiburg« ein Willkommensständchen. Man glaubte zu träumen.

Des Rätsels Lösung: Nach der Besetzung Portugals durch Napoleon war das portugiesische Königshaus 1808 nach Rio de Janeiro entflohen. Die aus dem Hause Habsburg stammende Prinzessin Leopoldine bewirkte seinerzeit, daß zur Entwicklung der brasilianischen Agrikultur und Wirtschaft zunächst Portugiesen aus Madeira, dann jedoch zahlreiche Siedler aus Deutschland und Italien ins Land geholt wurden. 1824 begann die Einwanderung der Deutschen in Rio Grande do Sol sowie in Rio de Janeiro und seiner umliegenden Provinz. Bald blühten rein deutsch geprägte Ortschaften wie Blumenau und Joinville ebenso auf wie Nova Friburgo. Die jetzt dort lebenden Nachfahren halten auch heute noch an ihrem angestammten Volkstum und der mitgebrachten Kultur fest.

Bei den »Neufreiburgern« drehte sich an diesem Tag alles um das Wohlergehen der deutschen Jungseeleute von jenem Schiff, das den Namen des Herkunftslandes ihrer Vorfahren trug und damit ein geistiges Bindeglied zur einstigen Heimat darstellte. Die Familien von Nova Friburgo rissen sich förmlich um die Ankömmlinge. Sie wurden auf Privatquartiere verteilt und genossen eine unvorstellbare Gastfreundschaft. Man zeigte ihnen auch die umliegende Mittelgebirgslandschaft – die kolonisierte sowie die noch unerschlossene –, streckenweise also noch echten Tropenurwald.

Man bestürmte die jungen Deutschen natürlich auch mit Fragen nach den Lebensverhältnissen in Deutschland. Das örtliche Orchester gab ein Konzert für die »Schulschiffer« und lud sie am nächsten Tag zu einem extra für sie arrangierten Tanzvergnügen ein. Es wurde nachher kein leichter Abschied, als die Lokomotive nach drei schönen Tagen wieder zur Rückfahrt nach »Rio« pfiff.

Kurs Südafrika

SCHULSCHIFF DEUTSCHLAND hatte inzwischen auf der Reede von Rio eine große Schar von Besuchern zu verkraften. Es handelte sich um hochoffizielle Repräsentanten der Behörden, Schiffahrt und Wirtschaft, der Deutschen Gesandtschaft und der Deutschen-Vereinigungen, nicht zuletzt auch um Pressevertreter. Schließlich war das alles überstanden. Es waren 106 Tonnen Frischwasser aus einem herbeigeschleppten Leichter übernommen worden. Am Signalstag wehte bereits der »Blaue Peter«[8], als am 26. November abermals alle Boote ausgesetzt und mit der gesamten Besatzung Bootsdienst gemacht wurde.

Nachdem letztmals 46 Landurlauber einer Einladung zum Jachtclub von Rio hatten folgen dürfen, wurde nach deren Rückkehr an Bord um 21.25 Uhr mit den Seeklar-Vorbereitungen begonnen.

Am nächsten Morgen war schon um 03.45 Uhr Wekken und um 04.15 Uhr Antreten auf Manöverstationen. 35 Minuten später machte der Schlepper ALMIRANTE NORONHA fest, und die Zöglinge trabten wieder um das Gangspill, um den Anker zu hieven.

Sobald diese Schwerarbeit geschafft war, nahmen Schlepper und Anhangschiff Fahrt auf. Nacheinander waren die Hafenforts Lage und Santa Cruz sowie die Ilha de Cohunduba passiert, als um kurz nach 06.00 Uhr mit lautem Knall die Schlepptrosse brach. Der 1. Offizier Ahlers, Leiter der Manöverstation Back, schubste die nächststehenden Jungs gewaltsam in volle Deckung, so daß das gefährlich zurückpeitschende Trossenende keine Verletzten forderte. Aber es lohnte sich gar nicht, die Schleppverbindung neu herzustellen. SCHULSCHIFF DEUTSCHLAND hatte die freie See wieder erreicht. Kapitän Walker ließ beide Wachen aufentern und »alle Lappen« setzen. Es war eine Freude zu erleben, wie sich die Segel rasch nacheinander vollzählig wieder entfalteten.

Nun bestimmte die Ausbildungsroutine erneut den Bordalltag. Übungsweise wurden die Royals los- und festgemacht, um bald darauf wieder neu gesetzt zu werden. Weniger schön ging es dann weiter: I. Division Deck scheuern, also das Achterdeck. IV. und V. Division Arbeitsverteilung. Für die Flieger stand diesmal terrestrische Navigation »auf dem Zettel«.

Apropos Deckscheuern – das ist nicht identisch mit dem normalen Deckschrubben beim »Reinschiff«. Deckscheuern war eine ebenso widerliche wie notwendige Arbeit. Man hockte dabei auf den Knien, was bei deren ab-

Los, los, Leute – das ist eine heilige Handlung! Der Alte Leichtmatrose ließ keinen »Neuen« aus den Augen, wenn hier fachgerecht und mühevoll das »Gebetbuch« traktiert wurde.

wechselnder Belastung durch die Bewegungen des Schiffes in der Südatlantikdünung auf die Dauer recht schmerzhaft wurde. In dieser Stellung bearbeitete man das Deck mit dem »Gebetbuch«. Das war ein mit Schmirgelpapier ummantelter Backstein oder Lukenkeil. Unter Zuhilfenahme von Seewasser und Sand wurde das Deck durch kräftiges Scheuern wieder blütenweiß gemacht. Es galt in diesem Falle, die zahlreichen Spuren von Schuhsohlen und Absätzen des Besucherstroms auf der Reede von Rio zu beseitigen.

Am 28. November nahmen Wind und See gegen Ende der Abendwache zu. Der Seegang blieb jedoch mäßig, die Windstärke ging nicht über Beaufort 5 hinaus, so daß die vorsorglich festgemachten Royals bald wieder gesetzt werden konnten.

Am Nachmittag des nächsten Tages wurde backgebraßt und gestoppt. Man setzte das Rettungsboot MÖWE aus, das einmal um SCHULSCHIFF DEUTSCHLAND herumgepullt wurde. Dabei entstanden reizvolle Fotos vom »Mutterschiff« in der Dünung. Sonst aber ging Tag um Tag im Gleichmaß der Bordroutine dahin. Der Wendekreis des Steinbocks war bald überquert, und das Schiff befand sich fortan wieder außerhalb der Tropen.

Die Route Rio–Kapstadt war die einsamste, die sich denken ließ, sie wurde 1927 von keiner einzigen Schifffahrtslinie befahren. Der Wind wehte zunächst aus Ost zu Süd, so daß das Vollschiff bei seinem südlichen Kurs hart an den Wind gehen mußte. Aber man vermochte dennoch, durchschnittlich sieben Knoten Fahrt herauszuholen.

Bald segelten die ersten großen Wanderalbatrosse über dem Schiff, die Könige des Südatlantiks.

Diese eleganten Segelflieger brauchten ihre Schwingen von zwei Metern Spannweite gar nicht zu regen, sie nutzten die vom fahrenden Schiff verursachten Aufwinde perfekt aus und unternahmen unvorstellbar weite Reisen über die Südhalbkugel. Sie waren die Freunde der Segelschiffsleute, die früher sogar glaubten, daß in diesen ästhetisch schönen Tieren die Seele ertrunkener Seeleute weiterlebte.

Nach vier Tagen der Reise zur Südspitze von Afrika ging der Wind allmählich auf Ostnordost herum, was bei dem zu steuernden Kurs natürlich lebhaft begrüßt wurde. Das Schiff machte neun Knoten Fahrt.

Im Divisionsunterricht beschäftigte man sich jetzt mit Themen wie Internationales Signalbuch, Leinenwurf-Raketenapparat, schließlich See-Berufsgenossenschaft, Seeämter und Seestraßenrecht.

Mit fast halbem, d.h. genau von der Seite kommendem Wind setzte sich die Reise zügig fort. Die Geschwindigkeit ging auf zehn, zeitweilig sogar auf elf Knoten hoch. Die Vollzeug-Segelführung konnte ungestraft fortgesetzt werden, weil der Wind niemals Stärke 5 überschritt.

Ein vorübergehend eingefangener Wanderalbatros, dem man natürlich nichts antat: Man wollte ihn ganz einfach nur für das Album fotografieren.

Nach sieben Tagen gab es zeitweise eine durcheinanderlaufende Dünung – sicheres Zeichen dafür, daß in der Nähe eine Randstörung oder sogar ein Tief durchgezogen war. Am 8. Tag rollte das Schiff recht stark in einer langen westlichen Dünung. Der Wind ging schließlich von südwestlicher auf westnordwestliche, nachher sogar nordnordwestliche Richtung herum.

Nach zehn Tagen Reise kamen Inaccessible Island und die Insel Tristan da Cunha in Sicht, unwirtliche spärlich bewohnte Eilande in der großen Wasserwüste. Das Thermometer fiel von vorherigen Maximalwerten bis zu 23,5° Celsius im Schatten auf 14° oder sogar nur 11°. Der von der Antarktis heraufziehende kalte Benguelastrom begann sich auszuwirken. Am 16. Reisetag bemerkte man sogar einzelne treibende Eisstücke. Der Wind frischte zeitweilig bis zur Stärke 7 auf, es »stand« ziemlich grobe See.

Nachmittags wurde mit beiden Wachen gehalst und Kurs Südost zu Ost eingesteuert. Anderntags wurde mit beiden Wachen wieder auf Steuerbordbug zurückgehalst, bald abermals auf Backbordbug und in der Nacht erneut auf Steuerbordbug. Das waren unvermeidliche Kurskorrekturen bei ziemlich grob durcheinanderlaufendem Seegang und unbeständig gewordenem Wind.

Nach 20 Tagen Reise ging es wie ein Lauffeuer durchs Schiff: Der Ausguckposten auf der Back hatte »Land in Sicht!« gemeldet – das Kap der Guten Hoffnung peilte man rechtweisend Nord 85° Ost, wie man es damals auszudrücken pflegte. Und bald standen alle an Deck.

Wie eine edle Perlenkette sahen die Männer die Häuser von Kapstadt rings um den 1088 m hohen Tafelberg herumgruppiert, gleichermaßen umspült vom Indischen Ozean wie vom Südatlantik. Sie sahen die markanten Felsen, die das Tafelberg-Massiv umrahmen – den Signal Hill auf der einen und den Devil's Peak auf der anderen Seite. Sie erblickten auch den 668 m hohen Lion's Head, den eigentlichen Hausberg von Kapstadt. Auch wurden sie gewahr, wie in Richtung Hout Bay und Chapman's Bay die markanten Zwölf Apostel und, ganz an der Küste, der Chapman's Peak die Landschaftskulisse bestimmen. Kapstadt ist auch heute noch von jener Schönheit, die Francis Drake beim Einlaufen in die Table Bay ausrufen ließ: »Dies ist das schönste Kap der Welt!«

Vielleicht empfand sogar die Besatzung des holländischen Flaggschiffs Dromedarius ähnliches, als es 1652 in dieser Tafelbucht vor Anker ging. Der holländische Schiffsarzt Jan van Riebeeck ging an Land und hißte dort die Flagge seines Heimatlandes. Sein Ziel war, eine Versorgungsstation für die Schiffe der »Vereenigten Oost Indische Compagnie« einzurichten. Die Schiffsbesatzung der Dromedarius – sie gehörte zu dieser Compagnie – fand eine gute Erde, genügend Regen und eine ausreichende Anzahl von Trinkwasserquellen. Als die Holländer am Kap Fuß faßten, dehnte sich ringsum nur menschenleeres Land.

Dort, wo heute der Nationale Botanische Garten von Südafrika, Kirstenbosch, als Blumenparadies 4000 Arten südafrikanischer Pflanzen zur Schau stellt, schuf van Riebeeck den ersten Obst- und Gemüsegarten für skorbutkranke Seeleute.

1662 wurde der Deutsche Zacharias Wagenaar aus Dresden der Nachfolger van Riebeecks. Langsam wuchs die kleine Siedlung. 1688 kamen über 200 Hugenotten ans Kap und brachten neue kulturelle Impulse, vor allem aber die Kunst des Weinbaues mit. Kapweine wurden schon früh in Europa beliebt. Friedrich der Große zog sie den französischen Weinen vor. Friedrich Klopstock besang in einer Ode den Duft und die Würze der Weine vom Kap der Guten Hoffnung.

An Schanzkleid und Reling stehend, genoß die gesamte Besatzung von Schulschiff Deutschland das Näherrücken der unvergleichlichen Szenerie, die sich bei der Ansteuerung von Kapstadt ergibt. Ein großer Passagierdampfer der Union Castle Line kam dem Segler auslaufend entgegen, »homeward bound«, auf Heimreisekurs nach England.

Bald hüllte sich der Tafelberg wieder in sein charakteristisches Table Cloth, sein Wolkentischtuch, das ihn von Zeit zu Zeit wie eine geheimnisvolle Aura umgibt.

13.10 Uhr hieß es »Beide Wachen an Deck« – aber dort standen sie sowieso schon. 13.55 Uhr kam der Lotse an Bord. Um 14.00 Uhr machten die Dampfschlepper Carth vorn und Ludwig Kreuser achtern fest. Um 14.15 Uhr wurde der Molenkopf passiert, und dann kam die angenehme Überraschung: Das Schiff ging statt etwaigen Ankerliegens an die Pier. Dort machte es um 14.35 Uhr mit drei »Drähten« vorn und drei »Drähten« achtern gut fest.

Die Schiffsuhren wurden auf die Ortszeit von Südafrika umgestellt. Um 19.40 Uhr erschien der deutsche Konsul Dr. Hamman an Bord. Er gab der Schiffsleitung zu verstehen, daß sich die Deutsche Gesandtschaft in Pretoria und die Agentur der beiden deutschen Afrika-Linien einiges hatten einfallen lassen, um Kapstadt für die jungen Gäste aus Deutschland zum Erlebnis zu machen.

Am 18. Dezember, dem nächsten Tag, gingen die er-

Segel-Abschlagen am Kai der Getreide-Umschlagsanlage im »Victoria Basin« des großen Hafens Kapstadt – endlich lag man mal nicht auf Reede.

sten 90 Landurlauber für eine vierstündige Stadtrundfahrt von Bord, am 20. Dezember folgte das nächste Urlauberkontingent der Backbordwache in gleicher Stärke.

Dazwischen wurden Segel abgeschlagen und mal wieder Zeugwäsche sowie Bootsdienst angesetzt. Am 21. und 22. Dezember begannen umschichtig die Überlandausflüge, vor deren Beginn ein Aufstieg auf den Tafelberg fällig war, dessen Gipfel sich jedesmal ausnahmsweise nebelfrei präsentierte und eine grandiose Aussicht ermöglichte. Man genießt nicht nur das Panorama fast aller Teile Kapstadts, sondern zugleich das von der Südatlantikküste. Man blickt auf die Lui-, die Bantry-, die Anchor- und die Table Bay.

Auf der Küstenstraße ging es dann durch die Kap-Provinz zum Kap der Guten Hoffnung. Bald standen die Ausflügler auf der Aussichtsplattform oberhalb von einem der beiden berühmtesten Kaps der Welt, bei dem zwei Weltmeere zusammentreffen.

Was machte es aus, daß es sich dabei gar nicht um die eigentliche Südspitze Afrikas handelte, denn diese ist in Wirklichkeit das 150 Seemeilen entfernte Kap Agulhas. Aber der navigatorische Irrtum des ersten Umseglers vom »Cape of Good Hope«, des Portugiesen Bartholomeo Diaz, hatte dieses Kap nun einmal voreilig als die Südspitze angesprochen, bevor er nach dessen Umrundung in die False Bay hineinsegelte und schließlich von dort zur Heimreise umkehrte.

Am 24. Dezember waren alle Mann bei Weihnachtsvorbereitungen. Die inzwischen per Post – mit einem Dampfer der Deutschen Ost-Afrika Linie aus der Heimat eingetroffenen – Weihnachtspäckchen wurden verteilt. Wer mehr als eins bekommen hatte, mußte es nach alter DSV-Gepflogenheit mit seiner Backsgemeinschaft teilen. Um 16.30 Uhr hielt der deutsche Seemannspastor von Kapstadt an Bord den Weihnachtsgottesdienst. Für die meisten Jungseeleute war es der erste Heiligabend ohne das Elternhaus. Die Stimmung schwankte zwischen Heimweh und Sentimentalität, Genugtuung und sogar Fröhlichkeit.

Einladungen von deutschen Familien führten dazu, daß Wachoffizier Holste mit ausgelosten vier und Wachoffizier Fricke mit ebenfalls ausgelosten fünf Landurlaubern am 1. Weihnachtsfeiertag von Bord gingen. Um 14.15 Uhr traten die nächsten 59 Ausflügler die Fahrt zum Kap der Guten Hoffnung an. Am 26. Dezember gingen zwei Schübe von jeweils weiteren 41 Mann zum Ausflug von Bord, am 27. Dezember ein weiterer, dem schließlich noch 17 Mann folgten. Es gab zuletzt niemanden, der nicht die Stadt, den Tafelberg und das Kap gesehen hatte. Man gab sich in Kapstadt alle Mühe, diesen Hafen in angenehmste Erinnerung zu bringen.

Im Tagebuch hieß es lakonisch: »Während der Liegezeit in Kapstadt wurden die Boote ausgesetzt. Ruder- und Segelübungen wurden täglich gemacht.«

Am 29. Dezember gingen ein Unteroffizier und 71

Mann von Bord, um einer Einladung der Deutschen Schule zu einem Fest nachzukommen. Am Silvestertag wurden 62 Tonnen Wasser aus der städtischen Wasserleitung entnommen und nachmittags die Segel angeschlagen.

Dann kam der Jahreswechsel. Auf den Straßen dieser kosmopolitischen Stadt ging das recht lautstark vor sich. Feuerwerkskörper zischten in den Himmel, die Kirchenglocken läuteten, Musik und Gesänge ertönten, in die kurz nach Mitternacht auch die Bordkapelle von SCHULSCHIFF DEUTSCHLAND einfiel, um das neue Jahr 1928 zu begrüßen.

Am Neujahrstag hörte das Kommen und Gehen noch immer nicht auf. Abermals meldeten sich ein Offizier, zwei Unteroffiziere und 110 Mann zum Fest der Deutschen Schule von Bord, das mit Rücksicht auf die Wachroutine wiederholt wurde. Nachmittags gingen weitere 14 Urlauber der Backbordwache als Nachzügler für eine Stadtrundfahrt von Bord.

Am 2. Januar führten beide Wachen Segelmanöver durch, das Schiff machte seeklar. Am frühen Nachmittag erschien der Lotse an Bord, Schlepper EWEN machte längsseits und Schlepper CARTH vorn fest. Als es um 15.10 Uhr hieß: »Alle Leinen los und ein!«, war es sozusagen ein historischer Augenblick, denn nun begann die Heimreise nach Europa.

Gleich nach dem Passieren der Mole warf Schlepper EWEN weisungsgemäß los, alle Segel wurden gesetzt, eine Viertelstunde später warf auch Schlepper CARTH los. Die Uhren wurden um 50 Minuten auf wahre Ortszeit zurückgestellt. Nach Passieren der Robben-Insel und der Dassen-Insel ließ Kapitän Walker Kurs Nord 68° West steuern, also beinahe nordwestlichen Kurs.

Das nächste und letzte Ziel der Jungfernreise von SCHULSCHIFF DEUTSCHLAND war die Insel St. Helena, in erster Linie als technischer Stopp zum abermaligen Bunkern von Frischwasser und zur Übernahme von Frischgemüse gedacht. Aber ganz am Rande ergab sich eine exotische Zugabe mit einem Erlebniswert, der fast schon an Snobismus grenzte: Wer sonst konnte schon behaupten, jemals auf St. Helena gewesen zu sein!

Sieht man vom üblichen Bordalltag ab, mit Segelmanövern beider Wachen, mit Rollenmanövern, mit übungsweise vorzunehmendem Großsegelreffen, übungsweise vorzunehmendem Los- und Festmachen der Stagsegel, schließlich Los- und Festmachen aller Segel, bis zum theoretischen An-Deck-Geben einer Rah, wurde es eine Reise ohne besondere Vorkommnisse.

Nach neun Tagen und 20 Stunden wurde »beide Wachen klar zum Manöver!« gepfiffen. Um 12.05 Uhr fiel der Anker mit 1000 Meter Kette auf der Reede von Jamestown, dem Tausend-Seelen-Hauptort von St. Helena.

Das Eiland liegt 1900 km von Afrika und 8000 km von Europa entfernt, auf 18° südlicher Breite. Vom vulkanischen Ursprung der Insel zeugen die schwärzlichen Basaltwände, die an manchen Stellen lotrecht aus den Fluten steigen.

Beim Einsegeln in die Hafenbucht von Jamestown präsentierte sich die 122 qkm »große« Insel (sie hat nur zwei Drittel der Bodenfläche von Fehmarn) als Panorama mehrerer schroff-bizarrer Höhen, die bis zu 824 Metern ansteigen. Bezeichnend sind tief eingeschnittene Schluchten. Auch Jamestown liegt am Austritt eines solchen Bergeinschnittes.

1927 gehörte St. Helena noch zum Empire von Großbritannien. Von dort aus wurden auch die einsamen Südatlantik-Inseln Ascension (88 qkm) und Tristan da Cunha (samt Nebeninseln 201 qkm) verwaltet.

Das entlegene St. Helena blieb bis zum heutigen Tage als Verbannungsort des Kaisers Napoleon Bonaparte weltberühmt. Er lebte von 1815 bis zu seinem Tode im Jahre 1821 dort. Und es war sicherlich eine berechnete Demütigung, daß das von sechs Fregatten begleitete Linienschiff NORTHUMBERLAND den unterwegs nur noch mit »General« angeredeten Kaiser genau am 18. Oktober 1815 in Jamestown an Land setzte, am Jahrestag der Völkerschlacht bei Leipzig, die dem Korsen die entscheidende Niederlage brachte.

Die umliegende Landschaft von Jamestown ist tropischer Natur. Spitzzackige Gipfel erheben sich aus Ebenen, in denen ergiebige Plantagen und Weiden einander abwechseln.

Am nächsten und übernächsten Tag brachten die Brandungsboote der Bevölkerung jeweils 75 Ausflügler an Land, die in die Berge hinaufwanderten. Jamestown zieht sich weit bergwärts empor.

Die Seeleute zogen zum hölzernen, zunächst als Farm gebauten Longwood House, dem einstigen Verbannungsdomizil des Korsen. Inzwischen ist es historisches Museum. Die Wohnräume Napoleons und ihre Einrichtungen blieben unverändert. Eine 6,5 km lange Mauer um Haus und Garten führten dem vormaligen Kaiser der Franzosen eindringlich vor Augen, daß er ein Gefangener war.

Einige Nebenbauten des Domizils Longwood House beherbergten etwa 40 Getreue, die den Kaiser freiwillig in die Inseleinsamkeit begleitet hatten, teilweise sogar mit ihren Frauen. Aber vielen dieser freiwilligen Begleiter in die Verbannung wurden die Jahre auf St. Helena

Auch wenn Napoleons Grab seit 1830 leer ist, so war das doch ein eigenartiges Gefühl, auf der fernen Insel St. Helena an der einstigen Grablege des berühmten Korsen zu stehen.

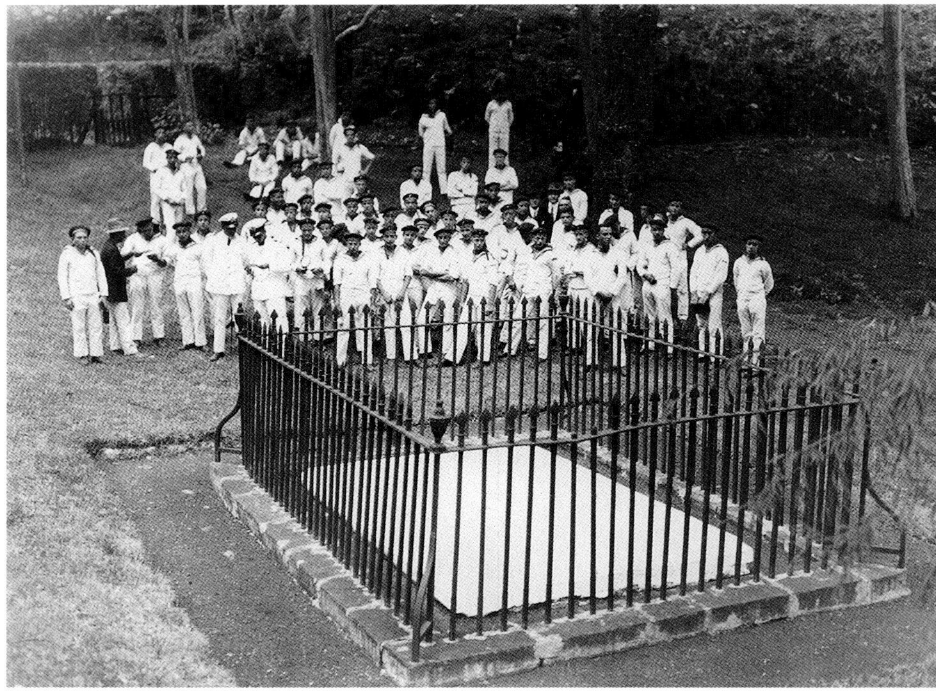

schließlich doch zu eintönig. Die Zahl der noch Ausharrenden schrumpfte nach und nach auf die Hälfte zusammen. Der verfemte Ex-Kaiser fühlte sich zunehmend vereinsamt. Er litt unter Depressionen, denen er mit selbstverordneten Beschäftigungen entgegenzuwirken versuchte. Diese »schändliche Insel« war für ihn nichts anderes als ein Gefängnis. Er litt unter den langen Regentagen, dem unaufhörlich heulenden Wind, den ewig feuchten Wänden und Kleidern.

Die Schiffsjungen und ihre Ausbilder, als Besucher aus dem fernen Europa, konnten sich selbst nicht erklären, warum sie die Konfrontation mit der Umgebung eines Verbannten so nachdrücklich beeindruckte und noch lange beschäftigte. Wahrscheinlich lag es an der gewonnenen Erkenntnis, daß auf St. Helena ein Stück Weltgeschichte recht schonungslos offenliegt.

Im Plantation House, dem damaligen Sitz des britischen Gouverneurs, dem zuständigen Napoleon-Bewacher, machten die Zöglinge von Schulschiff Deutschland auch dem ältesten Einwohner von St. Helena ihre Aufwartung – der Schildkröte Jonathan, die bereits zu Napoleons Zeiten gelebt haben soll.

Ein gewisser Höhepunkt des Inselausflugs war jener Ausblick auf Jamestown, der sich vom »Ladder Hill« aus bot. Die dort hinaufführende »Jakobsleiter« bestand aus 699 Stufen. Vom Gipfel aus sah man Schulschiff Deutschland als winzig kleines Etwas in der Hafenbucht ankern.

Zuletzt wurde den Ausflüglern auch Napoleons eisern eingefriedete Grabstätte gezeigt, die jedoch längst leer war. Zwar hatte man Napoleon dort nach seinem Tod beigesetzt. Aber 1830 hat der nach dem Sturz des Bourbonen Karl X. auf den französischen Thron gelangte »Bürgerkönig« Louis Philippe von Orléans den Leichnam auf St. Helena exhumieren, 1840 im Triumph nach Paris überführen und im Invalidendom beisetzen lassen.

Rolling home

Nach reichlich zwei Tagen Liegezeit vor Jamestown ging es dann nordwärts. Am 14. Januar 1928 wurden um 17.40 Uhr die Segel gesetzt. Eine halbe Stunde später notierte der Wachhabende Offizier: »Anker ist auf!«

Jeder an Bord wußte, daß Europa in Luftlinie 8000 km entfernt lag. Der bevorstehende Nonstop-Seetörn von St. Helena zur Unterweser würde das »längste Bein« der gesamten Jungfernreise von Schulschiff Deutschland werden. Jeder stellte sich innerlich darauf ein, wohl wissend, daß die Fahrt durch die Winterstürme von Nordatlantik, Kanal und Nordsee führen würde.

Der Atlantische Ozean, diese riesige Wasserfläche von mehr als 106 Millionen Quadratkilometern, wird in seinen beiden Teilen von verschiedenartigen Strömungskreisläufen durchzogen, die man als Schiffsführer eines Rahseglers ebenso genau zu kennen hat wie die aus abertausend Wetterbeobachtungen von Segelschiffen ermittelten Windhäufigkeitstabellen für die einzelnen Seegebiete.

Reinhold Walker wußte sehr wohl, welcher Umweg eventuell schneller dem Reiseziel entgegenführte als stures Vorwärtsknüppeln auf möglichst direktem Weg. Und so wußte er auch der Versuchung zu widerstehen, sich dichter an der Westküste Afrikas zu halten, um sich vom dort recht stark setzenden Benguelastrom schieben zu lassen. Ihm war klar, daß er Schulschiff Deutschland damit keinen Gefallen getan hätte, weil ihm nachher der ebenfalls stark nach Südost und schließlich Osten in den Golf von Guinea hineinziehende Äquatoriale Gegenstrom um so mehr zu schaffen machen würde. Dieser legt immerhin – in Landmaßstäben ausgedrückt – pro Tag 40 Kilometer zurück. Ebenso wußte sich Walker vor dem südwärts gerichteten Kanarenstrom in acht zu nehmen, der den Ostrand des Nordatlantischen Strömungskreises bildet und in der Nähe der marokkanischen Küste stark in Richtung Süden »gegendrückt«.

Ein Nichtnautiker wäre beim Betrachten der von Walker gewählten Route nach Bremerhaven vielleicht erstaunt: Schulschiff Deutschland hielt sich diesmal westlich der Kapverdischen sowie der Kanarischen Inseln und sogar der Azoren.

Die ersten 13 Tage nach dem Ankeraufgehen vor Jamestown verliefen glatt, es konnten alle Segel gefahren werden. Auch die Etmale waren in den ersten acht Tagen zufriedenstellend, das Schiff lief durchschnittlich neun Knoten. Dann aber ließ die Stärke des Windes kontinuierlich nach, um schließlich von Ostsüdost auf fast Nord umzuschlagen. Am 18. Januar herrschte ziemlich grobe See, das Schiff stampfte zeitweise heftig. Man hatte am Vortag den Äquator wieder überquert und befand sich auf der Höhe von Gabun.

Obwohl es sich zunächst nur um volle Windstärke 5 handelte, hin und wieder auch um Böen bis zur Stärke 6, ging das Schiff drei volle Tage ziemlich heftig zukehr und kriegte Gischt über Deck. Die Fahrt war bis hinauf zum 18. nördlichen Breitengrad alles andere als ein Vergnügen, aber das Schiff hielt gut durch und erreichte abermals neun Knoten Fahrt. Dann mäßigte sich die See, der Wind flaute beträchtlich ab. Am 28. Reisetag aber ging er wieder auf Stärke 6–7 hoch. Schulschiff Deutschland rollte in grober See.

Nach dem Verlassen der Tropen, mit dem Überqueren des nördlichen Wendekreises, war Walkers Hakenschlag beendet. Er konnte von den zuvor gesteuerten nordwestlichen und nördlichen Kursen auf Nord zu Ost am 27. Reisetag auf nordöstlichen Kurs herumgehen.

Ab 44° Nord und 22° West »blowte« es fortan mit Windstärken 7–8. Das Schiff führte nur noch die Untersowie beide Marssegel. Bald aber mußten auch die Obermarssegel aufgegeit und festgemacht werden. Am 30. Reisetag lag Schulschiff Deutschland, wiederum bei Sturm 7–8, beigedreht in grober See. Es standen nur noch die Untermarssegel, bevor man schließlich doch wieder mit Hilfe beider Wachen auf Kurs ging.

Das Takelwerk seines Vollschiffes war für Kapitän Walker höchstens Sinnbild einer beinahe kosmisch zu nennenden Ordnung, geboren aus Erfahrungsschätzen von Generationen, immer weiter perfektioniert. Und es war sein Anliegen, den ihm anvertrauten Jungseeleuten dieses Gespür für die Funktion des Ganzen in Fleisch und Blut übergehen zu lassen.

Manche mochten »Johnny Walker« heimlich verflucht haben wegen seiner immer neuen Segelmanöver zur Übung. Walker war, wie alle bedeutenden Männer, unbequem, von den Ausbildungsoffizieren gefürchtet und bewundert zugleich. Und nun sollte es sich bald zeigen, zu welchem besonderen Meisterstück der endlos lang erscheinende Segeltörn von St. Helena nach Bremerhaven letztlich wurde.

Vom legendären Kapitän Hilgendorf hatte Alan Villiers gesagt, er sei *»ein Meteorologe von natürlicher Begabung«* gewesen – *»ein Meister der hochkomplizierten und höchst notwendigen Kunst, sein Schiff jederzeit so zu legen, daß es den maximalen Nutzen aus jeder Böe, aus jedem Windstoß zog. Er brachte die Wissenschaft der Hochsee-Segelschiffahrt auf eine Höhe, die man vorher nie gekannt hatte.«*

Reinhold Walker, der große Schweiger, hatte Hilgendorf zu seinem großen Vorbild gewählt, er war zeitlebens sein Schüler. Auch Walker besaß das angeborene Gefühl für Wind und Wetter und baute seine Kenntnisse immer weiter aus, indem er den Nutzen aus Hilgendorfs Auswertungen von abertausend Rahsegler-Kapitänsberichten zog, die dieser im Archiv der Deutschen Seewarte eingesehen und mit großem Wissen ausgewertet hat. Als »Schifferalter« konnte er viel zur Vertiefung der Kenntnisse beitragen.

Walkers Intuitionen in bezug auf Wind, Wetter und Meeresströmungen verrieten Seelenverwandtschaft zu Hilgendorf. Das war dem Deutschen Schulschiff-Verein schon jedesmal bei der Auswertung von Walkers Tagebüchern aufgefallen, die er von den Überseereisen der von ihm vorher geführten GROSSHERZOGIN ELISABETH mitgebracht hatte.

Und wenn Alan Villiers »Hilgendorfs Besonderheit, sein Schiff auf den Bug zu legen, der ihm am meisten dienlich war, wenn der Wind sich änderte«, dann charakterisierte er ungewollt auch Reinhold Walker. Auch der wußte stets dafür Sorge zu tragen, daß sein Schiff selbst den widrigsten Wind möglichst nutzte, anstatt sich daran festzuklemmen.

Walker wußte sich eins mit dem »Triebwerk«, den Segeln, in dem laut Joseph Conrad *»eine mutwillige und nicht immer beherrschbare Kraft steckt und das nichts von den Energievorräten der Welt verbraucht ... Es nimmt seine Kraft aus der Seele der Welt, seinem fürchterlichen Verbündeten, der durch die allerschwächsten Bande unter Gehorsam gehalten wird, als hielte man einen wilden, ungestümen Geist in einer Schlinge aus etwas noch feinerem als gesponnener Seide gefangen. Denn was ist das Aufgebot der stärksten Taue, der höchsten Spieren und des festesten Tuches gegen den mächtigen Atem des Unendlichen? Nichts als Distelstiele, Spinnweben und Sommerfäden.«*

Es gibt niemanden in der Literaturgeschichte, der das unübertroffener auszusagen wußte als der naturalisierte Brite polnischer Herkunft, der Kapitän und Dichter Joseph Conrad. Sein Buch »Spiegel der See« war Walkers Lieblingslektüre. Conrads Worte *»Das schweigende Triebwerk eines Segelschiffes fing bei Sturm nicht nur die Kraft, sondern auch die wilde, frohlockende Stimme der Weltseele auf. Ob es mit pendelnden Spieren dahinrannte oder sich übergekrängt gegen den Sturm anstemmte – immer war da dieser wilde Gesang, tief wie Kirchenmusik, denn zum schrillen Pfeifen des Windes spielten die Kämme der See den Baß und schlugen die überkommenden Brecher den Takt«* entsprachen auch Walkers Empfinden in diesen Tagen. Um so weniger konnte denjenigen recht gegeben werden, die innerhalb der deutschen Segelschiffahrt nach und nach eine Art »Zwei-Klassen-Gesellschaft« aufgebaut hatten. Die »richtigen« Windjammer-Seeleute, das waren natürlich die Cap Horniers (ein solcher war Walker allerdings auch) auf den schwarz gestrichenen frachttragenden Rahseglern, die mit einer gewissen Nachsicht auf die »Schönwetter-Segler« an Bord der weißen Schiffe des Deutschen Schulschiff-Vereins hinabsahen. Sie vergaßen bei solchen Betrachtungen nur, daß diese »weißen Schwäne« aus Elsfleth immerhin ganzjährig zur See fuhren und folglich auch mehr als einmal mit hundsgemeinen Winterstürmen fertig werden mußten.

Die Wetterlage war seit langem mit dem Wort »fürchterlich« am besten bezeichnet. Zwar hatte Kapitän Walker das Schiff weit genug aus der berüchtigten Biskaya herauszuhalten gewußt, aber der Atlantik war überall in Aufruhr.

Aus dem Ölzeug waren die Nautiker fast seit dem Wendekreis kaum noch herausgekommen. Und es würde auch noch viele Tage so weitergehen.

Wohl niemand der Neuen wie der Alten Jungen, der Neuen wie der Alten Leichtmatrosen hätte diese Tortur fast unausgesetzter Schlechtwetterfahrt ohne das Gefühl unbedingter Verläßlichkeit auf jeden einzelnen dieser Gemeinschaft ertragen können. Der Ausbildungsdienst war ohne Unterlaß weitergegangen. Jeder hielt das alles durch und blieb jetzt standhaft, nicht zuletzt auch unter dem immer neuen Zwang, mit den Segeln fertig zu werden und das Schiff – längst wieder unter Einsatz von vier Rudergängern zugleich – wochenlang auf Kurs zu halten.

Heinz Voosen hat bei einer späteren Winterreise auf SCHULSCHIFF DEUTSCHLAND einen 72 Tage langen Seetörn von St. Helena durchgemacht und Mitte Februar sogar Windstärken 11–12 dabei erlebt. Er schreibt in seinem als Buch mit dem Titel »Unter dem Zeichen des Skorpions« erschienenen Lebenserinnerungen: *»Das Signal: ›Alle Mann an Deck!‹ scheucht auch die Freiwachen aus*

»Wer das Alter der Erde erfahren will, der schaue bei Sturm auf die See«, sagte Joseph Conrad.

dem Schlaf und aus den Hängematten – und gibt den Auftakt zu einer wilden Schlacht, einer Schlacht ohne Soldaten, einem Kräftemessen zwischen Mensch und Natur.«

Das Schlachtengemälde dazu lieferte Joseph Conrad: *»Das Grau der ganzen Endlosigkeit, die Windfurchen auf dem Antlitz der Wogen, die großen, schwankenden, wild geschüttelten Gischtmassen, die wie verwirrte Greisenlocken fliegen, lassen die Sturmsee so altersgrau, stumpf, blind und glanzlos aussehen, als wäre sie noch vor Schöpfung des Lichtes geschaffen worden.«*

Ein solches Schlachtfeld war keine Szenerie für gesellige Gespräche. Je ernster die Lage des Schiffes wurde, desto mehr kapselte sich jeder ein und vergrub sich allenfalls in die eigenen Gedanken und – Ängste.

Über Ängste sprach man natürlich am allerwenigsten. Aber Voosen brachte das wenigstens nachträglich zu Papier, wobei er sich den Namen »Henk« verlieh, um die Ich-Form zu vermeiden: *»Es sollte ein doppelter Kampf werden, gegen die Urgewalt der entfesselten Elemente und gegen die fast unbeschreibliche innere Angst, die nicht etwa plötzlich da ist, nein, die ganz langsam aufzusteigen beginnt, sich von Brecher zu Brecher und von Sturmbö zu Sturmbö steigert und schließlich den Seeleuten wie eine Furie im Nacken sitzt. Eine Zerreißprobe steht der Besatzung bevor, die sowohl den jungen Burschen wie auch den hartgesottenen Oldies schier Unmenschliches an Stehvermögen, Durchhaltewillen und Zähigkeit abverlangen wird …*

Henks Manöverstation ist die Obermarsrah im Großmast. Wenn das dortige Segel geborgen werden muß, heißt das im Regelfall, daß man danach nur noch Sturmsegel – Untermars, Sturmbesan und vorn noch die Sturmfock – stehen hat. So auch hier. Henk und noch fünf Mann entern auf. Es kostet schon ungeheure Anstrengung, sich an den Wanten festzuklammern; die schweren Seestiefel machen das Klettern noch mühsamer. Fast eine Viertelstunde braucht er, um die Schräge der Marsplattform zu überwinden und in Höhe der Untermarsrah zu gelangen; doch dann ist es endlich geschafft, die Station zum Segelbergen erreicht.

Und jetzt kommt es knüppeldick; heißt es doch, sich mit dem Oberkörper nach vorn – gegen den Sturm – über die stählerne Rah zu beugen, sich mit den Füßen Halt suchend nach hinten in die Fußpferde (unterhalb der Rah gespannte, mit geteerter Kordel umwickelte Drahtseile) zu stemmen und sich vom Mast weg nach draußen vorzuarbeiten. Dabei rollt das Schiff wie verrückt in der kochenden See, läßt die Mastspitzen bis zu 25 Meter zwischen Steuerbord und Backbord hin- und herschwingen.

Henk stürzt sich in den Kampf mit dem ihm zugewiesenen Teil des flatternden, wildschlagenden Segels; er bekommt es zu fassen, krallt seine Finger in das naßkalte, bretthart Tuch. Kaum hat er ein Stück eingerollt, wird ihm die Beute vom Orkan wieder entrissen, und die Quälerei fängt von vorne an. Nach dem siebten Versuch fühlt Henk sich wie durch den Fleischwolf gedreht, dabei gekocht, geschmort und gebraten zugleich, und steht dicht vor der Resignation und Aufgabe. Dann mobilisiert er seine allerletzten Reserven und packt wieder zu. Schon hat er einen Teil des teilweise zerfetzten Segels eingerollt und will festzurren, da reißt ihm eine tückisch von hinten einfallende Sturmbö erneut alles aus den Händen.

Die ganze Schufterei war wieder umsonst. Unter einem wie Hohngelächter anmutenden peitschenden Knall zerreißt das Segel noch an einem weiteren Ende; doch auch die restlichen Fetzen müssen geborgen und sicher versorgt werden. Umherflatternd wären sie eine ständige Gefahr für das sogenannte ›Laufende Gut‹ in der Takelage, könnten Blöcke, Rollen und Ösen beklemmen und so überlebenswichtige Segelmanöver total blockieren.

Henk wüßte, würde man ihn fragen, sicher nicht zu sagen, wie man es oben schließlich doch noch geschafft hatte; er steht an Deck auf wackeligen Beinen und ist wie benommen. Auch die Wassermassen der überkommenden Sturzseen stören ihn kaum – geschweige, daß sie ihn frisch machen und aus seiner Lethargie reißen könnten. Er kommt nicht einmal auf die Idee, seine wie Feuer brennenden Hände zu betrachten.«

Ja, ja, die »Schönwettersegler!« Auch auf der Heimreise im Februar 1928 hatte sich das typische Westwetter eingestellt: *»Dick, grau, qualmig und unheilvoll umstellte es den Blick, durchfeuchtete die Haut, bedrückte das Gemüt, beklemmte mit heulenden Böen den Atem, betäubte, blendete, jagte es die Mannschaft auf dem taumelnden Schiff vorwärts gegen die in Nebel und Regen verlorenen Küsten.«*

Es stimmte alles auf die Zeile genau mit Conrads Worten überein. Und längst hatte Walker als achteres Sturmsegel den Spitzbesan setzen lassen. Unter großen Anstrengungen schaffte man es, mit SCHULSCHIFF DEUTSCHLAND nach einem Halsen auf Steuerbordbug beizudrehen.

Unter Windstärke 8 spielte sich überhaupt nichts mehr ab. Aber das Beigedrehtsein war in diesem Seegebiet auch keine Lösung auf Dauer. Mit beiden Wachen wurde SCHULSCHIFF DEUTSCHLAND am 14. Februar wieder auf Kurs gebracht, die IV. Division und die Flieger mußten sogar die beiden Untermarssegel reffen, die als alleinige Sturmbesegelung geführt wurden.

Die Stromversetzung betrug in nur zwei Tagen 32 Seemeilen, mehr als 50 Kilometer!

Am 32. Reisetag, bei Südsüdwest, mal »nur« mit Stärke 7, dafür um so groberer See und bei besonders stark rollendem Schiff, fegten immer wieder einzelne Staubregenschauer über den arg gebeutelten Fullrigger, dessen jammervoll heulende Takelure unentwegt Nebelsignale geben mußte.

Ein astronomisches Besteck mittels Sextanten war schon seit Tagen nicht mehr möglich gewesen. Der Himmel war von dahinstürmenden grauen oder schwarzen Wolken bedeckt. Es war eine unheimliche Sache, sich auf diese Weise dem Kanalausgang, der immerhin meistbefahrenen Seestraße des Erdballs, zu nähern. Immer neue Regenschauer verdeckten die Sicht, stets bestand die Gefahr, plötzlich einen Dampfervorsteven auf sich zukommen zu sehen, obwohl die Ausguckposten längst vervierfacht waren.

Die Wachhabenden Offiziere bewunderten die eiskalte Ruhe, mit der Kapitän Walker mit reiner Koppelnavigation arbeitete, mit »dead reckoning«. Die gegißten, d.h. geschätzten Mittags-Standorte ließen viele Faktoren, wie die tatsächliche Abdrift, in diesem meteorologischen Durcheinander offen. Aber mit schmalen Lippen, hochkonzentriert, starrte Walker, der sich auch keine Mahlzeiten mehr gönnte, in das graue Gebräu vor dem Schiff. Er war sich seiner Sache geradezu gespenstisch sicher. Und es gab eigentlich niemanden auf diesem Schiff, der nicht das letzte Vertrauen in diese schon magisch zu nennende Navigationskunst des »Alten« gesetzt hatte.

So wunderte es beinahe keinen mehr, als am 16. Februar gegen 19.20 Uhr gleich drei Ausguckleute im Sprechchor das Durchkommen eines Leuchtfeuers meldeten: Es war tatsächlich LIZARD HEAD in Cornwall, dieses stärkste, weittragende Feuer, das man beim plötzlichen Aufreißen des Dunstes nun in 22 Seemeilen Abstand zu fassen gekriegt hatte – genau an der Stelle, an der es Walker zu sichten hoffte! Der Rest war fast Routinesache, denn gegen 22.00 Uhr kam auch EDDYSTONE durch. Noch immer blies es zwar mit Windstärke 6–7 aus Nordwest, aber Walker ließ nun doch zusätzlich auch die Bramsegel setzen, freilich gerefft.

Mit zwölf Knoten Fahrt schäumte SCHULSCHIFF DEUTSCHLAND durch den Kanal, bevor dann der Sturm wieder auf Stärke 7–8 hochging und wiederum nur noch die Untermarssegel und die Fock stehen bleiben konnten. Aber neun Knoten Fahrt blieben es auch weiterhin bei ziemlich grober See und langer Dünung aus Westen. Und es war den Männern zumute, als werde nun ein Film zurückgespult. Da kamen all die Landmarken wieder in Sicht: Dover, EAST GOODWIN FEUERSCHIFF, die Feuertürme NORTH und SOUTH FORELAND. Wie lange war das her, daß man das alles nach der schlimmen Sturmfahrt durch die Nordsee bei der Ausreise passiert hatte? War man etwa Jahre unterwegs gewesen? Die Fülle der Eindrücke auf der langen Atlantik-Reise hatte jedes Zeitgefühl verwischt.

Als der Rahsegler SANDETTIE FEUERSCHIFF mit zehn Knoten Fahrt passierte, lag der Ärmelkanal endgültig hinter ihm. Aber auch die Nordsee machte es zunächst nicht unter Windstärke 6. Erst zuletzt, in der Deutschen Bucht, erbarmte sich der Himmel, der Wind ging auf Stärke 5 herunter und kam fast genau aus Westen. SCHULSCHIFF DEUTSCHLAND konnte wieder Vollzeug führen und kam in

Alle Mann Reinschiff. (Foto: Saebens, Worpswede; Sammlung DSM)

schneller Fahrt an der Kette der Feuerschiffe BORKUM RIFF, NORDERNEY, WESER und AUSSENJADE vorbei. Dann war es tatsächlich geschafft. Nach genau 146 Tagen Reise mit 116 See- und 30 Hafentagen und einer zurückgelegten Gesamtdistanz von rund 15 600 Seemeilen (etwa 28 891 Kilometern) ging am 19. Februar um 12.55 Uhr der Steuerbord-Anker auf Bremerhaven-Reede zu Wasser. Die »Schönwetter-Seeleute« hatten ununterbrochene 33,5 Sturmtage hinter sich. Es war ihnen nicht mehr zu vermitteln, warum sie gegenüber Kap-Hoorn-Fahrern irgendwelche Minderwertigkeitsgefühle empfinden sollten.

Einige »Wehwehchen« hatte sich das Schiff bei der permanenten Überbeanspruchung freilich eingehandelt, so daß noch einmal Tecklenborg-Werftleute zu Reparaturen an Bord genommen werden mußten.

Die Schlußetappe, unter Assistenz von Schlepper TRITON, war nach allem Durchstandenen beinahe prosaisch.

Am 21. Februar 1928 wurde das Schiff wieder gut in seinem Heimathafen Elsfleth vertäut – und so ziemlich die ganze Bevölkerung war auf den Beinen, um die Heimkehrer willkommen zu heißen.

Vier Tage lief der Dienstbetrieb weiter »wie gehabt«: Knoten, Steke, Winkern, Morsen, Zeugdienst, Bootsdienst, Segelabschlagen, alle Backen und Banken scheuern, Reinschiff, Zeugdienst.

Am 27. Februar 1928 gab es nochmals »Alle Mann Reinschiff«, denn das Haupt-Ereignis warf seine Schatten voraus. Um 10.30 Uhr trat die gesamte Besatzung zur »Großen Besichtigung« an, die den eigentlichen Abschluß der Überseereise darstellte.

Großherzog Friedrich August von Oldenburg – ungeachtet der Abschaffung von Monarchie und Landesfürstentümern im Jahr 1918 als hochgeschätzter Fachmann noch immer Ehrenvorsitzender des Deutschen Schulschiff-Vereins – sowie der gesamte DSV-Vorstand und die Nautischen Inspektoren der Hapag und des Norddeutschen Lloyd überzeugten sich mit aller gebotenen Gründlichkeit vom praktischen und theoretischen Können der 1927 eingestellten Zöglinge.

Bei militärischen Besichtigungen scheint es unausrottbar, hohe Chargen mit dem »Bau von Türken« blenden zu wollen. Beim DSV-Vorstand hielt man um so mehr von der Lebensweisheit und Menschenkenntnis des verschmitzten Ur-Seemannes Großadmiral von Köster. Um diesen »Exerziermeister der deutschen Flotte« ranken sich unzählige Anekdoten, zum Beispiel diese:

So kam er einmal auf ein Schulschiff, wo ihm ein »Türke« vorgemacht wurde, wie man in der Marine zu sagen pflegte. Wieder einmal ging er als Spaziergänger durchs Schiff und hielt nachher folgende Kritik:

... »Herr Kapitän, Herr Oberstabsarzt, meine Herren, es war hochinteressant, durch dieses Schiff zu gehen. Als ich auf die Schanze kam, sah ich lauter Leute, die Keulen schwangen. Das war sehr schön. Ich griff also einen raus und sagte zu ihm: ›Könnt ihr hier an Bord alle so schön Keulen schwingen?‹

›Nein, Euer Exzellenz‹, sagte er, ›das sind man bloß die Vorschwingers!‹

›So, so‹, sagte ich und gehe auf Mitteldeck, da sah ich lauter Leute, die machten Splissen und Knoten. Ich greife mir einen und sage: ›Mein Sohn, könnt ihr hier alle so gut splissen?‹

›Nein‹, sagt er, ›das sind man bloß die Vorsplissers!‹

›Schön‹, sage ich und gehe auf die Brücke, da sehe ich einen Haufen Schiffsjungen, die winkern. Ich frage den ersten: ›Na, könnt ihr alle so schön winkern?‹

›Nein‹, sagt er, ›das sind man bloß die Vorwinkers!‹

Und wie ich von der Brücke auf die Back gucke, da sehe ich so ca. fünfzig Mann und einen sehr elegant angezogenen Leutnant Griffe kloppen. Ich habe diesmal gar nicht erst gefragt, denn ich bin davon überzeugt, das waren die Vorkloppers!

Nun, Herr Kapitän, möchte ich mal die Vorwinkers splissen sehen, die Vorsplissers Keulen schwingen und die Keulenschwingers möchte ich auf der Back mal Griffe kloppen sehen!« ...

Die Besichtigungskommission auf Schulschiff Deutschland bestand aus Praktikern, die sich ebenfalls nicht so leicht blenden ließen. Sie konnten zufrieden feststellen, daß die Ausbildungsergebnisse als hervorragend einzustufen waren.

Sobald die Kommission das Schiff wieder verlassen hatte, kam der ersehnte Augenblick: Die Heimaturlauber des »Ersten Törns« durften sich klarmachen. Weil die Bordroutine mit allen anstehenden Arbeiten weiterlaufen mußte, konnten die Heimkehrer aus Übersee nur in zwei Schüben für jeweils 14 Tage in ihre Heimatorte beurlaubt werden. Dem ersten »Törn«, der gleich am 27. Februar von Bord ging, folgte am 13. März der zweite nach.

Während dieser vier Wochen wurden wichtige, nur im Hafen mögliche Konservierungsarbeiten vorgenommen, die Divisionsräume ausgemalt und bereits neue Ausrüstungsgegenstände für die bevorstehende Sommer-Ausbildungsreise übernommen. Sie sollte im April beginnen und in die Ostseehäfen Neustadt, Königsberg, Saßnitz, Warnemünde, Travemünde und Swinemünde führen. Dabei war auch zeitweiliges Zusammentreffen mit der Grossherzogin Elisabeth vorgesehen.

Die am 2. April 1928 an Bord gekommenen 68 »neuen Jungs« der Frühjahrseinstellung hatten also nur knapp drei Wochen Zeit für die Eingewöhnung und die Stationsausbildung im Heimathafen Elsfleth. Aber auch bei ihnen war zunächst das »Ritual« der ärztlichen Untersuchungen sowie der »Schwindelprobe« in der Takelage fällig.

Für die Heimaturlauber war der Bordalltag inzwischen weit entrückt. Zu Hause kannte man sie fast nicht wieder: Als Pennäler, beinahe noch Kinder, waren sie im Vorjahr zur See gegangen. Nun kehrten sie als stämmige Kerle in ihre Heimatorte zurück. Sie wurden im Freundes- und Bekanntenkreis gebührend herumgereicht und bewundert. Was sie zu erzählen wußten, das brachte den Wind der weiten Welt in die entlegensten binnenländischen Ortschaften.

Die wirklich zu Männern Gewordenen hatten alle Herausforderungen bestanden. Sie hatten ihre eigenen Grenzen kennengelernt und ein Selbstbewußtsein erworben, das durch ihre auf Schulschiff Deutschland erworbenen Fähigkeiten eine gesunde, tragfähige Basis hatte. Sie waren der Seefahrt zugetan und überzeugte Fürsprecher zugunsten einer Ausbildung auf Segelschulschiffen geworden.

Die erwiesenermaßen besondere Qualität der Segelschiffsausbildung gab denjenigen recht, die gegen alle anderslautenden Thesen den Bau von Schulschiff Deutschland durchgesetzt hatten. Die Sachzwänge, denen man bereits vor Beginn der Jahrhundertwende gegenüber gestanden hatte, existierten auch weiterhin.

Der am 12. Januar 1900 gegründete Deutsche Schulschiff-Verein (DSV) wurde von Großherzog Friedrich August von Oldenburg initiiert und als Protektor (Vorsitzender) geleitet. Der DSV ist (bis zum heutigen Tag) ins Vereinsregister des Amtsgerichtes Oldenburg eingetragen, aber er wird von einer Geschäftsstelle geführt, die seit je in Bremen ansässig ist.

Götterdämmerung der Segelschiffahrt

Das nach dem Deutsch-Französischen Krieg am 18. Januar 1871 im Schloß zu Versailles symbolisch gegründete Deutsche Reich war keine Zentralmacht wie etwa das gerade militärisch besiegte Nachbarland Frankreich. Es war ein Bundesstaat und damit der Zusammenschluß einer Anzahl von teilsouveränen Königreichen und Fürstentümern anderer Art, nachdem sich im November 1870 die süddeutschen Staaten vertraglich mit dem bereits 1867 von Bismarck gegründeten Norddeutschen Bund zusammengeschlossen hatten.

Der Akt der Reichsgründung bestand darin, daß der König von Preußen im Einvernehmen aller Landesfürsten zum Deutschen Kaiser proklamiert wurde. Dieser »Oberkönig« übte die Rechte eines Bundespräsidenten aus. Die einzelnen Teilstaaten – darunter Königreiche wie Bayern, Sachsen, Württemberg und Großherzogtümer wie Mecklenburg, Hessen, Oldenburg – behielten weitgehende Souveränitätsrechte. Sie erkannten jedoch den Kaiser als Oberbefehlshaber der Streitkräfte und in Sachen der obersten Verwaltung als Inhaber der Richtlinienkompetenz an. Als Nationalflagge, die von allen deutschen Handelsschiffen zu setzen war, galt die bereits 1868 eingeführte schwarz-weiß-rote des Norddeutschen Bundes. Sie war zusammengesetzt aus der schwarz-weißen Flagge Preußens und den rot-weißen Farben der Hansestädte.

Als »Spätentwickler« unter den Nationalstaaten Europas waren die kleinstaatlerisch aufgesplitterten Deutschen 1871 am Ziel ihrer 1813 ebenso wie 1848 enttäuschten Sehnsucht nach einem gemeinsamen Staat. Frankreich hatte seine traditionelle Vormachtstellung auf dem europäischen Festland eingebüßt. Im Frieden von Frankfurt am 10. Mai 1871 erklärte Bismarck Deutschland hinsichtlich weiterer Territorialansprüche für »saturiert«. Der auf dauerhafte Sicherung des Friedens in Europa fixierte Reichskanzler Bismarck, zugleich preußischer Ministerpräsident, vermied bei allen vorangegangenen Friedensverhandlungen unnötige Demütigungen der besiegten »Grand Nation«. Frankreich wurde allerdings die Zahlung von Kriegskontributionen (Reparationsgeldern) in Höhe von fünf Milliarden Franken auferlegt, die binnen drei Jahren aufzubringen waren.

Das Hereinströmen dieser Gelder löste die anfangs recht ungestümen Gründerjahre aus, die mit einer durchgreifenden weiteren Industrialisierung Deutschlands zur rapiden Ausweitung auch des deutschen Außenhandels führten. Das Zeitalter des Kaufmannes war endgültig angebrochen, es bestimmte vorrangig die 44 Friedensjahre bis zum Ausbruch des Ersten Weltkrieges.

Alle Wirtschaftsentwicklung basiert bekanntlich auf Verkehrsinfrastruktur, der immer rascher in Blüte geratende Ein- und Ausfuhrverkehr in die europäischen und überseeischen Staaten erforderte eine adäquate Ausweitung der deutschen Seeschiffahrt. Der Seeverkehr unter deutschen Teilstaat-Flaggen hatte ohnehin schon 1849 erhebliche Impulse durch den Wegfall der nach fast 200 Jahren endlich erfolgten Aufhebung der restriktiven Navigationsakte Oliver Cromwells erfahren. Fortan durften selbst britische Waren von ausländischen Handelsschiffen transportiert werden. Die mittelständischen Schiffseigner und Kleinreedereien waren seit dem Wegfall der Navigationsakte glänzend ins Geschäft gekommen, zuerst in der Nord-Ostsee-Fahrt, bald auch im Verkehr nach Übersee und in die dortigen Einflußgebiete Großbritanniens.

Diese rasante Ausweitung der Handelsschiffahrt ging einher mit der schnellen Umstellung vom Holz- zum Eisenschiffbau und schließlich von der Segel- zur Dampfschiffahrt. Immer mehr Großreedereien bildeten sich und überzogen die Weltmeere mit einem Netz zuverlässiger Fahrplan-Liniendienste. Reedereien wie die Hapag, der Norddeutsche Lloyd, die Hamburg-Süd, die Woermann-Linie, die Reederei Sloman, die Oldenburg-Portugiesische Dampfschiffsreederei, die Deutsche Dampfschiffahrts-Gesellschaft »Hansa«, die Reederei Rickmers und andere wurden international zum Begriff.

Die Schiffsgrößen eskalierten, vor allem in der Nordatlantik-Fahrt. Und es zeichnete sich immer deutlicher ab, daß die Furcht der eingefleischten Segelschiffsleute vor den »Smeukewern«, vor der immer stärker vordringenden Dampfschiffahrt, beileibe nicht unberechtigt war.

Jochen Brennecke hat recht mit der Aussage in seinem Standardwerk »Windjammer«, daß »die Rahschiffe nicht ohne weiteres den aufdringlichen Dampfern wichen«. Mit immer perfekter konstruierten, immer schnelleren Clippern, schließlich auch mit immer größeren und allen Orkanbelastungen gewachsenen »Schwerwetterschiffen« versuchte man das Gegensteuern gegen die qualmende Konkurrenz. So führte die Zeit des Niedergangs, verursacht durch die Dampfschiffahrt, zu den eigentlichen Höhepunkten der Technik im Segelschiffbau.

Das Wechselspiel zwischen Herausforderung und Antwort gipfelte gerade in Deutschland in einer bemerkenswerten »Flucht nach vorn«.

Der australische Segelschiffskapitän Alan Villiers sagte darüber: *»Als die Größe der Schiffe zunahm, wurde es nötig, ihnen statt der seit Jahrhunderten üblichen drei nunmehr vier Masten zu geben. Ein Schiff mit einer Wasserlinie von rund 100 Metern brauchte unverhältnismäßig hohe Masten und überlange Rahen, wenn es mit* [nur] *drei Masten getakelt wurde, und die Beanspruchung würde enorm groß. Solche Schiffe wurden zu leicht entmastet.«* Und so führte der Weg auch bei der bedeutendsten Segelschiffsreederei unseres Landes, F. Laeisz in Hamburg, unweigerlich zu Viermastbarken, von denen der beim Totalverlust der PAMIR 1957 ums Leben gekommene Kapitän Fred Schmidt sagte: *»Stählern reckten sich die Masten auf diesen Schwerwetterschiffen bis zum Flaggenknopf, stählerne Rahen breiteten Segel von bisher nie für möglich gehaltener Fläche aus. Wo andere Schiffe Hanf- und Manilatauwerk führten, gelangte hier Stahldraht zur Verwendung.«* Tatsächlich waren bald auf allen Laeisz-Vier- und -Fünfmastern die Masten vom Kiel bis zur Unterbramrah aus einem Stück Stahlrohr gefertigt. Es war ein Markstein der Schiffbaugeschichte, als sich die Reederei Laeisz den Bauwerften Joh. C. Tecklenborg in Geestemünde und Blohm & Voss in Hamburg zuwandte.

Bei Tecklenborg fungierte Georg W. Claussen[9] als Schiffbaudirektor. Man darf ihn sicherlich als den genialsten Segelschiffkonstrukteur bezeichnen, den es hierzulande gab.

»Mit der ihm eigenen Kraft, Beharrlichkeit und Überzeugung will Claussen das Feld vor den stinkenden Rivalen mit dem rastlos pochenden eisernen Herzen im Rumpf nicht kampflos räumen«, sagt Jochen Brennecke zu der von ihm gestellten kritischen Frage, wieso ein so kluger und scharfsinniger Techniker nicht spätestens um die Jahrhundertwende klar erkannt hat, daß der Stern der Großsegler im Sinken war. Brennecke fügt hinzu: *»Typisch für Claussen ist einmal sein kritisch-wägender Blick und seine Aufgeschlossenheit für alle Neuerungen, zum anderen aber auch sein orthodox-konservatives Festhalten am Bisherigen.«*

Georg W. Claussen schuf 1892 mit den beiden Laeisz-Viermastbarken PLACILLA und PISAGUA einen neuen Schiffstyp von rund 2850 Bruttoregistertonnen Größe, der künftig Vorbild für das Aussehen aller weiteren Neubauten dieser Reederei werden sollte. Dieser sogenannte Drei-Insel-Typ besaß nicht nur die erhöhte Back und Poop, sondern in der Schiffsmitte – als dritte erhöhte Insel gegenüber dem Wetterdeck – ein als Kommandobrücke fungierendes sogenanntes Hochdeck, auf dem auch Kartenhaus und Ruderräder installiert waren. Auf der Poop, dem Achterdeck, befand sich nur noch ein Notruder. Der Wachhabende Offizier und die Rudergänger waren auf dem Hochdeck vor den gefährlichen mitlaufenden Sturmseen sicher, die vor Kap Hoorn schon manches Unheil angerichtet hatten.

Der später als »Düwel vun Hamborch« legendär gewordene Kapitän Robert Hilgendorf hatte bei Tecklenborg die Bauaufsicht und übernahm dann gleich nach Fertigstellung die PLACILLA als Kapitän. Er fegte damit in nur 58 Tagen vom Kap Lizard nach Valparaiso. Die bis dahin noch nie von einem anderen Schiff der internationalen Segelschiffsflotte erreichte Geschwindigkeit wurde schließlich von Hilgendorf selbst übertroffen, als er 1895 die ebenfalls bei Joh. C. Tecklenborg in Geestemünde gebaute Fünfmastbark POTOSI übernahm. Dieser »Jumbo« unter den damaligen frachttragenden Rahseglern begründete endgültig den Ruf der Reederei Laeisz als »Flying P-Line«. Da alle Schiffsnamen dieses Unternehmens traditionsgemäß mit dem Buchstaben »P« begannen, wird dieser von den Fahrensleuten geprägte ehrende Beiname erst recht verständlich, wenn man die vollbrachten Rekordleistungen der POTOSI untersucht. Das Schiff trug immerhin 6500 t Ladung und erfüllte den bis dahin für irreal gehaltenen Wunschtraum seiner Reederei: Die Fünfmastbark schaffte zwei komplette Chile-Rundreisen pro Jahr.

Um die Wende zum 20. Jahrhundert liefen Frachtdampfer durchschnittlich nur acht Knoten. Mit der POTOSI schaffte Hilgendorf an fünf aufeinanderfolgenden Tagen Etmale, die in der Geschichte der Segelschiffahrt ohne Parallele waren – mit 16,2 Knoten Durchschnittsgeschwindigkeit.

Das höchste Etmal, d.h. die innerhalb des Zeitraumes von einem Mittagsbesteck (einer astronomischen Standortbestimmung punkt 12.00 Uhr mittags) bis zum darauffolgenden erzielte Distanz (Wegstrecke) lag bei 378 Seemeilen, womit dieser Schwerwetter-Massenstückgutfrachtsegler zur Verwunderung der Fachwelt sogar die ungleich leichter gebauten, auf Geschwindigkeit ausgelegten Clipper CUTTY SARK (363 Seemeilen) und FLYING CLOUD (371 Seemeilen) übertraf.

Das besagte Rekord-Etmal entsprach binnen 24 Stunden 700 Kilometern an Land, der Luftlinie Wiesbaden–Kopenhagen.

Kapitän Fred Schmidt hatte dazu ein interessantes Zahlenspiel entwickelt: *»In jenen berühmten fünf Tagen segelte Hilgendorf mit der* POTOSI *1606 Seemeilen oder 2174 Kilometer. Mit der Geschwindigkeit eines Güterzuges brauste das gewaltige Schiff dahin, von nichts als dem Wind getrieben. Um sich eine Vorstellung von dieser Leistung zu machen, denke man sich das Schiff am Mittag des 9. Mai in Tripolis/Nordafrika. Am 10. Mai hätte es Palermo/Sizilien, am 11. Florenz erreicht. Am 12. Mai hätte es in Stuttgart, am 13. in Flensburg und am Mittag des nächsten Tages in Oslo gestanden ... In 120 Stunden von Tripolis bis Oslo!«*

Über Robert Hilgendorf sagte Alan Villiers: *»Es war sein Verdienst, daß der Ansturm des demoralisierenden Zeitalters der Maschine auf See einige Jahre aufgehalten wurde, und seiner Arbeit, seinem unvergleichlichen Genie ist es zu verdanken, daß Rahschiffe – die schönsten aller Werke von Menschenhand – wenigstens noch ein Jahrzehnt in Fahrt blieben und man die Kunst wirklichen Segelns etwas länger lebendig ließ, als es sonst der Fall gewesen wäre ...«*

Der Konstrukteur Georg W. Claussen, der 1901 die noch größere PREUSSEN (5081 BRT) als einziges jemals in der internationalen Schiffahrtsgeschichte gebautes Fünfmastvollschiff – einen Fünflukenfrachter für 8000 t Ladung – an F. Laeisz hatte abliefern können, erlebte die Genugtuung, daß seine schiffbautechnischen Meisterwerke genau in die richtigen Hände der bestmöglichen Kapitäne gegeben worden sind. Kapitän Joachim Hans Hinrich Nissen erreichte mit der PREUSSEN einmal das Rekord-Etmal von 18,7 Knoten Durchschnittsfahrt und damit das höchste Etmal der Schiffahrt mit Rahseglern. Es blieb allerdings ein Einzelfall.

Die POTOSI und die PREUSSEN verkörperten den absoluten Höchststand, sie symbolisierten die Blüte vor dem Verlöschen – ein Kennzeichen jeder Hochkultur.

Das Aufbegehren gegen das Maschinenzeitalter war letzten Endes insgesamt vergeblich. Schon 1890 hatten sich in der Welthandelsflotte erstmals Segler- und Dampfertonnage die Waage gehalten. Und seitdem ging die Zahl der Großsegler immer weiter zurück, weil größere Frachtdampfer und stärkere Schiffsmaschinen die Dampfschiffahrt betriebswirtschaftlich rentabler und damit geschäftlich verlockender machten.

Wie rapide der Wandel schließlich vor sich ging, machen folgende Zahlen deutlich: Als nach dem Flaggengesetz des 1867 gegründeten Norddeutschen Bundes am 1. April 1868 erstmals alle seegehenden Schiffe der Bundesstaaten einheitlich die schwarz-weiß-rote Handelsflagge setzten, standen 4964 Segelschiffe nur 116 Dampfern gegenüber. Zwischen 1900 und 1914 wuchs die deutsche Handelsflotte im Jahresdurchschnitt um 190 000 Bruttoregistertonnen. Sie verfünffachte sich von rund einer Million BRT auf über fünf Mio. BRT und wurde in dieser kurzen Spanne zur zweitgrößten Handelsflotte der Welt. Zu Beginn des Ersten Weltkrieges bestand die deutsche Handelsschiffahrt aus 3968 seegehenden Schiffen und einem Personal von 83 898 Mann. Die Gesamttonnage betrug nunmehr 5096 Mio. BRT. Die Segelschiffe waren dabei nur noch mit 383 000 BRT vertreten!

Unter allen Reedern bestand aber Einigkeit darüber, daß, gerade bei zunehmenden Schiffsgrößen, bei immer neuem Investieren in die beste Technik, die denkbar beste nautische Ausstattung sowie der immer höhere Sicherheitsstandard der Schiffe nichts nützte, wenn die Qualität der Besatzungen damit nicht Schritt hielt. Die Optimierung der Berufsausbildung war zu einer Zukunftsfrage ersten Ranges geworden.

Ungestraft ließen sich die Grundprinzipien der Ausbildung junger Menschen zu »gestandenen« Seeleuten nicht über Bord werfen. Die Worte des Lloyd-Kapitäns Leopold Ziegenbein – der nachher das Spitzenschiff der deutschen Handelsflotte zwischen den beiden Weltkriegen geführt hatte, den mit dem »Blauen Band des Ozeans« ausgezeichneten Lloyd-Schnelldampfer BREMEN – waren eindeutig: »Jede Neuerung muß auch eine Verbesserung sein, sonst ist sie wertlos und belastet nur.«

Und wenn er gefragt wurde, wodurch er seine eiserne Selbstdisziplin und unerschütterliche Ruhe gewonnen habe, dann wußte er zu sagen: *»Durch die Fahrenszeit auf Segelschiffen ... Für mich ist die Ausbildung auf den Seglern die Grundlage für meinen weiteren beruflichen Aufstieg gewesen, und ich lasse mich auch heute, gerade heute, im Zeitalter der Technik, durch keine noch so schmackhaft vorgetragenen Versuche vom Gegenteil überzeugen und von meiner Ansicht abbringen: Nur d e r Mensch wird zum wirklichen Beherrscher der Technik, der ü b e r ihr steht und auch unabhängig von ihr zu handeln weiß. Jede Maschine kann versagen, jede Technik ausfallen – der Mensch darf es nicht.«*

Der »Lloyd« schlägt Alarm

Der Norddeutsche Lloyd hatte bereits 1896 in Anbetracht des rapiden Schwundes der Segelschiffstonnage Alarm geschlagen und die Indienststellung spezieller Segelschulschiffe gefordert. Auf keinen Fall dürfe der hohe Stellenwert der charakterlichen und handwerklichen Schulung auf Segelschiffen außer acht gelassen werden.

Es war aufschlußreich genug, daß ein längst zur reinen Dampferreederei gewordenes Unternehmen wie der Norddeutsche Lloyd so hartnäckig auf der Beibehaltung der seemännischen Ausbildung auf Segelschiffen bestand – und gemeint waren damit grundsätzlich Rahsegler, die ihre Besatzungen immer wieder zum Aufentern in die Takelage zwangen.

Zwei Jahre nach diesem dringlichen Appell war ein erfahrener Segelschulschiff-Kommandant der Kaiserlichen Marine, Korvettenkapitän a.D. Lüder Arenhold, in einer damals maßgeblichen Fachzeitschrift in dieselbe Richtung vorgeprellt. Unter der Devise, nach der »gute Seemannschaft keinesfalls ein überwundener Standpunkt« sei, forderte er, sich sofort allgemein mit der gravierenden Frage der Ausbildung des seemännischen Nachwuchses zu befassen. Für ihn war klar, daß die positiven Erfahrungen der Kaiserlichen Marine mit der gezielten Ausbildung auf Segelschulschiffen unbedingt auch auf die Handelsschiffahrt übertragen werden müßten. Freilich gab er zu bedenken, daß die Briten mit festverankerten, finanziell weniger aufwendigen Schulschiffen (Hulks) recht brauchbare Erfahrungen gemacht hatten und daß ihn »deren Mannigfaltigkeit in der Auswahl der Zöglinge und in dem Ziel der Ausbildung stark angeregt« habe.

Wenn man sich für die Beibehaltung der Ausbildung auf Rahseglern entschloß, hatte man also gleich eine weitere gravierende Entscheidung zu fällen. Sollte es sich um festliegende oder um fahrende Schulschiffe handeln? Theorien halfen da allerdings nicht weiter, es mußten Möglichkeiten gefunden werden, sie in die Praxis umzusetzen.

Nach dem Auslösen heftiger Diskussionen durch Arenhold griff im Herbst 1899 der Erbgroßherzog Friedrich August von Oldenburg – noch als Kronprinz des Herrscherhauses – in die Debatte um die Seemanns-Ausbildung auf besonderen Segelschulschiffen ein.

Der Deutsche Schulschiff-Verein wurde noch im März 1900 ins Vereinsregister des Amtsgerichtes Oldenburg eingetragen. Heimathafen aller vier nach und nach entstehenden Segelschulschiff-Neubauten wurde der oldenburgische Hafen Elsfleth.

Der Direktkontakt zu den Nautischen Inspektionen und Personalabteilungen der Reedereien war jedoch in Deutschlands zweitgrößtem Seehafen Bremen besser gegeben als im sozusagen »binnenländischen« Oldenburg. Die DSV-Geschäftsstelle wurde deshalb in Bremen angesiedelt, zunächst im Hause Herrlichkeit Nr. 5.

Langjähriger Geschäftsführer war der Prokurist und spätere Direktor E. Malitz.

Der Jahresbeitrag für Einzelmitglieder wurde mit 200 Mark, der für lebenslängliche Mitglieder auf 3000 Mark (wohlgemerkt Goldmark) bewußt hoch angesetzt, um die Mitgliedschaft Reedern und Persönlichkeiten aus Industrie, Wissenschaft und damaligen Vertretern der höheren Gesellschaftsschichten vorzubehalten. Das diente der Sache, ohne Snobismus.

Der sogenannte »Personenkreis«, d.h. der von den Eltern der auszubildenden Schiffsjungen aufzubringende Ausbildungsbeitrag, wurde auf 250 Mark festgesetzt. In diesem einmaligen Betrag war die Beschaffung der kompletten Bekleidung im Werte von 120 Mark enthalten. Bei sozialen Härtefällen wurde bald grundsätzlich ein Stipendium gewährt, wenn die Eignung des Bewerbers den Anforderungen entsprach.

Besonders hervorzuheben ist, daß sofort bei Eintritt der Geschäftsfähigkeit des Deutschen Schulschiff-Vereins nach der Eintragung ins Vereinsregister des Amtsgerichtes Oldenburg eine Spendenaktion den namhaften Betrag von 285 000 Goldmark zusammenbrachte.

An der Spitze stand der Fürst von Thurn & Taxis, Herzog zu Wörth und Donaustauf, Regensburg, mit dem überraschend hohen Betrag von 12 000 Mark. Der Fürst war zum DSV[10] gestoßen, während dieser sich noch »in Gründung« befand.

Mit je 20 000 Mark war Kommerzienrat Max Guilleaume, mit je 10 000 Mark waren die Herren Sholto Douglas, Georg Krawehl (Fa. Waldthausen, Essen) und Carl von Siemens dabei, ebenso Frau the Losen, Köln.

Eine noch höhere Summe von 62 000 Mark hatte Freiherr Max von Hewald auf Gut Podewils, Kreis Belgard in Pommern, gespendet.

»Lisbeth«, die »Urmutter«

Dank der Spendenaktion konnte schon im Mai 1900 der Bau des ersten Segelschulschiffs feste Form annehmen.

Unter den sachkundigen DSV-Mitgliedern bestand Einigkeit darüber, daß der Neubau eine radikale Abkehr vom Typ der hochbordig-klobigen Segelschulschiffe der Kaiserlichen Marine bedeuten müsse. Diese sogenannten »Schwimmenden Gymnasien« wie Gneisenau, Stosch, Stein, Moltke und Charlotte waren ursprünglich Kriegsschiffe in Gestalt von Gedeckten Korvetten mit Fregatt-Takelung, d.h. Vollschiffstakelage. Ihre Hochbordigkeit hatte den Zweck gehabt, eine möglichst große Zahl von Breitseit-Geschützen unterzubringen.

Sechs Werften bewarben sich um den Bauauftrag für ein vollgetakeltes Schiff. Es mußte nun also ein Schiffstyp mit optimalen Segeleigenschaften und extrem hohem Sicherheitsstandard entwickelt werden, der eher dem Linienriß relativ schnell segelnder Kauffahrteischiffe ähnelt, aber dennoch etwas völlig Neues sein mußte.

Abermals erwies sich Georg W. Claussen als Meister seines Faches, er wurde der höchst ungewöhnlichen Aufgabe beispielgebend gerecht. Gerhard Eckardt charakterisierte die ausgereifte Konstruktion dieses Schiffes treffend: »In seiner Formgebung war es der schnittigste Rahsegler, der in der Bauperiode dieser großen stählernen Lastenträger zu Wasser ging. So erregte auch der vom Stapel laufende Rumpf in seiner Linienführung allgemeine Bewunderung.« Das Schiff gelang so optimal, daß es Typvorbild für alle drei Nachfolger-Neubauten des Deutschen Schulschiff-Vereins – also auch für Schulschiff Deutschland – wurde.

Der Erstling der DSV-Segelschulschiffe, der »Fullrigger« (Vollschiff) Grossherzogin Elisabeth, lief am 7. März 1901 bei Joh. C. Tecklenborg in Geestemünde vom Stapel. Das Schiff wurde mit dem Taufspruch »Zur Ehre deiner Patin, zum Besten der deutschen Schiffahrt« seinem Element übergeben. Nach der Endausrüstung und den Probefahrten wurde es am 15. April 1901 pünktlich an den Auftraggeber abgeliefert und in Dienst gestellt.

Am 31. Mai 1901 trat die Grossherzogin Elisabeth von Elsfleth aus mit 119 Schiffsjungen und 31 Kadetten (Offiziersanwärter mit mittlerer Reife oder Abitur) ihre erste Reise an. Sie führte von der Weser rund ums Kap Skagen zuerst nach Swinemünde, dann nach Travemünde, Eckernförde und ins norwegische Arendal. Geführt wurde das Schiff von Korvettenkapitän a.D. Wolfram Rüdiger, der einschlägige Erfahrungen auf Segelschulschiffen der Kaiserlichen Marine erworben hatte.

Das Vollschiff Grossherzogin Elisabeth wurde ein Meisterwerk des Tecklenborg-Schiffbaudirektors Georg W. Claussen. An der Waterkant hieß das Schiff überall nur »Lisbeth«.

Das Schiff erregte als völliges Novum beträchtliches Aufsehen und löste in Seefahrtkreisen lebhafte Diskussionen aus. Dabei schieden sich die Geister.

Es gab »Kritikaster«, die dem Göttinger Physiker und Schriftsteller Georg Christoph Lichtenberg (1742–1799) nach mehr als 200 Jahren ungewollt recht gaben. Dieser nämlich hatte in einer seiner geistvollen Aphorismen gesagt: *»Gar mancher findet nur deshalb ein Haar in der Suppe, weil er das eigene Haupt schüttelt, solange er ißt.«*

Der sehr bald sichtbare Wert der auf diesem Schiff praktizierten Ausbildung wurde nachher auch von vielen anfänglichen Skeptikern und Gegnern der neuen

Methoden anerkannt. Und es stellte sich heraus, daß die handwerkliche Gründlichkeit und das theoretische Wissen am besten auf einem fahrenden Segelschulschiff ohne Ladung und ohne Terminzwänge zu vermitteln waren. Wie gründlich die Ausbildung betrieben wurde, geht aus einem späteren Reisebericht hervor:

»Es ist mit dem Schiff bei den verschiedenen Windstärken von 3–7 Beaufort 116mal gewendet, bei Windstärken von 1–9 Beaufort ist 21mal gehalst worden, 25mal wurde unter Segeln geankert und Wieder-Anker-auf-Gegangen, das Manöver »Mann über Bord« übten wir 119mal unter Segeln.

Als Beispiel einer besonderen Leistung – was einer erfahrenen ausgebildeten Mannschaft Ehre eingelegt hätte – kann angeführt werden, daß unser Schulschiff in der inneren Bucht von Eckernförde bei einem Wind von Stärke 5, der genau in die Bucht hineinstand, Anker auf und unter Segel ging und in 18 Schlägen nach See zu kreuzte. Die geringe Breite der Eckernförder Bucht erforderte ein Kreuzen Schlag auf Schlag, ohne Pausen zum Ausruhen dazwischen. Diese 18 Schläge sind in knapp vier Stunden ausgeführt worden.

So gehörte verstärkte Ausbildung im Bootsdienst ins Ausbildungsprogramm.

Für künftige Seeleute war es nötig, Rudern und Segeln im Rettungsboot zu üben, denn in der späteren Dampferfahrzeit gab es für dergleichen Aufgaben keine Gelegenheit mehr.«

Und noch etwas unterschied die bis zur totalen Sicherheit des Zupackens und Sachwissens betriebene Ausbildung vom Bordbetrieb auf frachttragenden Schiffen: Man hatte Zeit und Möglichkeiten für die Ergänzung der praktischen Ausbildung durch fundierten theoretischen Unterricht. Die eigens dafür eingesetzten, pädagogisch begabten Ausbildungsoffiziere kümmerten sich ebenfalls um Weltbild- und Charakterformung des seemännischen Nachwuchses. So erhielten die Schiffsjungen ohne höhere Schulbildung wöchentlich zusätzlich auch je eine Stunde Deutsch, Englisch, Rechnen, Geographie und Geschichte.

Das waren bemerkenswerte Unterschiede gegenüber dem Alltag eines von der übrigen Besatzung nicht für voll genommenen, allzugern über Gebühr für die niedrigsten Arbeiten mißbrauchten »Moses« in der Küstenschiffahrt und sogar auf manchem Segler in der Großen Fahrt.

Im Anschluß an die Sommer-Ausbildungsreise durch die Ost- und Nordsee trat das Vollschiff Grossherzogin Elisabeth im Winterhalbjahr 1901/1902 seine erste Reise nach Westindien an. Damit begann ein alljährlich wiederkehrender Zyklus. Die Winter-Ausbildungsreisen führten gegenüber denen im Sommer in unterschiedliche Klimazonen. Bis zum Jahr 1910 folgten der ersten noch weitere acht Westindienreisen der Grossherzogin Elisabeth. Zwei von ihnen wurden sogar südwärts bis nach Brasilien, eine weitere bis nach Uruguay und Argentinien ausgedehnt.

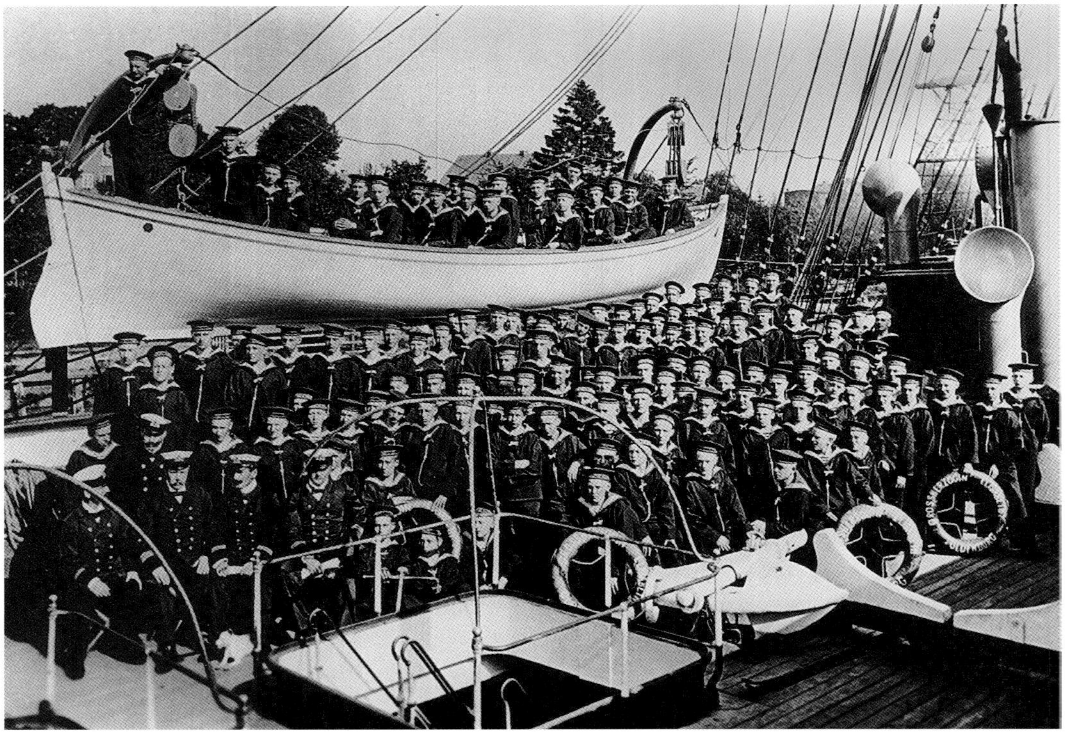

Teilbesatzung der Grossherzogin Elisabeth im Jahre 1903, vermutlich vor der Westindien-Winterreise.

Ausstrahlung aufs Binnenland

Der Deutsche Schulschiff-Verein verfolgte richtigerweise den Brauch, die alljährlich fällige ordentliche Mitgliederversammlung stets an einem anderen Ort der Küste oder sogar des Binnenlandes abzuhalten und dadurch regional ständig neue Publizität zu erlangen. Die Versammlung des Jahres 1907 fand beispielsweise in Dresden statt und damit in der Hauptstadt des damaligen Königreiches Sachsen. Sie hatte eine Satzungsänderung zur Folge: Die Mitglieder des Deutschen Schulschiff-Vereins erhielten das Recht, sich zu Landes- und Provinzialvereinigungen zusammenzuschließen.

Der neue Gedanke wurde fast flächendeckend aufgegriffen. 1909 wurden die Sächsische und die Bayerische Vereinigung sowie die Provinzialvereinigung Berlin-Mark Brandenburg, 1913 die Vereinigungen im Großherzogtum Hessen und in Hessen-Nassau sowie schließlich auch die Vereinigungen im Rheinland und in Westfalen gegründet, sämtlich als »Töchter« des Deutschen Schulschiff-Vereins. Eine bessere Multiplikationsmöglichkeit seiner Anliegen konnte sich der DSV überhaupt nicht wünschen.

Anläßlich der Dresdner Mitgliederversammlung (1907) hatte der dortige Syndikus Dr. Gustav Stresemann (zeitweilig Reichskanzler und später Reichsaußenminister der Weimarer Republik) vor den Mitgliedern und geladenen Gästen einen vielbeachteten Vortrag mit dem Titel »Die sächsischen Seeschiffahrtsinteressen« gehalten, der für viele zum Schlüsselerlebnis wurde.

Noch wenige Jahre zuvor hatte der Staatssekretär im Reichsmarineamt, Großadmiral von Tirpitz, seufzend geklagt: »Die Deutschen sitzen in den Bergen – mit dem Rücken zur See.«

Stresemanns Rede ließ Genugtuung darüber erkennen, daß die Flagge des 1871 aus ohnmächtiger Kleinstaaterei zu einem Ganzen gewordenen Staates Deutschland inzwischen draußen in der Welt Respekt genoß. Er entwickelte vor seinen Zuhörern ein völlig neues Denken.

Ihm gelang der Brückenschlag zur Überwindung rein binnenländischer Gesichtspunkte. Er belegte mit Zahlen, wie viele Beschäftigungsverhältnisse abhängig sind vom Export der in Deutschland produzierten Industriegüter und selbst kleinster sächsischer Betriebe, die dann gerade auch nach Übersee transportiert werden mußten.

Stresemann wies ebenfalls darauf hin, daß nicht nur die Menge der Ein- und Ausfuhren, sondern auch vaterländische Interessen mitsprächen – jener Idealismus, der den Deutschen immer zur See hingezogen hat. Und er zitierte einen prominenten Zeitgenossen: *»Wie die See den Blick weitet, wie sie denen, die sie befahren, die Möglichkeit gibt, von hoher Warte hinauszuschauen und sich gewissermaßen zu fühlen als in Wechselwirkung stehend von jenen gewaltigen Evolutionen, die die Welt von jeher bewegt haben ...«*

Eindrücklich legte Dr. Stresemann auch dar, daß die weitere große ideale Aufgabe des Deutschen Schulschiff-Vereins darin bestehe, den Ruf der deutschen Seeschiffahrt zu stärken durch die Haltung der Mannschaften, die hinausgesandt werden. Nur Qualität verbürge Erfolg – im Gegensatz zu der weitverbreiteten Meinung, daß derjenige, der anderswo in seiner Existenz gescheitert ist, für die Schiffahrt gerade noch gut genug sei.

Die Dresdner Stresemann-Rede hat damals eine Art Dammbruch ausgelöst. Das Binnenland hörte auf, noch länger seefern zu denken. Es gab ein breites, durchweg positives Presse-Echo. Die Gründung von DSV-Provinzialvereinigungen erhöhte den DSV-Mitgliederbestand ebenso rapide. Die Mitglieder aus dem Binnenland erhielten Gelegenheit, während des Verlaufs der alljährlich stattfindenden Kieler Woche nicht nur die GROSSHERZOGIN ELISABETH zu besichtigen, sondern sogar eine kurze Seereise nach Travemünde mitzumachen. Ein solches, lange nachwirkendes Erlebnis schlug durch, es entstand echter Enthusiasmus zum Wohle der Sache.

Bald konnte man nachweisen, wie das breitflächiger gewordene Interesse an Seefahrt und Schulschiff-Ausbildung zu Buche schlug: 1908 stammten zwar immer noch 46 % aller vom DSV angenommenen Zöglinge aus den Küstenprovinzen, aber immerhin bereits 42 % aus Mittel- und 11 % aus Süddeutschland. Der Seefahrtsgedanke erfaßte also zunehmend immer breitere Bevölkerungskreise auch südlich des Mains.

Das zeigte sich auch bei der 1908 in München abgehaltenen DSV-Mitgliederversammlung sehr deutlich. Der Syndikus des Vereins der Industriellen Bayerns, Dr. Alfred Kuhlo, referierte über das Thema »Die Bedeutung der Handelsmarine für die bayerische Industrie«. Sein Vortrag stand der Dresdner Rede von Dr. Stresemann an Brisanz und Breitenwirkung nicht nach.

Er hob hervor, daß die Sehnsucht nach der See in den Herzen fast aller Süddeutschen schlummert, gerade weil die Meeresküste für sie so schwer oder überhaupt nicht erreichbar sei. Wohl nirgendwo im Deutschen Reich werde die Entwicklung der deutschen Handelsflotte mit größerer Freude und innerer Befriedigung verfolgt als in Süddeutschland und gerade von den Bayern. Eines ihrer höchsten Ideale auf wirtschaftlichem Gebiet sei die Schaffung einer großen künstlichen Wasserstraße, die einen direkten Austausch von Gütern zwischen Bayern und den Seehäfen ermöglichen würde.

Mitten im Binnenland gelegen, wäre schon zum Ausgang des Mittelalters kein Teil Deutschlands so innig mit dem Gang des Welthandels und der Seefahrt verknüpft gewesen wie Bayern. Die bayerischen Städte Regensburg, Nürnberg, Augsburg, München, Landshut seien Stapelplätze gewesen, in denen die nordischen Waren der Hanse und die seit den Kreuzzügen von den damaligen oberitalienischen Städten eingeführten Erzeugnisse der Levante und des Orients verhandelt wurden. Hier hätten sich die wichtigsten Verkehrsstraßen der damaligen Handelswelt gekreuzt, und in Nürnberg seien Reichtümer aufgehäuft worden, wie sie die Welt bis dahin nicht gekannt hatte.[11]

Mit der Entdeckung Amerikas und des Seeweges nach Indien sei dann eine neue Zeit heraufgezogen.

An der Entwicklung von Industrie und Technik sei dann aber Bayern maßgeblich beteiligt gewesen. Dr. Kuhlo wies darauf hin, daß die erste aller deutschen Eisenbahnlinien schon 1835 zwischen Nürnberg und Fürth eröffnet worden sei, 1882 von Marcel Deprez die erste elektrische Kraftübertragung auf große Entfernungen durchgeführt, wenig später die Kältetechnik und der Dieselmotor erfunden und industriell ausgewertet wurden. Dampfmaschinen und eine Fülle technischer Artikel wie Kessel, Armaturen, Fahrräder, Elektromotore, Eisenkonstruktionen aus Nürnberg, Augsburg und München sowie landwirtschaftliche Maschinen seien ebenso zu gefragten Ausfuhrgütern geworden wie Brauerei- und Mälzereimaschinen, Lokomotiven sowie optische und astronomische Präzisionsinstrumente aus München und Nürnberg, Stahlkugeln und Kugellager aus Schweinfurt, Porzellanartikel aus Selb und Mittenwald, Textilien aus Augsburg, Korbwaren aus Lichtenfels, Nürnberger Spielwaren und bayerisches Bier. Die Bayern seien also in besonderem Maße an der Entwicklung einer leistungsfähigen Handelsflotte interessiert.

Dr. Kuhlo hob hervor: *»Die Bestrebungen des Deutschen Schulschiff-Vereins, dem Nachwuchs der deutschen Handelsmarine die Möglichkeit einer sorgfältigen Ausbildung zu schaffen, werden auch in allen denjenigen Kreisen Bayerns, denen an der wirtschaftlichen Ausdehnung Deutschlands gelegen ist, volles Verständnis sowie Unterstützung finden ...«*

Das positive Presse-Echo auch der Münchener Mitgliederversammlung war sozusagen »unbezahlbar«. Ähnlich ging es auch anderswo weiter. Die binnenländischen Mitgliederversammlungen erwiesen sich als eine grandiose Multiplikationsidee. Sie überwanden vorherige Bewußtseinsschranken zwischen Binnenland und Waterkant.

Das Erlebnis von Übersee-Reisen mußte mit viel schwerer Arbeit erkauft werden! Beim Eintritt in die Passatzone mußten die Schwerwettersegel abgeschlagen und verstaut werden (Bild). Dann wurden leichtere Passatsegel gesetzt.

Neue zusätzliche Aufgaben

Die Erziehungsarbeit und die Erfolge des Deutschen Schulschiff-Vereins fanden zunehmend auch internationale Beachtung. Gewichtig war das Urteil von Sir Geoffrey Drage, eines hochangesehenen Engländers, der selbst Leiter eines britischen Erziehungsschiffes (der stationär verankerten Hulk EXMOUTH) war. Er hatte sich mit großem Interesse über die deutsche Schulschiff-Ausbildung unterrichtet und erkannte mit Fairneß den Vorsprung Deutschlands an. Das war eine klare Aussage zugunsten der Ausbildung auf fahrenden, nicht Ladung tragenden und nichtstationären Schulschiffen.

Dazu hatte sich bald auch Lüder Arenholt – ursprünglich ja Verfechter der britischen Hulk-Ausbildungsmethode – bekannt. Der Erlebniswert der Auslandsreisen für Weltbild-Erweiterung und Charakterformung des seemännischen Nachwuchses war bedeutend. Arenholt war vom Saulus zum Paulus geworden.

Infolge der rapide weiterwachsenden deutschen Handelsflotte herrschte trotz der Bemühungen des DSV um solide ausgebildeten Nachwuchs aber bald drückender Besatzungsmangel. Man war gezwungen, die Lücken in immer größerer Zahl mit seemännischen Gelegenheitsarbeitern zu füllen, die nie im eigentlichen Sinne zum Seemann ausgebildet wurden.

Um die Sicherheit ihrer Schiffe nicht zu gefährden, drängten die Dampfer-Reedereien den Deutschen Schulschiff-Verein, hier einzugreifen und auch die Ausbildung zukünftiger Decksmannschaften ihrer Flotten in die Hand zu nehmen.

Dieser Appell fand offene Ohren. Und so befaßte sich das Geschäftsführende Kuratorium schon 1906 intensiv mit der Frage, wie Abhilfe geschaffen werden könnte. Professor Dr. Schilling, als Seefahrtschuldirektor hautnah mit solchen Nöten der »ins Kraut geschossenen« Dampferflotte vertraut, gab entscheidende Denkanstöße für ein »zweites Bein« der DSV-Ausbildung: »Wir müssen uns daher die Aufgabe setzen, auch Mannschaften auszubilden, die dem Decksdienst auf Dampfern treu bleiben. Unsere Absicht geht dahin, Zöglingen ... eine siebenmonatige Ausbildung zu geben ... für die Tätigkeit als Decksmannschaft an Bord von Dampfern. Unsere Dampfer-Reedereien haben sich bereit erklärt, diese jungen Leute schon nach siebenmonatiger Ausbildung in der Stellung als Leichtmatrosen mit einem monatlichen Gehalt von 25 bis 35 (Gold-)Mark einzustellen. Wir beabsichtigen, die Zöglinge aus Kreisen anzuwerben, von denen wir annehmen können, daß sie keinen weiteren Ehrgeiz haben als zum Decksdienst, der auf Dampfern mit dem (Unteroffiziers-)Titel Quartermeister (Steuerer) oder Bootsmann endet.«

Je intensiver man sich beim Geschäftsführenden Ausschuß mit der Frage befaßte, wie ein solches Vorhaben zu realisieren sei, desto klarer zeichnete sich die Notwendigkeit ab, ein zweites Segelschulschiff in Auftrag zu geben. Dieser Neubau sollte alle bislang mit der »LISBETH« gemachten Erfahrungen berücksichtigen – die Raumaufteilung sollte verbessert und die Tonnage vergrößert werden. Dieses Schiff sollte künftig mit alljährlichen Ostsee-Nordsee-Sommerreisen und winterlichen Westindien-Reisen die seemännische Vollausbildung und die Kadettenausbildung im gewohnten Sinne fortsetzen, damit die kleinere ältere GROSSHERZOGIN ELISABETH sich der neuen Aufgabe einer künftigen siebenmonatigen Ausbildung von Dampferpersonal widmen könnte.

1908 lag das Konzept fertig erarbeitet vor. Der DSV-Vorstand beschloß und die Mitgliederversammlung genehmigte den Bau eines zweiten Segelschulschiffs, in das im wesentlichen wieder die Konstruktionselemente der GROSSHERZOGIN ELISABETH einfließen sollten und damit die Claussen-Linienführung. Aber bei Joh. C. Tecklenborg in Geestemünde war infolge eines Serienauftrags auf absehbare Zeit keine Helling frei. So vergab der Deutsche Schulschiff-Verein den Neubauauftrag in Lizenz an die renommierte, im Segelschiffbau ebenfalls hochqualifizierte Hamburger Werft Blohm & Voss.

Am 12. Oktober 1909 lief das neue DSV-Vollschiff in Hamburg vom Stapel, getauft auf den Namen PRINZESS EITEL FRIEDRICH. Es wurde am 6. April 1910 in Dienst gestellt und trat unter Kapitän Dressler die zum »Ritual« gewordene Sommerreise an, bei der sich die beiden DSV-Vollschiffe zunächst in Travemünde trafen. Die PRINZESS segelte dann durch den Großen Belt, Kattegat und Skagerrak nach Kristiansand und von dort nach Antwerpen weiter.

Die erste Winterreise nach Westindien wurde mit einer zurückgelegten Distanz von 11 377 Seemeilen, 104 See- und 77 Hafentagen, zugleich die längste von allen vier Westindien-Reisen, die der Neubau bis Kriegsausbruch 1914 absolvierte.

Vollschiff Prinzess Eitel Friedrich vor Anker auf der Reede von Travemünde während der Besichtigung durch den Großherzog von Oldenburg. Die Toppsgasten waren zum Segelexerzieren auf Station.

Die Prinzess Eitel Friedrich betrieb die seemännische Vollausbildung gewohnter Art einschließlich der Offiziersanwärter-Ausbildung von jeweils 60 Kadetten weiter. Die »Lisbeth« hingegen unternahm nun jedes Jahr nur noch eine siebenmonatige Ausbildungsfahrt für künftiges Dampfer-Deckspersonal durch Ostsee und bisweilen auch Nordsee. In vielen stillen Buchten bildete sie ihre Zöglinge in allen Fertigkeiten aus, die ihnen im Dampfer-Alltag unter den gegebenen Fahrplanzwängen niemand würde beibringen können: Segeln, Rudern, Wriggen, Loggen, Loten, Spleißen, Knoten, Aus- und Einsetzen von Booten, Ausbringen des Fallreeps, Labsalben (Konservieren) der Takelage, Holzdeckpflege und so weiter.

Die Ausbildung von Dampfer-Decksleuten auf einem Segelschulschiff ohne Eigenantrieb erschien auf den ersten Blick absurd, aber sie erfüllte sehr wohl ihren Zweck, zumal zum Einüben des Steuerns nach Kompaß (statt nach Wind und Segelstellung) ein kleiner Dampfer hinzugechartert wurde.

Die Dampfer-Reedereien rissen sich bald um Deckspersonal, dem auf der Grossherzogin Elisabeth die »Seebeine« gewachsen waren. Die Nachfrage nach Ausbildungsplätzen schwoll rasant immer weiter an, so daß schon bei der DSV-Mitgliederversammlung 1912 in Mannheim der Bau eines dritten Segelschulschiffs beschlossen wurde. Da die »Lisbeth« wegen ihrer beschränkten Möglichkeiten allwinterlich aufgelegt werden mußte, faßte man in Mannheim den recht kühnen Entschluß zum Bau des ersten deutschen Großseglers mit Hilfsmotor, obwohl die Dieseltechnik noch weit in den Kinderschuhen stak.

Man benötigte jedoch unbedingt ein Schulschiff, das auch ohne lange Reisen nach Westindien oder Südamerika ganzjährig einsetzbar war. Es mußte für die künftig nur ein halbes Jahr lang auszubildenden Zöglinge vor Winteranbruch mittels Maschinenkraft auf kürzestem Weg in klimatisch gemäßigte Gebiete wie ins Mittelmeer verlegen können, obwohl die Segelausbildung der frisch

Die einzige Bark im Quartett der »Weißen Schwäne« des DSV, die mit Hilfsmotor versehene GROSSHERZOG FRIEDRICH AUGUST, *im Abendlicht. Die im Bild sichtbaren Funkrahen beweisen, daß das Schiff schon 1914 mit Funktelegrafie ausgerüstet war.*

eingestellten Neulinge noch nicht weit genug fortgeschritten war, um das Schiff unter Segeln ans Ziel zu bringen. Vorteilhaft war, daß bei solchen Verlegungsreisen gleich das Steuern nach Kompaß eingeübt werden konnte, wie man es nachher auf Dampfern beherrschen mußte.

Aus Zweckmäßigkeitsgründen entschied man sich diesmal für den Bau einer Bark – eines Seglers also, der im Gegensatz zu den Vollschiffen GROSSHERZOGIN ELISABETH und PRINZESS EITEL FRIEDRICH am dritten Mast keine Rahen, sondern nur Schratsegel führte (Schonertakelung). Es wurde also ein Schiff bestellt, das takelungsmäßig den heutigen Barken wie z.B. der GORCH FOCK ähnelte.

Eine Dampfmaschine hätte mit ihrer dazu notwendigen Kesselanlage allzuviel Platz erfordert. Deshalb lag die Ausrüstung mit einem »Petroleummotor« (»Ölmotor«) nahe. Es handelte sich um die Frühformen des Dieselantriebs.

Die Werft Joh. C. Tecklenborg hatte mit der Firma Cavels Frères in Antwerpen einen Lizenz-Vertrag über Bau und Vertrieb solcher Motore abgeschlossen und hatte mit dem Frachter ROLANDSECK (II) für die Deutsche Dampfschiffahrts-Gesellschaft »Hansa« gerade das erste Motorschiff dieser Bremer Reederei gebaut. (Es war zusammen mit der MONTE PENDEDO der »Hamburg-Süd« eins der beiden ersten Motorschiffe Deutschlands überhaupt. D. Verf.)

Die ROLANDSECK war gerade erst zwei Monate vor dem Mannheimer Beschluß zum Bau eines Motorseglers vom Stapel gelaufen. Obgleich also noch keine praktischen Erfahrungen mit dem Motor vorlagen, erhielt Joh. C. Tecklenborg den DSV-Bauauftrag. Die »Geestemünder« hatten seit der genialen Konstruktion der GROSSHERZOGIN ELISABETH beim DSV sowieso »einen Stein im Brett«. Linienriß und Segelleistung dieses DSV-Erstlings »LISBETH« waren nach wie vor derart überzeugend, daß diese Schiffbaustätte mit Sicherheit auch eine vorzügliche Bark konzipieren würde. Man ging also mit ungetrübtem Optimismus an den Bau des ersten deutschen Rahseglers mit Hilfsmotor heran.

Am 14. Januar 1914, einem vom Wetter begünstigten Wintertag, war es soweit, daß die neue Bark zu Ehren des DSV-Initiators und -Protektors auf den Namen GROSSHERZOG FRIEDRICH AUGUST getauft werden konnte und glatt vom Stapel lief. In seiner Taufrede hob Bremens Bürgermeister Dr. Stadtländer anerkennend hervor, daß der Deutsche Schulschiff-Verein in den 13 Jahren seiner Tätigkeit der Handelsschiffahrt bereits 1735 »berufsfreudige junge Seeleute« zugeführt habe und daß auch der DSV-Mitgliederbestand mit 1121 Mitgliedern »die Tausend« längst überschritten habe.

Zwar hatten die Motorenbauer des Systems Tecklenborg-Carels aus zahlreichen Mißhelligkeiten und Pannen

Darauf war die dortige Bevölkerung stolz: Im Mai 1914 bot sich der Anblick von drei Rahseglern gleichzeitig im Heimathafen Elsfleth. Solche Fotos popularisierten das Trio in ganz Deutschland.

auf der Rolandseck ihre Lehren gezogen und konstruktive Verbesserungen vorgenommen. Die Motorenanlage der neuen DSV-Bark war dennoch nicht frei von anfänglichen Störungen.

Bei der ersten Probefahrt am 20. April 1914 versagten die Anlaßventile. Die Fehler wurden jedoch rasch herausgefunden, so daß das Schiff am 30. April an den Auftraggeber ausgeliefert werden konnte.

Natürlich sollte der Neubau ein guter Segler sein, aber das geriet zu einer Quadratur des Kreises, denn die Schiffsschraube ließ sich nicht entfernen, wenn gesegelt werden sollte – und die heute üblichen Verstellpropeller waren noch nicht erfunden.

Man konnte die Propellerblätter also nicht auf Segelstellung (Steigung Null) schalten. Deshalb hatte man eine Kupplung einbauen müssen, die das Lösen der Schraubenwelle von der Antriebswelle ermöglichte. Der Schiffspropeller drehte dann beim Segeln leer mit, was jedoch einen gewissen Bremseffekt verursachte. Die Geschwindigkeit, die das Schiff von der Formgebung her hätte erreichen können, blieb merklich hinter den Erwartungen zurück. Auch bei Windstärke 5 nach der Beaufort-Skala, der bestgeeigneten Brise zum Vollzeug-Segeln, ließ sich keine höhere Fahrt als 7,5 Knoten erreichen. Aber der DSV war vorsichtig genug gewesen, das Schiff in weiser Voraussicht so bauen zu lassen, daß statt der vierflügeligen Schraube auch eine weniger fahrthemmende zweiflügelige eingebaut werden konnte – was man dann unverzüglich tat. Aber mehr als acht Knoten ließen sich auch dadurch nicht herausholen.

Mit dieser Einschränkung mußte man leben. Über viele Positiva dieser fortschrittlichsten deutschen Bark ihrer Zeit gab es allemal Grund, sich zu freuen. Sie war besonders ansprechend ausgestattet und sie war unter den drei DSV-Schulschiffen die größte. Die Abmessungen machen es augenfällig:

Grossherzogin Elisabeth
1280 BRT, Länge 72,9 m, Breite 12,0 m
Prinzess Eitel Friedrich
1566 BRT, Länge 72,9 m, Breite 12,5 m
Grossherzog Friedrich August
1701 BRT, Länge 76,5 m, Breite 12,6 m

Im Mai 1914 erschien das neue Schiff in seinem Heimathafen Elsfleth. Bevor wenig später das nunmehrige DSV-Trio zur traditionellen Sommerreise in die Ost- und Nordsee auslief, bot sich erstmals der gleichzeitige Anblick von drei weißen Rahseglern in diesem Hafen. Die Elsflether waren nicht wenig stolz auf ihre Schiffe, zumal das schöne Fotomotiv binnen kurzem die Runde durch Deutschlands Zeitungen und Zeitschriften machte.

Nun konnte man aus dem vollen schöpfen: Der DSV verfügte fortan über zwei Schulschiffe ausschließlich für die Ausbildung von Dampfer-Decksmannschaften und hatte für 1914 gleich 412 Zöglinge dieser Fachrichtung eingestellt. Zählte man außerdem die zur Ausbildung vorheriger Art angenommenen Kadetten und Schiffsjungen der PRINZESS EITEL FRIEDRICH hinzu, dann konnten in diesem einen Jahr 1914 insgesamt 660 künftige Seeleute ausgebildet werden.

Am 1. Juli 1914 ankerten alle drei DSV-Schiffe gemeinsam auf der Reede von Travemünde. Der mit seiner Dampfjacht LEHNSAN herbeigekommene Namensgeber und DSV-Protektor Großherzog Friedrich August besichtigte »sein« neues Schiff. Nach dieser Inspektion unternahmen alle drei Windjammer mit eingeschifften Ehrengästen kreuzend eine mehrstündige Fahrt durch die Lübecker Bucht. Zum Abschluß evolutionierten sie vor Wilhelm II., der mit der Kaiserlichen Jacht HOHENZOLLERN herbeigekommen war. Für die Badegäste von Travemünde war das ein unvergeßlicher Augenblick, die drei »Weißen Schwäne« unter Vollzeug betrachten und fotografieren zu können.

Am 1. August 1914 brach der Krieg aus, der sich bald zum Ersten Weltkrieg ausweiten sollte. Der Bark GROSSHERZOG FRIEDRICH AUGUST war also nur ein einziger, leider allzu kurzer Friedenssommer unter deutscher Flagge auf See vergönnt. Im damals noch deutschen Hafen Apenrade erhielt Kapitän Dressler am Tag des Kriegsausbruchs Order, unverzüglich auszulaufen und in Motorfahrt die Kieler Förde anzusteuern. Damit war die Ausbildungsfahrt jäh beendet. Aus Sicherheitsgründen, im Hinblick auf denkbare Bedrohung durch Unterseeboote und Minen, durfte vorerst nicht weitergesegelt werden.

Die GROSSHERZOGIN ELISABETH wurde auf der Reede von Zoppot vom Kriegsausbruch überrascht und erhielt die Weisung, sofort nach Swinemünde zu verlegen. Dort befand sich bereits die PRINZESS EITEL FRIEDRICH, die über Edingburgh, Malmö und Kalmar gemäß Reiseplan kurz zuvor dorthin gesegelt war.

Die beiden DSV-Schiffsbesatzungen konnten sogleich zwei als erste von einem Ostfront-Einsatz zurückgekehrten Kreuzern der Kaiserlichen Marine bei eiligen Neu-Übernahmen von Proviant und Munition zur Hand gehen.

Sämtliche Offiziere der PRINZESS EITEL FRIEDRICH meldeten sich als ausgebildete Reserveoffiziere sofort freiwillig zur Kaiserlichen Marine – wie übrigens nach und nach 14 weitere Offiziere und 200 weitgehend oder fertig ausgebildete Zöglinge des Deutschen Schulschiff-Vereins.

Die dadurch eingetretene kritische Personallage zwang dazu, die GROSSHERZOGIN ELISABETH als das älteste DSV-Schiff für Kriegsdauer in Stettin aufzulegen, von nur zwei Bootsleuten bewacht und betreut.

Ende August 1914 wurde auf Anordnung der Admiralität die antriebslose PRINZESS EITEL FRIEDRICH aus Sicherheitsgründen im Anhang eines Marineschleppers von Swinemünde nach Kiel verholt. In der Heikendorfer Bucht ging sie unweit der bereits dort liegenden GROSSHERZOG FRIEDRICH AUGUST vor Anker.

Mit »gestutzten Flügeln«

Ungeachtet des Krieges wurden im Herbst 1914 auf der PRINZESS EITEL FRIEDRICH 45 neue Zöglinge eingestellt, so daß sich über 190 Mann an Bord befanden. Auf 160 Mann Besatzung brachte es auch die GROSSHERZOG FRIEDRICH AUGUST, nachdem mit der DSV-Herbsteinstellung 1914 dort ebenfalls 73 »Neue« angemustert hatten.

Es war für alle eine herbe Enttäuschung, daß angesichts der denkbaren U-Boot-Gefahr und der auf jeden Fall vorhandenen Minenbedrohung das Segeln auf der Ostsee unterbunden wurde. Die beiden Schulschiffe waren zur Stationsausbildung vor Anker verdammt. Als 1914 die Herbststürme einsetzten, verlegte man die beiden Schulschiffe mit Schlepperhilfe aus der gegen Westwinde ungeschützten Heikendorfer Bucht in die windgeschütztere Strander Bucht.

Trotz aller Beschränkungen lief die Ausbildung mit Elan weiter. Auch vor Anker ließen sich sämtliche Segelmanöver durchexerzieren, konnte der Bootsdienst sogar recht wirksam aufgezogen und der Unterricht in allen praktischen und theoretischen Bereichen voll durchgeführt werden. Damit das auf der GROSSHERZOG FRIEDRICH AUGUST in Ausbildung befindliche künftige Dampfer-Deckspersonal Gelegenheit bekam, das Steuern nach Kompaß zu lernen, durften immer wieder kleinere Gruppen von Zöglingen auf Scheibenschleppern, Tonnenlegern und Tendern der Marine eingeschifft werden.

Bald hatten die Marine und das Reichsverkehrsministerium durchgesetzt, daß alle weiterhin über See, z.B. in der wichtigen Erzfahrt von Nordschweden (vom Bottnischen Meerbusen) nach Deutschland, verkehrenden Frachtdampfer mit Funktelegrafie ausgerüstet werden mußten. Im Falle einer Torpedierung sollten sie Hilfe herbeifunken oder in anderen Fällen wichtige Nachrichten übermitteln und empfangen können. Woher aber so viele Funker nehmen?

Um schnellstens Abhilfe zu schaffen, stellte man auf der Bark GROSSHERZOG FRIEDRICH AUGUST, die schon seit der Indienststellung eine Funkstation besaß, für die Ausbildung von 20 Funkschülern eigens einen Telegrafielehrer ein.

Mit Unterstützung der Deutschen Betriebsgesellschaft für drahtlose Telegrafie (DEBEG) und der Hamburger Siemens-Schuckert-Werke wurde auch auf dem Vollschiff PRINZESS EITEL FRIEDRICH eine Funkstation eingebaut, so daß auch auf diesem Schiff Halbjahreslehrgänge für jeweils 20 Funker durchgeführt werden konnten.

Niemand hatte im August 1914 mit einer langen Kriegsdauer gerechnet. Als sie dann doch bittere Realität wurde, zumal nach dem Kriegseintritt der USA im Jahre 1917, dachte man über den Tag hinaus. Man befaßte sich mit den zu erwartenden Personalproblemen der Handelsschiffahrt nach dem Krieg. An einen Gewaltfrieden mit erzwungener Ablieferung der gesamten Substanz der deutschen Handelsflotte dachte allerdings niemand.

Immerhin hatte sich im Sommer 1917 durch den Kriegsverlauf (infolge der revolutionsbedingten Schwächung Rußlands und den Friedensschluß von Brest-Litowsk) die Situation in der Ostsee derart entspannt, daß mit Zustimmung der Seeversicherer, der Marine und des Reichsinnenministeriums die beiden DSV-Segelschulschiffe aus ihrer fast dreijährigen Gefangenschaft in den Buchten der Kieler Förde erlöst werden konnten. Sie durften endlich wieder Segelfahrten unternehmen, zunächst nur zur Ostküste von Schleswig-Holstein, bald aber auch durch weitere Seegebiete der westlichen Ostsee.

Das Vollschiff PRINZESS EITEL FRIEDRICH ging mit der nie zuvor und nie danach erreichten Besatzungszahl von 256 Mann in See. Darunter waren 30 Kadetten, 40 Leichtmatrosen, 21 alte und 112 noch völlig unbefahrene neue Schiffsjungen, außerdem die Stammbesatzung. Für viele

»Pönen« oder Malen der Decksaufbauten unter Aufsicht des Bootsmannes. Das im Bild sichtbare Maschinenraum-Skylight beweist, daß es sich bei diesem Rahsegler um die GROSSHERZOG FRIEDRICH AUGUST handelt.

Betrachter wurden die beiden wieder segelnden Windjammer zu einem Stück Friedenshoffnung.

Gerhard Eckardt nannte ein erstaunliches Zahlenbeispiel: *»Allein die Prinzess Eitel Friedrich legte an 70 Fahrtagen auf der Ostsee und bei 658 Stunden unter Segeln 2558 Seemeilen zurück, eine bemerkenswerte Leistung in einem begrenzten Seeraum.«*

Von den 1918 in Deutschland aufkeimenden Unruhen merkte man an Bord der Schulschiffe nicht viel. Hier gab es in disziplinarer Hinsicht noch eine heile Welt. Man setzte den Ausbildungsdienst in gewohnter Weise fort. Nachdem im September 1918 die Segler vorsichtshalber von Kiel nach Bremerhaven verlegt worden waren, mußte am 21. November 1918 dann doch der größte Teil der Zöglinge in seine Heimatorte beurlaubt werden.

Erst Anfang Januar 1919 war es möglich, sie zurückzuberufen. Da sich die Zukunft der deutschen Handelsflotte aber mittlerweile als allzu unsicher darstellte, baten viele der Zöglinge beim DSV um die Entlassung aus dem Ausbildungsvertrag.

Anfang April 1919 verlegten beide Segelschulschiffe in ihren Heimathafen Elsfleth. Und es wurden tatsächlich neue Offiziersanwärter eingestellt! Man musterte sie konsequenterweise auf der dank Eigenantrieb leichter beweglichen Grossherzog Friedrich August an. Es gehörte ein kaum noch nachvollziehbarer Mut dazu, vielleicht sogar eine Art Trotzreaktion, das Schiff im August 1919 wieder nach Kiel zu bringen und von dort aus tatsächlich wieder Übungsfahrten in See zu unternehmen.

Aber die immer noch turbulenten Verhältnisse in Kiel erzwangen bald doch die Rückbeorderung zur Weser. Am 29. September lief die Bark wieder in Elsfleth ein. Und nun wurde die ganze Misere offenkundig: Die Prinzess Eitel Friedrich hatte in Bremen außer Dienst gestellt und aufgelegt werden müssen. Die Ausbildung weiterer Dampfer-Decksmannschaften war aus finanziellen Gründen nicht mehr möglich. Die Gesamtsituation der deutschen Handelsschiffahrt war katastrophal geworden.

Der am 28. Juni 1919 unterzeichnete Versailler Vertrag erzwang die Auslieferung aller deutschen Seeschiffe über 1600 BRT Größe und der Hälfte aller Schiffe zwischen 1000 BRT und 1600 BRT an die Siegermächte. Es gab schlagartig keine deutsche Überseehandelsflotte mehr. Bald senkte sich lähmende Stille über die vor dem Krieg so vital gewesenen, nunmehr leeren Hafenbecken der deutschen Küstenstädte.

Anfangs hatte die berechtigte Hoffnung bestanden, daß wenigstens alle Schulschiffe, die nach gesetzlicher Auffassung nicht als Handelsschiffe im eigentlichen Sinne anzusehen seien, dem DSV erhalten bleiben könnten. Aber die Londoner Verhandlungen von 1919/20 machten diese Hoffnung zunichte.

Was gnädigerweise noch in deutschem Besitz verbleiben durfte, das waren die damals ohnehin recht kleinen Fischdampfer. So ergab sich Anfang Mai 1919 die Chance, auf Wunsch der Kriegsseefischereigesellschaft 40 junge Männer auf Kosten dieser Gesellschaft auf der Grossherzog Friedrich August seemännisch zu künftigen »Fischdampfermatrosen« auszubilden. In den letzten Wochen der Ausbildungszeit wurden diese dann in kleinen Gruppen auf dem mit Fanggeschirr ausgerüsteten Fischereiforschungsdampfer Poseidon in ihr eigentliches Handwerk eingewiesen.

Im Juni 1920 setzte sich die Grossherzog Friedrich August von Elsfleth aus für eine besondere »Mission« abermals zur Ostsee in Marsch: Sie ankerte schließlich vor Swinemünde und landete ein Überführungskommando von 20 Mann an, um die in Stettin seit Kriegsbeginn vor sich hindämmernde Grossherzogin Elisabeth für die Schleppüberführung klar zu machen. Ein Dampfschlepper brachte das Schiff oderabwärts und zur Swinemünder Reede hinaus. Dort nahm die motorisierte Grossherzog Friedrich August ihr Halbschwesterschiff auf den Haken. Nach recht langwieriger Fahrt kamen beide Schiffe heil im Heimathafen Elsfleth an.

Mitte August 1920 wurde endgültig klar, daß die beiden Rahsegler Prinzess Eitel Friedrich und Grossherzog Friedrich August als Reparationsgut galten. Da es sich um Privatbesitz handelte, mußte den Reedern dafür jedoch aus staatlichen Mitteln eine Entschädigung gezahlt werden, so schrieb es die Haager Landkriegsordnung vor.

Am 31. Juli 1920 traten die Prinzess Eitel Friedrich und am 10. August die Grossherzog Friedrich August ihre letzte Fahrt unter deutscher Flagge zum Firth of Forth an, um dort dem britischen Shipping Controller der Entente übergeben zu werden.

In Elsfleth hatte sich kurz zuvor noch einmal derselbe Anblick geboten wie im Frühjahr 1914: Alle drei DSV-Windjammer waren in ihrem Heimathafen vereint. Aber diesmal empfand niemand Freude an diesem schönen Bild. Jeder wußte, welch schmerzlicher Abschied für immer bevorstand.

Lediglich die Grossherzogin Elisabeth, die mit ihrer geringeren Tonnage von nur 1260 BRT unter der Versailler Ablieferungsgrenze von 1600 BRT lag, verblieb im Besitz des Deutschen Schulschiff-Vereins – ausgerechnet das kleinste und obendrein älteste Schiff. Man sah sich wieder auf das Jahr 1901 zurückgeworfen.

Vom Aschenputtel zur Primadonna

Nach eingehenden Untersuchungen wieder mit der höchsten Sicherheitsklasse des Germanischen Lloyd ausgestattet, erwies sich die Grossherzogin Elisabeth als noch über Jahre hinaus für Ausbildungszwecke einsetzbar. Notwendige Instandsetzungsarbeiten und Erneuerungen ließen sich von den Zöglingen im Zuge der Ausbildung erledigen und waren dadurch noch finanzierbar.

Aber der DSV stand vor der Entscheidung, mit Rücksicht auf den Verlust eines so großen Teils der Handelsflotte und dem eingetretenen Überfluß an (stellungslos gewordenen) Schiffsoffizieren und Seeleuten die Ausbildung neuer Zöglinge zu verringern oder sogar ganz einzustellen. Es war jedoch zu bedenken, daß junge, neu in den Seemannsberuf Eintretende bis zur Einstellung als Schiffsoffiziere frühestens in 5–6 Jahren fertig ausgebildet sind. Erst dann würden sie in Stellungen einrücken können, für die erheblich ältere Schiffsoffiziere der Vorkriegszeit weder zu begeistern noch geeignet wären.

Man entschied sich im DSV fürs Durchhalten und für die Fortsetzung der Ausbildungsangebote.

Doch es tauchte ein Gegner auf, dessen Würgegriff von Jahr zu Jahr schlimmer wurde und sogar tödlich zu werden drohte: Das Gespenst der erst schleichenden, bald jedoch galoppierenden Geldentwertung lief um. Finanzielle Sorgen drückten bald jeden.[12] Die Kapitaldecke des DSV schmolz dahin. Die Kosten für Verpflegung, Heuern, Reparaturen, Instandhaltung, Versicherungen stiegen ins unermeßliche, während die Spendenbereitschaft von Mitgliedsfirmen von zuletzt einer halben Million Mark im Jahr praktisch auf Null herabgesunken war. Nachdem der DSV schließlich 2500 Mitglieder gezählt hatte, schrumpfte deren Zahl nun aufgrund der überall eingetretenen sozialen Not rapide. Nur wenige sahen noch ein, wozu nach der Schur durch den Versailler Vertrag überhaupt noch seemännischer Nachwuchs ausgebildet werden sollte.

Aber man blieb am Ball. Weinerlicher Pessimismus war dem Denken der Deutschen damals noch fremd. Eher verhielt man sich im Sinne des Luther-Wortes »Und wenn ich wüßte, daß morgen die Welt untergeht – so will ich dennoch heute hingehen und ein Apfelbäumchen pflanzen«.

Im Sommer 1921 segelte die Elisabeth wieder über die Ostsee. Was dann freilich folgte, wirkte geradezu ansteckend im Sinne von Unverdrossenheit und Zukunftshoffnung: Im Herbst 1921 ging das Vollschiff erstmals wieder auf Große Fahrt, auf eine Winterreise nach Westindien. Aus Kostengründen war die Zahl der Anlaufhäfen verringert worden, aber für Stammbesatzung und Zöglinge war die Unternehmung von höchstem Erlebniswert. Die Nachkriegsmisere sozusagen im Kielwasser achteraus zurücklassend, stattete man während der 120tägigen 12 000-Meilen-Reise immerhin Las Palmas, Puerto Cabello und Havanna Besuche ab. Es sprangen 37 Hafentage dabei heraus.

Bei der nächstfolgenden Westindienreise des Winters 1922/1923 waren gemäß »Hafensparprogramm« Madeira, St. Domingo, abermals Puerto Cabello und schließlich Veracruz/Mexiko die Anlaufplätze. Dann aber führte die Winterreise 1923/1924 erstmals wieder nach Südamerika, wobei Teneriffa, Rio de Janeiro, Montevideo, Buenos Aires, Mar del Plata und Pernambuco angelaufen wurden.

Währenddessen ging es in der Heimat drunter und drüber. Der Reederei-Abfindungsvertrag von 1921 hatte zwar den Neuaufbau der deutschen Handelsflotte eingeleitet. Es kam 1921/1922 sogar zu einer regelrechten Schiffbau-Hochkonjunktur. Der Deutsche Schulschiff-Verein lag also richtig mit seinem Festhalten an der Nachwuchsausbildung. Bald war die Nachfrage nach Seeleuten und Nautikern wieder unerwartet hoch.

Sogar neue Reedereien wurden gegründet, unsinnigerweise auch neue Werften, obwohl die Überkapazität an bereits vorhandenen Schiffbaustätten längst erwiesen war. Der Boom war nur eine Scheinblüte, der Abschwung und die erste handfeste Krise ließen nicht lange auf sich warten.

Während das Vollschiff Grossherzogin Elisabeth abermals äquatorwärts segelte, uferte in Deutschland die Inflation bis zum Exzeß aus.

Ein tragfähiger Kompromiß

»Sorgen für die Gegenwart, schwerste Sorgen für die Zukunft waren somit die Begleiter des Deutschen Schulschiff-Vereins. Aber erst mit dem vollen Beginn der Inflation nahmen sie Formen an, die das Bestehen des DSV in Frage stellten«, schrieb der Chronist Georg Büchmann. Längst hatte die Geldentwertung die gezahlten Entschädigungssummen für die beiden gemäß Versailler Vertrag abgelieferten Segelschulschiffe aufgezehrt. Ein bereits beschlossener, dringend benötigter Neubau war damit auf absehbare Zeit illusorisch geworden. Da jedoch rege Nachfrage nach Ausbildungsplätzen bestand, traten üble Geschäftemacher auf den Plan. Es entstand ein »wildes Schulschiffwesen«, das Skandale heraufbeschwor und leider sogar Todesopfer forderte. Es wurden Machenschaften ruchbar, die den Tatbestand der Wirtschaftskriminalität erfüllten (im einzelnen nachzulesen u.a. im Standardwerk »Hamburger Segelschiffe 1795–1945« des Seefahrthistorikers Dr. Jürgen Meyer).

Die katastrophalen Ereignisse auf Schiffen wie WEHRWOLF, BARMEN, BOHUS und STERNA lösten in Fachzeitschriften und Tageszeitungen der Waterkant einen Sturm der Entrüstung[13] aus. Nautische Fachkreise verlangten, endlich gesetzliche Vorschriften darüber zu erlassen, welche Mindestforderungen an eine ordnungsgemäß durchzuführende Ausbildung auf Segelschulschiffen zu stellen seien.

Durch die Vergleiche mit den Negativbeispielen des wilden Schulschiffwesens hatte die qualifizierte, altbewährte Ausbildung beim Deutschen Schulschiff-Verein als Kontrastprogramm immer mehr an Wert gewonnen. Der DSV wurde mit Bewerbungen geradezu überschüttet. Es wurde eindringlich klar, daß neben der GROSSHERZOGIN ELISABETH endlich ein zweites Segelschulschiff, ein Neubau, verfügbar sein müsse. Das war zunächst leichter gesagt als getan, denn der besagte Inflationsverlust hatte, wie erwähnt, alle einst vorhanden gewesenen DSV-Geldreserven samt Rücklagen aufgezehrt. Man mußte noch kurztreten. Aber man fand vorerst eine Übergangslösung, einen tragfähigen Kompromiß:

Nach einem Jahr Ausbildungszeit auf der GROSSHERZOGIN ELISABETH konnte fortan ein Teil der Zöglinge als Leichtmatrose zur weiteren Ausbildung auf die frachttragenden Segelschulschiffe HAMBURG und OLDENBURG versetzt werden.

Der Hamburger Reedereikaufmann Hans Hinrich Schmidt hatte sich ab 1897 als Reeder von Segelschiffen und Dampfern etabliert. Schmidt hatte den Mut, bald nach dem Versailler Vertrag und dem »Ausverkauf« der deutschen Handelsflotte wieder mit Rahseglern auf Große Fahrt zu gehen. Er kaufte 1922 aus Frankreich zwei Vollschiffe und zwei Barken an. Das stählerne Vollschiff MARECHAL DE CASTRIES brachte er zunächst als HENRIETTE (2) in Fahrt. Der »Fullrigger« wurde 1924 auf den Namen HAMBURG umgetauft und von Kapitän Julius Hans Volquardsen übernommen. Das zweite Vollschiff OLDENBURG ex LAENNEC wurde zunächst Kapitän Dietrich Ballehr anvertraut, der vorher die frachttragende Viermastbark HERZOGIN CECILIE als Schulschiff des Norddeutschen Lloyd geführt hatte.

Mit zwölf DSV-Leichtmatrosen zur weiteren Ausbildung an Bord ging die HAMBURG in die Weizenfahrt Australien–Europa. Auf seiner zweiten Austral-Reise segelte das Vollschiff in 136 Tagen von Hudiksvall/Schweden nach Hobart/Tasmanien. Nach Löschen der Ausreiseladung versegelte das Schiff im Ballast nach Melbourne und übernahm dort 33 763 Sack Weizen mit dem Bestimmungshafen »Falmouth for order«. (Erst in diesem englischen Hafen würde das Schiff seinen Löschhafen erfahren.)

Am 18. April 1925 lief die HAMBURG zur Heimreise nach Europa aus, aber schon fünf Tage später widerfuhr ihr bei schwerem Südoststurm in Stärken 9–10, östlich von Tasmanien, in ungewöhnlich hoher Dünung, die tückischste Havarie, die einem Rahsegler überhaupt zustoßen kann: In Höhe der Wasserlinie brach bei einer besonders starken Böe mit lautem Krachen der Ruderschaft. Das Ruderblatt schlug nur noch lose hin und her.

Kapitän Volquardsen behielt die Nerven und brachte das Schiff zunächst allein mit Hilfe neuer Segelstellungen bei südlichem Kurs an den Wind. Erst am dritten Tag flaute der Sturm auf Südostwind mit Stärke 4–5 ab. Nun gelang es, das Ruderblatt mit der Bucht einer Stahltrosse festzulegen und mit dem Schiff zu halsen. Was danach folgte, ging als lehrreiches Musterbeispiel für erfolgreiche Selbsthilfe bei ungewöhnlichen Notlagen in die Lehrbücher für Seemannschaft ein. Volquardsens damalige Meisterleistung ist es wert, festgehalten zu werden. Die englischsprachige Presse berichtete nachher in höchsten Tönen des Lobes über die HAMBURG, ihren Kapitän und seine tüchtige Besatzung.

Auch das Vollschiff OLDENBURG machte durch erbrachte besondere Leistungen von sich reden. Das zuerst von Kapitän Ballehr geführte Schiff unternahm zunächst zwei glatt verlaufende Kap-Hoorn-Salpeterreisen und sollte dann auf einer dritten Reise unter Kapitän Otto Lehmberg »um die Hoorn« nach Callao in Peru segeln. Aber kurz vor dem Kap brach nach fünftägigem Sturm die Großmarsstenge. Darüber sagte Dr. Meyer aus: *»Die oberen Brassen wie das Royalstag rissen auch die Kreuzbramstenge mit sich. Da in Port Stanley auf den Falklandinseln keine technischen Mittel zur Behebung der Schäden vorhanden gewesen wären, setzte man Kurs auf Montevideo ab. Die rund 1500 Seemeilen bis La Plata wurden in sechzehn Tagen bewältigt. Hier kam die Weisung der Reederei, das Schiff mit Bordmitteln (!) wieder aufzuriggen und nach Hamburg zurückzukommen.*

Die Großobermarsrah wurde anstelle der gebrochenen Untermarsrah gesetzt, die Kreuzbramrah an Deck genommen und mit einem neuen Scheibgatt für das Bramsegel versehen, neue Stage und Pardunen gesetzt und alles für die Rückreise vorbereitet.

Am 9. Juli konnte die OLDENBURG, mit einem Seefähigkeitsattest versehen, die Heimreise antreten. Infolge der Wetterlage gelang es, die Linie (den Äquator) bereits nach 23 Tagen zu schneiden. Vor dem Kanal bekam das Schiff östliche Winde mit anhaltend hohem Barometerstand, was Kapitän Lehmberg auf ein Hoch über England schließen ließ und ihn zu dem Entschluß brachte, nördlich um Schottland zu gehen …

In der Nordsee wurde das Schiff nachher durch südlichen Sturm, der viel Wasser an Deck brachte, aufgehalten und weit nach Norden hin abgedrängt. Am 25. September 1925 war Feuerschiff ELBE 1 erreicht, wo ein Schlepper genommen wurde. So hatte die OLDENBURG die Rückreise trotz der reduzierten Takelage in 78 Tagen (!) geschafft.«

Die Qualität der Schiffsführer beider Vollschiffe, der HAMBURG[14] und der OLDENBURG, machte den jeweils eingeschifften DSV-Zöglingen im Status von Leichtmatrosen die Fahrenszeit auf diesen Schiffen zu einem ungewöhnlich wertvollen praktischen Unterricht. Nicht ohne Stolz verwiesen sie später immer wieder darauf, daß sie »dabei«gewesen seien.

Nach fünf weiteren Schulschiff-Reisen der in Hamburg wieder aufgetakelten OLDENBURG »um die Hoorn« zur Westküste von Südamerika und zurück – die drei letzten unter der Kontorflagge der »Seefahrt« Segelschiffs Reederei G.m.b.H. in Bremen, gegründet unter Mitbeteiligung des DSV und weiterhin mit DSV-Zöglingen besetzt – wurde das Schiff Ende der zwanziger Jahre nach Finnland verkauft, um fortan in Turku als schwimmende Seemannsschule SUOMEN JOUTSEN zu fungieren. (Das Schiff existiert auch heute noch.)

Die kondemnierte HAMBURG wurde durch die Bark BREMEN ersetzt. Sie war in Frankreich gebaut und fuhr zunächst als LISBETH (2) in der Flotte besagter Reederei Hans Hinrich Schmidt, ehe sie 1926 an die »Seefahrt« Segelschiffs Reederei G.m.b.H. in Bremen verkauft wurde. Dieses ladungstragende Segelschulschiff setzte unter dem neuen Namen BREMEN in den Jahren 1926–1932 die Ausbildung von DSV-Leichtmatrosen fort. Dann wurde das Schiff abgewrackt, weil die Erneuerung der Klasse (Klassifikation) sich nicht mehr ausgezahlt hätte.

Hart mitgenommen von schwerem Wetter auf der Kap-Hoorn-Route: die ladungtragende Bark BREMEN, auf der bis 1931 DSV-Zöglinge ausgebildet wurden.

Doch blenden wir noch einmal zum inzwischen Vergangenheit gewordenen Vollschiff HAMBURG zurück. Die Meisterleistung des Kapitäns Volquardsen und seiner Besatzung bestand darin, daß nach dem Bruch des Ruderschaftes und nach Abflauen des Windes auf Stärke 4–5 das lose hin und her schlagende Ruderblatt mit der Bucht einer Stahltrosse festgelegt wurde. Nach einem damit vollbrachten Halsen wurde eine Behelfs-Steuervorrichtung aus einer halbmeterstarken Reserve-Marsstenge gebaut. Man sägte 2,5 cm davon ab und schuf damit ein Ruderjoch. In dessen Mitte kam ein für die Achterkante des Ruderblattes passender Einschnitt, neben dem an der Vorkante beiderseits zur besseren Führung und Verstärkung zwei Klötze aufgesetzt wurden. An der Achterkante wurde eine Zwischen-Deckstütze befestigt, die den Großteil der Kraft vom hölzernen Joch abnehmen sollte. Das Joch erhielt Hohlkehlen für die Stroppen der Vorholer und Steuerleinen. Damit die Vorholer, die das Ruderjoch auf dem Ruderblatt halten sollten, etwa rechtwinklig zur Achterkante des Ruders liefen, wurden sie durch je einen großen Ring an den Enden einer Kielkette geschoren und erst dann an Deck geführt. Die Kielkette war von achtern unter dem Kiel bis etwa 2,5 m vorm Achtersteven durchgenommen und durch eine Markleine so eingestellt worden, daß beide Enden gleich lang waren. Diese höchst ungewöhnliche Steuervorrichtung machte es möglich, von der Havarieposition ostwärts Tasmanien in neuntägiger Fahrt bei abermals »schwerem Wetter«, Sydney als Nothafen zu erreichen!

Es steht eindeutig fest: In der Geschichte des Deutschen Schulschiff-Vereins haben die Schiffsnamen HAMBURG, OLDENBURG und BREMEN einen guten Klang. Diese hervorragend geführten Schiffe ermöglichten die weitere Ausbildung von rund 250 Offiziersanwärtern, die einen DSV-Vertrag abgeschlossen hatten. Doch war dies letztlich nur ein Notbehelf, um bestehende Ausbildungsverträge erfüllen zu können. Es führte überhaupt kein Weg daran vorbei, der GROSSHERZOGIN ELISABETH endlich ein zweites eigenes DSV-Schulschiff zur Seite zu stellen. Dabei konnte es sich nur um den Neubau eines (noch größeren) Schwesterschiffes handeln.

Der ungesunden, überhitzten Hochkonjunktur und Scheinblüte der Jahre 1920–1922 war mit der Umstellung aller Bilanzen auf den einstigen Goldmark-Index inzwischen eine Periode wirklicher Konsolidierung erfolgt.

Der Norddeutsche Lloyd konnte 1924 den damals größten deutschen Nordatlantik-Schnelldampfer COLUMBUS (32 581 BRT) in Dienst stellen und die Hapag das kombinierte Fracht- und Fahrgastschiff DEUTSCHLAND (20 607 BRT). Mit diesem Schwesterschiff des schon im Juni 1923 in Fahrt gebrachten Prototyps ALBERT BALLIN war endlich eine Paarigkeit im Nordatlantikdienst nach New York garantiert. Die Bremerhavener Reederei Schuchmann nahm mit ihrem neuen Spitzenschiff SEEFALKE das erste Bergungsmotorschiff der Welt in Betrieb und die »Hamburg-Süd« mit der MONTE SARMIENTO (13 625 BRT) das erste deutsche Motorschiff über 10 000 BRT. Es wurde zugleich erstes Einklassenschiff der deutschen Handelsflotte und erfreute sich ebenso großer Popularität wie bald auch seine vier typgleichen Nachfolge-Schiffe der MONTE-Klasse. Mit den beiden knapp 6000 BRT großen Passagiermotorschiffen RIO BRAVO und RIO PANUCO wurde ein moderner Westindien-Dienst aufgezogen.

Im Dezember 1924 stellte auch der Norddeutsche Lloyd mit der 9492 BRT großen FULDA sein erstes Passagiermotorschiff in Dienst und gab zahlreiche Frachter in Auftrag, außerdem brachte diese Reederei 1924/25 die Fahrgastdampfer-Neubauten STUTTGART und BERLIN in Fahrt. Die Hapag erweiterte ihr Duo ALBERT BALLIN und DEUTSCHLAND durch die Schwesterschiffe HAMBURG und NEW YORK zum Quartett. Auch sie ließ außerdem zahlreiche neue Frachter bauen. Die Bremer D.D.G. »Hansa« begann mit ihrem ersten Frachtmotorschiff SCHWARZENFELS ebenfalls den Bau einer ganzen Serie solcher Schiffe.

Welche Dynamik mit der wiederhergestellten Geldstabilität in die Seeverkehrswirtschaft hineingekommen war, das zeigt sich in der Statistik des Jahres 1927: Der Norddeutsche Lloyd hatte dann bereits 117 und die Hapag sogar 151 Schiffe in der Überseefahrt. Fast alle Liniendienste der Vorkriegszeit waren wieder aufgenommen worden.

Es lag auf der Hand, daß mehr denn je gut ausgebildete Seeleute für die Bemannung der vielen Neubauten benötigt wurden. Ausbildungsplätze beim Deutschen Schulschiff-Verein waren also gefragter denn je. Ein zweites Segelschulschiff wurde immer vordringlicher.

Obwohl die Finanzierung noch immer ungeklärt war, beschloß die Mitgliederversammlung des DSV 1926 endlich diesen Neubau, der wiederum bei Joh. C. Tecklenborg entstehen sollte. Es wurde noch ein steiniger Weg, bis die Bausumme wirklich aufgebracht war.

Endlich doch: Schulschiff Deutschland

Nach der schon erwähnten restlosen Aufzehrung aller Entschädigungsgelder für die beiden gemäß Versailler Vertrag abgelieferten Schulschiffe sowie aller vorhanden gewesenen Rücklagen betrug das Gesamtvermögen des Deutschen Schulschiff-Vereins nur noch kümmerliche 100 000 Reichsmark. Das war gerade eben ein Zehntel der aufzubringenden Bausumme für das neue Schiff. Zum Glück spielten plötzlich auch politische Erwägungen bei der Geldbeschaffung für den Neubau eine Rolle. Der Magistrat der Stadt Bremerhaven erbat von Bremens Bürgermeister und Senatspräsident Dr. Donandt – der zugleich Vorsitzender der Bremer Finanzdeputation war – aus sozialen Gründen, zum Zweck der Arbeitsplatzerhaltung, einen verlorenen Baukostenzuschuß von 50 000 Reichsmark zugunsten der Werft Joh. C. Tecklenborg. Die Arbeitslosigkeit an der Unterweser war groß. Tecklenborg hatte vorher an führender Stelle im Segelschiffbau gestanden. Es galt also, den Bauauftrag unbedingt an der Unterweser zu placieren, der sonst an die Elbe gehen würde. Tatsächlich ließ sich Bürgermeister Dr. Donandt nicht lumpen, er gab dem Antrag statt. Sogar die Freie und Hansestadt Hamburg zog überraschenderweise mit und gewährte ein zinsloses Darlehen in gleicher Höhe des Bremer Zuschusses.

Und es geschah das Wunder, daß auch der Preußische Staat einen verlorenen Baukostenzuschuß in Höhe des DSV-Eigenvermögens (100 000 RM) zu zahlen bereit war. Schließlich ermöglichte die »Deutsche Gesellschaft für öffentliche Arbeiten« – als eine vom Deutschen Reich bezuschußte Institution – aus dem gesetzlich von der Regierung der Weimarer Republik installierten Schiffserneuerungsfonds zur weitmöglichen Erhaltung von Arbeitsplätzen in der Werftindustrie den »großen Schluck aus der Pulle«: Es konnten aus deren Fonds 600 000 RM zugesagt werden!

Nun war frischer Wind in die Segel gekommen. Der Bauauftrag konnte erteilt werden. Die Bauzeit wurde seitens der Werft mit sieben Monaten veranschlagt.

Am 14. Juni 1927 war der große Tag des Stapellaufs gekommen: Das neue Vollschiff lag bei Joh. C. Tecklenborg ablaufklar auf der Helling. Es war beschlossene Sache, daß der Neubau den Namen Deutschland bekommen sollte. Darin lag nach den Demütigungen von Versailles eine verständliche Trotzreaktion, ein stiller Triumph. Aber dieser Taufname wurde vom Reichsverkehrsministerium nicht uneingeschränkt genehmigt, weil Rücksichten auf die Marineleitung der Weimarer Republik zu nehmen waren. Sie war gerade dabei, den ersten laut Versailles ge-

Der Stapellauf von Schulschiff Deutschland am 14. Juni 1927 bei Joh. C. Tecklenborg in Geestemünde wurde zum Ereignis, das zuversichtlich stimmte.

nehmigten Ersatzbau für die völlig veralteten Linienschiffe der kleinen 15 000-Mann-Marine zu konstruieren. Mittels neuartiger Schiffbau-, Schiffsmotoren- und Waffentechnik sollte dieser nachher heftig umstrittene »Panzerkreuzer A« international ganz neue Zeichen im Flottenbau setzen. Für dieses neue Kriegsschiff war der Name DEUTSCHLAND vorgesehen. Zur klaren Unterscheidung und zur Vermeidung von Verwechslungen wurde die Aufnahme des Gattungsbegriffes Schulschiff in den Schiffsnamen des Rahseglers gefordert.

So kam es zu dem höchst ungewöhnlichen Taufnamen SCHULSCHIFF DEUTSCHLAND, der bis zum heutigen Tage Publizisten sowie Besuchern des Schiffes Verständnis-Probleme bereitet.

Beim Sichten der Stapellauf-Fotos erkennt man mehrere Inspektoren der dem DSV nahestehenden Reedereien, u.a. den durch die beiden Blockadebrecherfahrten mit dem Handels-Unterseeboot DEUTSCHLAND in den Jahren 1916 und 1917 legendär gewordenen Kapitän König als nunmehrigen Inspektor des Norddeutschen Lloyd.

Es herrschte eine lockere, erwartungsfrohe Stimmung. Die Taufkanzel war auf den dem Publikum zugewandten Seiten mit den Wappen der drei Hansestädte geschmückt, deren Senatsvertreter ebenso anwesend waren wie die Bürgermeister von Elsfleth, Oldenburg und Wesermünde sowie die Seefahrtschul-Direktoren von Bremen (Professor Schilling) und Elsfleth (Direktor Dr. Möller).

Die Taufrede hielt Reichsverkehrsminister Dr. h.c. Koch. Taufpatin war Frau Heineken, die Gattin des Präsidenten des Norddeutschen Lloyd.

Für das Aufriggen (Takeln) des Schiffes benötigte die Werft Joh. C. Tecklenborg knapp zwei Monate. Das neue Schiff unterschied sich augenfällig von der »Urmutter« GROSSHERZOGIN ELISABETH durch die Führung doppelter Bramsegel, so daß an den drei Masten nicht mehr jeweils fünf, sondern sechs Rahsegel übereinander standen. Der Terminplan wurde mit gewohnter Präzision eingehalten.

Von der ersten Winterreise nach Südamerika wurde in diesem Buch ausführlich berichtet.

Die erste Sommerreise durch die Ostsee dauerte vom 16. April bis zum 18. August 1928. Die Reihenfolge der angelaufenen Häfen mutet ungewöhnlich an, aber sie basierte auf bestimmten wahrzunehmenden Terminen. Rund um Skagen ging es nach Neustadt/Holstein, Königsberg, Sassnitz, Warnemünde, Travemünde, Swinemünde.

Bei den Tagen des »Offenen Schiffes« in Königsberg, Warnemünde und Swinemünde wurde SCHULSCHIFF DEUTSCHLAND zum Besuchermagneten für ein begeistertes Publikum, Segelexerzieren für die Öffentlichkeit eingeschlossen.

Auch die bei der Mitgliederversammlung angekündigte vierstündige Fahrt unter Segeln, die man den Mitgliedern des Deutschen Schulschiff-Vereins am 3. Juli 1928 in Travemünde bot, beeindruckte alle zutiefst.

Dieser herrliche Anblick bot sich in den Jahren 1928 bis 1931 alljährlich aus Anlaß der DSV-Mitgliederversammlung in Travemünde: Gemeinsam kreuzten die Vollschiffe GROSSHERZOGIN ELISABETH (rechts) und SCHULSCHIFF DEUTSCHLAND (links) durch die Lübecker Bucht.

Die beiden »Weißen Schwäne« GROSSHERZOGIN ELISABETH und SCHULSCHIFF DEUTSCHLAND gaben sich in Travemünde ein vielfotografiertes und von den Badegästen begeistert aufgenommenes Stelldichein. Solche Zusammentreffen beider DSV-Segelschiffe in Travemünde wiederholten sich in den drei folgenden Jahren.

Aber solche Sommerreisen hatten auch eine Kehrseite: Nur in den klimatisch begünstigten Sommermonaten konnten zusätzliche Arbeiten für die Pflege des Schiffes und die Erhaltung seiner unbedingten Sicherheit bewältigt werden.

So wurden am Hohenzollern-Bollwerk in Swinemünde in jenem Sommer 1928 sämtliche Fuß-, Spring- und Handpferde aus der Takelage heruntergeholt, an Deck auf ihren Zustand überprüft und anschließend neu in luftiger Höhe auf ihre »Positionen« gebracht. Beide Ankerketten wurden abgeschäkelt und in ganzer Länge, Bucht um Bucht mittels Kettenhaken von Hand bewegt, mühsam neben dem Schiff auf dem Bollwerk abgelegt, auf den Zustand überprüft, entrostet und neu mit schwarzer Spezialfarbe bemalt. Die Kettenlast, d.h. der Ankerkettenkasten, wurde inzwischen konserviert und neu ausgemalt.

Da das Schiff keine Ladung fuhr, war über das ganze Mittelschiff über dem Kiel der Ballast aus Eisenbarren und Kopfsteinen gestaut.

Eine geradezu »hundsgemeine« Arbeit lag schließlich darin, aberhundert Roheisenbarren und Steine, den beweglichen Ballast des Segelschulschiffes – ebenfalls von Hand –, aus den Ballasträumen herauszumannen. Dabei bildeten alle Zöglinge eine Kette von den tiefstgelegenen Punkten des Schiffes bis hinauf zum Kai. Die Barren wogen jeweils fast einen halben Zentner. Sie wurden auf dem Kai sorgsam aufgestapelt. Es galt, die sich nach unten verengenden, vom Querschnitt her dreieckigen Ballasträume im Kielbereich des Schiffes, in denen man weder stehen noch sitzen konnte, mit Pickhämmern von dem seit dem Vorjahr angesetzten Rost zu befreien und dann mit Drahtbürsten fast bis zum Blankschliff nachzubehandeln. Man hing bei dieser Arbeit teilweise mit dem Kopf nach unten.

Aber das Schlimmste kam erst noch: Es waren nacheinander drei komplette Anstriche mit Bleimennige fällig. Diese leuchtend hellrote Rostschutzfarbe diente seinerzeit als Grundanstrichmittel für sämtliche Stahlkonstruktionen. Der Farbdunst verursachte in diesen engen, völlig unbelüfteten und nur unter Schwierigkeiten mit Kabellampen behelfsmäßig auszuleuchtenden Ballasträumen bei den dort Arbeitenden Unwohlsein bis zum Brechreiz, vielfach auch Hautausschläge. Aber es gab kein Pardon: Drei Anstriche waren fällig, bevor als weitere »Viecherei« das Zurückmannen und das sorgfältige Neustauen der Ballastbarren »dran« war.

Es war ein ungeschriebenes Gesetz, DSV-Schulschiffe an keiner Stelle dem »Vergammeln« preiszugeben. Auch die unzugänglichste Ecke im Schiffsrumpf bedurfte der Konservierung und Pflege. Jeder einzelne Band der Schiffstagebücher enthielt eine Merkliste für das immer von neuem fällige Ritual der in bestimmten Zeitabständen vorzunehmenden Überprüfungen – auch der Beiboote, aller Rettungsmittel und nautischen Instrumente. Die durchgeführten Maßnahmen wurden mit dem jeweiligen Datum dokumentarisch festgehalten.

Am Ende der Sommerreise durch die Ostsee umrundete SCHULSCHIFF DEUTSCHLAND auf dem Seetörn von Swinemünde nach Bremerhaven abermals Kap Skagen und damit ganz Jütland. Am 12. August wurde das Schiff durch die Kaiserschleuse in den Neuen Hafen von Bremerhaven eingebracht, wo der erste Schub Heimaturlauber ausgeschifft wurde. Für die anderen Jungseeleute stand neue intensive Arbeit bevor: Am 23. August wurde das Vollschiff bei der Lloydwerft eingedockt. Das Säubern und Konservieren des Unterwasserschiffs wurde aus Ersparnisgründen nicht vom Werftpersonal, sondern von der eigenen Besatzung vorgenommen. Erst nach dieser Prozedur ging es in den Heimathafen Elsfleth zurück. Dort begann alles von vorne: Herbsteinstellung der »Neuen«, Stationsausbildung, Proviantübernahmen.

Am 27. September 1928 wurde seeklar gemacht.

Wiederum Kurs Süd

Die Winterreise 1928/1929 begann SCHULSCHIFF DEUTSCHLAND am 1. Oktober mit 46 »Lichtings« (Leichtmatrosen), 66 Schiffsjungen der Frühjahrs- und 49 Schiffsjungen der Herbsteinstellung sowie abermals zehn Flugschülern. Es waren insgesamt 194 Personen an Bord, darunter 171 Zöglinge. Die Reise führte nach Westindien, wobei in 164 Tagen 10 750 Seemeilen zurückgelegt wurden. Anlaufhäfen waren Cadiz, Port of Spain, Dominica, Puerto Cabello und San Juan de Porto Rico.

Mit gesetzten Untersegeln, aber noch im Anhang des Schleppers MERKUR suchte SCHULSCHIFF DEUTSCHLAND vor Antritt der Winterreise 1928/1929 ihre Ankerposition beim Leuchtturm Hoheweg auf.

Der Beginn der Reise stand unter wesentlich günstigeren meteorologischen Vorzeichen als die Südamerika-Jungfernreise des Vorjahres. Die »Mordsee Nordsee« benahm sich geradezu moderat. Am 4. Oktober war man beim Leuchtturm Hoheweg ankerauf gegangen und erreichte bereits am 7. Oktober die ersten Feuerschiffe vor der englischen Küste. Der nach Teilnahme an der Sommerreise 1928 bereits zum »Alten Schiffsjungen« gewordene Horst Otterbach hat über die erste Westindienreise ein privates Tagebuch geführt. Darin liest man: *»Auf Höhe von (Kap) Finisterre frischt in der Nacht vom 18. zum 19. Oktober der Wind auf ... Der Wind wird stärker, die Bramsegel müssen weg. Auf Mittelwache werden auch die Obermarssegel geborgen ... Gegen Ende der Mittelwache springt das Ruderreep von der Welle. Nun liegen wir beigedreht zur Reparatur. Gegen 17.30 Uhr (dreizehn Stunden später) gehen wir wieder über Stag. Ziemlich schwere See, Seegang mit Stärke 7–8, Windstärke 8–9.*

Auf der Nachtmittelwache sind wir nicht aus dem Manövrieren herausgekommen. Segel setzen, Segel wegnehmen und festmachen, wieder Segel setzen, Segel brassen. Beim Festmachen in der Vorunterbramnock Backbord wäre ich beinahe von oben gekommen (abgestürzt), ich bekam gerade noch den Bramdumper zu fassen, sonst hing ich frei.«

Absturzgefahr aus dem Rigg bestand damals durchaus. Und es wurde bereits gesagt, daß es die Sicherheitsleinen mit Karabinerhaken zum Einpicken bei den Arbeiten in der Takelage noch nicht gab.

Der »Zögling« Otterbach gehörte zur Division von Johannes Diebitsch, der später zum 1. Offizier von SCHULSCHIFF DEUTSCHLAND aufrückte. Der sehr kritische Otterbach attestierte ihm, daß er als Divisions- und Wachoffizier »glänzend« gewesen sei: *»Seine Musterungen gefallen mir ausgezeichnet, sein Unterricht ist sehr gut ... Er legt viel Wert auf praktisches Können.«* Und

Mit 22 Zöglingen von Schulschiff Deutschland an Bord befand sich Schulschiff Pommern auf der Ausreise nach Madeira und Gran Canaria.

es zieht sich wie ein roter Faden durch die Tagebuchseiten: »*Diebitsch gefällt mir immer besser. Ich denke, bei ihm werden wir viel Praktisches lernen.*«

Es spricht eine echte Verehrung aus diesen Zeilen, die übrigens auch von anderen Jungseeleuten des Schiffs geteilt wurde. Gemeint ist derselbe Johannes Diebitsch, der später als Kapitän der Viermastbark Pamir am 21. September 1957 beim Untergang seines Schiffes im Hurrikan »Carrie« zusammen mit 80 Mann seiner Besatzung den Seemannstod fand. Auf Schulschiff Deutschland fuhr Diebitsch also ab 1928 unter Kapitän Reinhold Walker, der später als Kapitän der frachttragenden Viermastbark Admiral Karpfanger, des Segelschulschiffs der Hapag, im Winter 1938/1939 mit seiner gesamten Besatzung den Seemannstod fand. Das Schiff ist in der Kap-Hoorn-Region verschollen und möglicherweise das Opfer der nächtlichen Kollision mit einem Eisberg geworden. Die Ursache dieses folgenschweren Seeunfalls konnte nie ausreichend geklärt werden. Von der überragenden seemännischen Qualität Walkers wurde zur Genüge berichtet, die von Diebitsch stand ebenfalls außer Zweifel. Um so schicksalhafter ist, daß diese beiden hervorragenden Nautiker nach jahrelanger glücklich durchstandener gemeinsamer Seefahrtzeit auf Schulschiff Deutschland später Opfer der beiden einzigen Totalverluste der zivilen deutschen Segelschulschiffahrt wurden.

Interessant ist auch folgende Aufzeichnung aus dem Westindien-Reisetagebuch des damaligen Zöglings Otterbach. Unter dem Datum 1. Oktober 1928 notiert er: »*Uns hat der Lloyd-Hochseeschlepper Merkur zum Leuchtturm Hoheweg geschleppt. Unser ›Alter‹ wollte nicht mit der Lisbeth und Schulschiff Pommern zusammen in Bremerhaven liegen. Nun liegen wir hier, bis der Wind günstig ist und stark genug, daß wir auslaufen können.*«

Unter dem 4. Oktober liest man: »*Um 15.00 Uhr war ›Beide Wachen!‹ kommandiert worden. Wir gingen ankerauf. Ganz achtern war es, an Steuerbordseite, kam die Lisbeth auf. Als wir ankerauf waren, war sie schon ziemlich nahe dran. Sie hatte den Schlepper vor und fuhr mit Untermarssegeln. Wir setzten alle Segel, die Lisbeth auch. Bis wir sie eingeholt hatten, legte der Schlepper ab. Ganz weit achteraus kam die Pommern auf. Hoffentlich holt sie uns bald ein.*«

Es trat nicht so ein, wie es sich Otterbach kurz zuvor ausgedacht und zu Papier gebracht hatte: »*Ich wünschte, unsere drei Schulschiffe führen kurz hintereinander in Kiellinie, mit Flagge, durch den Kanal.*«

Am 10. Oktober hieß es statt dessen: »*Gegen 10.00 Uhr verlassen wir unseren zeitweiligen Ankerplatz, wir segeln in den Kanal. An Steuerbord Hafeneinfahrt von Dover. Steile Kreidewände. Lisbeth eine, Pommern zwei Stunden hinter uns.*«

Die Bark Schulschiff Pommern befand sich auf ihrer ersten Ausbildungsreise und hatte die Anlaufhäfen Madeira, Gran Canaria und Plymouth auf dem Reiseplan.

Nachdem sich ein drückender Nautikermangel für den Bereich der Kleinen Fahrt, besonders auch in der Ostsee, abgezeichnet hatte, sah sich der Deutsche Schulschiff-Verein – wie schon seinerzeit beim Engpaß »Dampfermatrosen« – zur Problemlösung aufgerufen. Da ein weiterer Neubau neben SCHULSCHIFF DEUTSCHLAND weder finanziell noch personell verkraftbar war, fand sich im Februar 1928 ein tragbarer Kompromiß durch den Ankauf der Bark ELFRIEDA ex AMASIS von der Hamburger Reederei Vinnen Gebrüder G.m.b.H. Der schiffbaulich gesunde Rahsegler sollte freilich als Schulschiff keine Ladung mehr fahren, sondern mit 1700 Tonnen Sandballast segeln. Schon im September 1928 konnte die Werft Joh. C. Tecklenborg die Bark nach einer Rekord-Umbauzeit abliefern. Die Aufnahme des Gattungsbegriffs SCHULSCHIFF auch in diesen Schiffsnamen sollte Verwechslungen mit der Viermastbark POMMERN vermeiden.

Der fachlich sehr gut beurteilte 1. Offizier der angekauften Bark, Johann Reimer, übernahm das Schiff als Kapitän. Der DSV versetzte zu etwa gleich großen Teilen insgesamt 44 Leichtmatrosen aus dem Bestand der Besatzungen von GROSSHERZOGIN ELISABETH und SCHULSCHIFF DEUTSCHLAND auf die Bark. Sechs Offiziere einschließlich Kapitän, sieben Unteroffiziere und zwei Vollmatrosen bildeten die Stammbesatzung, als SCHULSCHIFF POMMERN mit den ersten 20 Schiffsjungen an Bord die Nachwuchsausbildung für die Ostsee-Reedereien begann und die bereits erwähnte erste Ausbildungsreise antrat.

Am 11. Oktober berichtet Otterbach: *»Auf der Frühwache kreuzte die LISBETH unseren Bug. Sie kam von Steuerbord nach Backbord … Wir gehen um Mitternacht auf den anderen Bug, die POMMERN segelt achteraus.«*

Niemand konnte ahnen, daß diese erste zugleich auch schon die letzte Fahrt von SCHULSCHIFF POMMERN sein würde.

Bei der Rückreise von den Atlantischen Inseln, auf dem Wege zum letzten Bestimmungshafen Plymouth, geriet SCHULSCHIFF POMMERN am Kanaleingang in einen Orkan. Infolge starker Schlingerbewegungen brach eine Pardune des Großmastes, ein nach achtern abstützendes Stahlseil des stehenden Gutes. Man versuchte die Reparatur mit Bordmitteln. Dazu mußte jedoch beigedreht werden, die schweren Rahen wurden an den Wind gebraßt. Der Bootsmann und die sechs erfahrensten Seeleute enterten mit einer schweren Talje mühsam auf, um den Schaden zu beheben. Sie wollten versuchen, die Pardune mit Hilfe der Talje, des Flaschenzuges, wieder an den Mast heranzuziehen und durch einen Schäkel neu mit ihm zu verbinden.

Aber dann holte das Schiff in einer Orkansee so gewaltig über, daß der noch seiner wichtigen Stütze beraubte Vormast 10 m über Deck einknickte und mit lautem Poltern über Bord fiel. Dabei riß er den gesamten Großmast mit, der schon in Deckshöhe abbrach und danach mit allen fünf Rahen auf der Steuerbordseite im Wasser hing. Beim Niederstürzen hatte er auch die Stenge des Besanmastes abrasiert. Wie durch ein Wunder wurden weder die aufgeenterten Leute des Reparaturtrupps noch die an Deck tätigen Leute getroffen und verletzt. Das Schiff aber war nur noch ein Trümmerhaufen. Die über Bord hängenden Teile der Takelage wummerten bedrohlich gegen die Außenhaut und drohten sie leckzuschlagen. Kapitän Johann Reimer befahl, sofort alles zu kappen und über Bord zu werfen. Aber selbst das erwies sich als unmöglich. Alle Beiboote waren unbrauchbar geworden, die Funkantenne war beim Zusammenbruch der Takelage ebenfalls zerfetzt. Kapitän Reimers feuerte Notraketen ab. Der deutsche Hapagdampfer RHÖN kam auf Rufweite heran. Er funkte nun mit seiner FT-Station Schlepperhilfe herbei.

Damals waren der stärkste deutsche Bergungsschlepper SEEFALKE in Pensance und der deutsche Bergungsschlepper HEROS in Plymouth stationiert. Sie liefen beide unverzüglich aus.

Aber der Versuch der zuerst eingetroffenen SEEFALKE, eine Leinenverbindung zum Havaristen herzustellen, dauerte in Anbetracht der gegebenen Umstände auf dem verwüsteten Wrack von SCHULSCHIFF POMMERN sehr lange und schlug nachher sogar gänzlich fehl, als der allzu starke Seegang die beiden Schiffe heftig voneinander wegdrückte. Dabei schnellte die durchhängende Schlepptrosse mit so gewaltigem Ruck aus dem Wasser, daß der Stopper zerriß und die als Vorlauf angeschäkelte Ankerkette von SCHULSCHIFF POMMERN mit solcher Wucht in ganzer Länge herausgerissen wurde, daß die Kettenbremse machtlos war. Auch die Verankerung im Kettenkasten brach, so daß die tonnenschwere Kette mit Getöse in der kochenden See verschwand.

Damit war der Bergungsschlepper SEEFALKE »aus dem Rennen«. Er hatte stundenlang damit zu tun, die Schlepptrosse mitsamt der in ganzer Länge ausgerauschten Ankerkette wieder zu hieven. Nun mußte der kleinere Bergungsschlepper heran. Das Bild, das SCHULSCHIFF POMMERN im Scheinwerferlicht der schließlich eingetroffenen HEROS bot, war grauenvoll. Das vom Trümmergewirr überdeckte Wrack trieb, quer zur See schlingernd, immer weiter in den Kanal hinein und auf bedrohliche Felsriffe zu.

Nach unendlichen Mühen gelang es auch der HEROS, eine Leinenverbindung herzustellen. Aber dann passierte das Mißgeschick, daß eine extrem hohe Welle den

Bergungsschlepper HEROS rettete alle Besatzungsmitglieder vom Wrack SCHULSCHIFF POMMERN einzeln durch die Sturmseen. (Gemälde von Marinemaler Adolf Bock)

Bergungsschlepper so vehement dem Havaristen entgegenschleuderte, daß die plötzlich stark durchhängende Leine unter den Schiffsboden der HEROS geriet und dort festhakte. Es war alles wie verhext.

Es war beim besten Willen unmöglich, das Wrack von SCHULSCHIFF POMMERN wirklich »auf den Haken« zu bekommen und abzuschleppen. Es gab nur noch die letzte Möglichkeit, einen SOS-Ruf abzusetzen und damit Schiffe herbeizubitten, die »Lee« gaben, sich als schwimmende Wellenbrecher vor die gespenstische Szenerie legten und Wellenberuhigungsöl auf die Wasserfläche pumpten. Der britische Frachter LANCASTRIA begann damit, bald unterstützt von drei weiteren »Kollegen«.

Die endlich unter großen Schwierigkeiten erneut hergestellte Leinenverbindung zwischen HEROS und SCHULSCHIFF POMMERN konnte jetzt nur noch dazu dienen, die gesamte Besatzung des havarierten Seglers durchs Wasser herüberzuziehen. Jeder nahm einzeln die auf der Leine hin und her bewegte Rettungsschlaufe über und sprang aus etwa acht Metern Höhe in die kochende See.

Die Strandung des Wracks auf einem vorgelagerten Felsenriff der Kanalinsel Guernsey schien letztlich unabwendbar. Auch die Stammbesatzung mußte nun unbedingt von Bord. Als Vorletzter sprang der Erste Offizier Peter Schade, als Letzter Kapitän Johann Reimer ab. Damit war das Wrack offiziell aufgegeben.

Die bravouröse Rettungsaktion des Schleppers HEROS ging durch die Weltpresse. In seinem Stationierungshafen Plymouth gab es eine feierliche Begrüßung von Rettern und Geretteten durch den Bürgermeister und Stadtrat.

Die 79 Geretteten erholten sich erstaunlich schnell von den Strapazen. Ein auf SCHULSCHIFF DEUTSCHLAND ausgebildeter Leichtmatrose gab die Erklärung zum besten, daß die 35 Sturmtage, die man ein Jahr zuvor unter Kapitän Walker hatte durchstehen müssen, wohl die beste »Vorübung« gewesen seien. Man sei zum Glück recht hart im Nehmen geworden.

Ein amerikanischer Schnelldampfer brachte die Schiffbrüchigen nach Bremerhaven zurück. Die HEROS-Besatzung wurde wenig später im Heimathafen des Bergungsschleppers, im Hamburger Rathaus, in einem Festakt besonders geehrt und ausgezeichnet.

Beim Deutschen Schulschiff-Verein war man heilfroh, daß dieser dramatische Seenotfall ohne Todesopfer und sogar ohne schwere Verletzungen abgelaufen war. Aber die Möglichkeit einer Sonderausbildung künftiger Nautiker für die Nord-Ostsee-Fahrt war nun zerstoben.

Aber welch Kuriosum: Wider jedes Erwarten hatte der starke Gezeitenstrom das Wrack von SCHULSCHIFF POMMERN im letzten Augenblick an den gefährlichen Felsen von Point Plaiment ebenso vorbeigetrieben wie an der Steilküste von Jersey, an den besonders berüchtigten Felsen von Les Minquiers und den Causey-Inseln.

Französische Fischer sichteten im Morgengrauen des nächsten Tages das treibende Wrack vor der Küste bei Granville. Sie enterten, eines guten Bergelohnes sicher, über die außenbords hängenden Teile des umgestürzten Riggs an Bord und brachten das Schiffsfragment zu Anker. Später erschienen zwei Schlepper und brachten das schwimmende Trümmerfeld nach St.-Malo ein. Das

Nach Entfernung aller Trümmer des umgestürzten Riggs bot der Rumpf der Bark SCHULSCHIFF POMMERN *einen beklagenswerten Anblick. Das Wrack wurde für reparaturunwürdig erklärt und kondemniert, zum Verschrotten freigegeben.*

Urteil der Fachgutachter war vernichtend: Die Wiederherstellung von SCHULSCHIFF POMMERN wurde auf rund 158 000 Mark geschätzt, der Wert des Schiffsrumpfes in seinem aktuellen Zustand auf 24 000 Mark. Damit war das Urteil gefällt. Das Wrack wurde für reparaturunwürdig erklärt, es wurde zum Abwracken freigegeben, kondemniert.

Das Seeamt Brake befand in seinem Urteil, daß der Führer von SCHULSCHIFF POMMERN nach dem Abbrechen und Überbordgehen aller drei Masten für das Schicksal seines Schiffes nicht verantwortlich gemacht werden konnte. Das Verlassen des Schiffes war gerechtfertigt. *»Die umsichtigen und tatkräftigen Maßnahmen des Führers zur Rettung von Schiff und Besatzung sowie das mustergültige Verhalten der Besatzung sind anzuerkennen.«*

Und mit der Feststellung: *»Dem Seeamt ist es eine große Freude, dem Führer des Schleppers* HEROS, *Kapitän Reinecke, und seiner Besatzung für ihr Verhalten eine ganz besondere Anerkennung aussprechen zu können. Mit voller Berechtigung kann das Seeamt das Rettungswerk der* HEROS *als eine seemännische Glanzleistung bezeichnen, auf die die deutsche Schiffahrt stolz sein kann«*, sprach man allen Sachkennern aus dem Herzen.

SCHULSCHIFF DEUTSCHLAND traf die Hiobsbotschaft vom Seenotfall SCHULSCHIFF POMMERN über Telegrafiefunk, zwei Tage vor Erreichen des ersten westindischen Hafens Port of Spain, wie ein Schock. Immerhin waren rund zwei Dutzend vormaliger Besatzungsmitglieder von SCHULSCHIFF DEUTSCHLAND an Bord dieses Unglücksschiffes. Eben noch waren sie erwartungsfroh auf die Bark umgestiegen – nun bangte man mit großer Sorge um sie, die man kannte und mit denen man teilweise sogar befreundet war. Um so größer war dann die Erleichterung durch die Nachricht über die geglückte Rettungsaktion. Die Westindienreise verlief weiterhin glatt. In Puerto Cabello/Venezuela gingen nicht nur die 20 Musiker der Bordkapelle für ein mit viel Beifall belohntes Platzkonzert von Bord, sondern erstmals auch zwölf Fußballspieler zu einem Freundschaftsspiel gegen den örtlichen Verein der Hafenstadt. Es war eine recht gute Fußball-Elf, die sich aus Besatzungsmitgliedern gebildet hatte. Freundschaftsspiele wie jenes in Puerto Cabello verschafften SCHULSCHIFF DEUTSCHLAND eine zusätzliche Sympathie im Sinne der Völkerverständigung.

Aber von Neptun ungeschoren kam man auch während dieser Reise nicht davon. Ob nun Kapitän Walker als heimlicher »Herr der Stürme« so etwas an sich heranzog oder ob sonst »jemand« auf den »Fullrigger« schlecht zu sprechen war: Ab 33 Grad nördlicher Breite wurde SCHULSCHIFF DEUTSCHLAND kräftig geohrfeigt. Es begann mit Windstärke 8 – als Sturmbesegelung fuhr man nur die Untermarssegel. Bald war auch wieder Windstärke 9 angesagt: »Hohe See, Schiff arbeitet heftig.«

Nachdem der stürmische Wind am frühen Morgen des 22. Februar plötzlich um sechs Strich (rund 70 Grad) auf Nordnordost geschralt hatte, also im spitzen Winkel einkam und die Schoten entsprechend dichtgeholt werden mußten, war der Schiffsleitung klar, daß ein neuer Tanz bevorstand. Zunächst wurde abermals Windstärke 8 zur neuen Begleitmusik: »Hohe Nordwest-Dünung, ziemlich grobe See«, aber diesmal mit »Schlagzeugbegleitung« in Gestalt heftiger Hagelschauer.

»Es gibt im Bereich des Westwindes für heimkehrende Schiffe mit Kurs auf den Kanal viele böse Nächte, und die Tage des Zorns dämmern ihnen farblos und unbestimmt herauf.«
(Joseph Conrad)

Mit Wassersport hatte das nun wirklich nichts mehr zu tun. Zeitweilig kämpfte sich das Vollschiff allein mit der (sogar gerefften) Sturmfock vorwärts. Bei anhaltenden Regenfällen mußte fast zwei Tage hindurch das ununterbrochene nervtötende Gejaule der Takelure ertragen werden. Und für Steigerungen war gesorgt, denn am 3. März wurde volle Windstärke 11 gemessen: »Gewaltig schwere See, Schiff rollt heftig und nimmt viel Wasser an Deck.«

Zeitweilig trieb SCHULSCHIFF DEUTSCHLAND nur noch »vor Topp und Takel«, ohne Segel, in dem Tohuwabohu umher.

Am frühen Nachmittag des 4. März »raumte« der Wind. Er drehte in die gedachte Kursrichtung, so daß er achterlicher einfiel und auf Stärke 6 herunterging. Mit allen drei Obermarssegeln nahm das Schiff wieder nordöstlichen Kurs auf. Aber bald wuchs der Sturm wieder auf Windstärke 9–10 an: »Grobe See, Regenböen, an Heftigkeit zunehmend.« Aber wie sagte doch Ausbildungsoffizier Johannes Diebitsch: »Nur keine Müdigkeit vorschützen!«

Bei allen Wetterlagen lief der Dienst nach Plan weiter, obwohl man oft genug nicht so recht wußte, wo man sich bei dem Geschaukele überhaupt festhalten sollte: Seestraßenordnung, Englisch, Winkern, Morsen. Die »Schönwettersegler« lassen grüßen!

Fast 16 Tage Kuhsturm – zwar keine 35,5 Tage wie im Vorjahr bei der Heimreise von St. Helena, aber es genügte auch so. Später folgte anhaltender Staubregen mit erneut stundenlangen Nebelschallsignalen. Erst am 15. März konnte wieder Vollzeug gefahren werden, am 22. März war die Fahrt durch den Kanal beendet und noch am 24. März wurde Bremerhaven erreicht.

Nach der Sommerreise 1930 in die Ostseehäfen Ekkernförde, Saßnitz, Kiel, Travemünde und Flensburg stand (1930/1931) eine Südamerika-Winterreise »ins Haus«, die zunächst nach Las Palmas und Rio de Janeiro führte, dann aber erstmals in die Häfen Montevideo/Uruguay und Bahia. Von dort ging es »in einem Stück« über 6134 Seemeilen Gesamtdistanz nach Bremerhaven zurück.

Aber zunächst war wieder eine unangenehme Sache angesagt. Spätestens seit der Jahrhundertwende wurde jede Passage des Englischen Kanals für die Rahsegler-Kapitäne zur gewissen Angstpartie. Keiner von ihnen verließ während der Passage »die Brücke« – wenn man diesen Begriff z.B. in bezug auf SCHULSCHIFF DEUTSCHLAND überhaupt anwenden durfte. Gemeint war die Poop (die Schanz), der Platz des Wachhabenden Offiziers in der Nähe von Rudergänger, Kompaß und Kartenhaus.

Am Tage mochte alles noch einigermaßen normal verlaufen, aber nach Einbruch der Dunkelheit machte es wohl kein Windjammer-Schiffsführer anders als »Johnny Walker«: Es war »Captain's Watch« fällig, man blieb ohne Schlaf stets sprungbereit – und man wußte, warum. Der Kanal wurde – und wird – nicht nur in beiden Richtungen von Schiffen aller Herren Länder mit großer Verkehrsdichte befahren, sondern leider auch von zahlreichen

Fährlinien querend durchschnitten. Die Kapitäne der Dampfer und Fähren jedoch, nachher auch der Motorschiffe, besaßen (jedenfalls als Ausländer) immer weniger die nötige Erfahrung, die vom Wind erzwungene Fahrweise von Rahseglern gedanklich nachzuvollziehen. Sie wußten zwar, daß jedes maschinengetriebene Fahrzeug jedem segelnden auszuweichen hatte. Aber die Crux lag darin, daß Segelschiffe keine weißen Dampferlaternen in den Toppen führten. Laut Vorschrift trugen sie (abgesehen von der weißen Hecklaterne) nur die beiden farbigen Seitenlichter. Die rote Laterne der Backbordseite und die grüne der Steuerbordseite hatten längst nicht die Tragweite (Sichtweite) der weißen Dampferlaternen, zum anderen waren sie zumeist infolge der Schräglage der segelnden Schiffe ziemlich leicht zu übersehen.

Die Segelschiffsreedereien hatten im Laufe der Jahrzehnte seit dem Anwachsen der Zahl maschinengetriebener Schiffe oft genug erhebliches Lehrgeld zahlen müssen. So verlor die Hamburger Reederei F. Laeisz, deren Schiffe die gefährliche Kap-Hoorn-Route längst souverän zu meistern verstanden, allein drei Viermastbarken durch Totalverlust infolge Kollision in dem gefürchteten Nadelöhr Kanal. Das widerfuhr der PITLOCHRY, wenn auch zum Glück trotz raschen Sinkens ohne Todesopfer. Die PISAGUA wurde so schwer gerammt, daß sie nur noch Schrottwert hatte. Am tragischsten aber war der Totalverlust der PANGANI, die von einem französischen Dampfer über den Haufen gefahren wurde und so schnell sank, daß nur der Erste Offizier und drei Mann gerettet werden konnten. 30 Besatzungsmitglieder fanden den Seemannstod.

Indirekt war eine Kollision auch die eigentliche Ursache für den Totalverlust des Fünfmastvollschiffs PREUSSEN. Auch dieses berühmte Flaggschiff der »Flying P-Line« wurde von einem Dampfer gerammt und mußte deshalb Dover als Nothafen anlaufen. Aber beim Versuch des Einschleppens brach die Trosse, das herrliche Schiff strandete vor den Kreidefelsen und konnte nie wieder abgeborgen werden.

Bei Lowestof erlitt die Viermastbark PARMA eine Kollision mit einem britischen Trawler, und im gleichen Jahr 1929 wurde die Viermastbark PASSAT im Kanal gleich zweimal gerammt.

Dieser Kanal machte den Segelschiffskapitänen also verständlicherweise zu schaffen.

Wenn heutzutage beispielsweise ein mit moderner Technik ausgestattetes Segelschulschiff wie die GORCH FOCK diese Meerenge passiert, dann kann es mit seinen leistungsstarken, nach oben gerichteten Scheinwerfern die Segelpyramiden weithin sichtbar anstrahlen. Außerdem besteht über UKW-Telefonie jederzeit Verständigungsmöglichkeit mit sich nähernden Schiffen.

Solche Möglichkeiten gab es seinerzeit mangels ausreichender elektrischer Energie für SCHULSCHIFF DEUTSCHLAND noch nicht. Den DSV-Schiffen blieb als einzige »Defensive« nur die Möglichkeit, bei der gefährlich erscheinenden Annäherung von Dampferpositionslichtern bengalische Blaufeuer abzubrennen. Normalerweise benutzte man solche Fackeln, um irgendwo vor einer Flußmündung einen Lotsen anzufordern. Aber man konnte mit einem Blaufeuer die Segel wenigstens zeitweilig ein wenig illuminieren.

Kapitän Walker genügte das aber nicht. Er hatte mit der GROSSHERZOGIN ELISABETH und mittlerweile auch mit SCHULSCHIFF DEUTSCHLAND im Kanal so oft gefährliche Annäherungen erlebt, daß er es sich zur Angewohnheit gemacht hatte, stets eine geladene Sternsignalpistole griffbereit zu halten. Das Abschießen eines weißen Signalsterns machte zumeist auch müde Ausguckposten auf den Dampfern munter und erhellte die Segel zusätzlich.

Aber trotz aller Vorsorge und hellwacher Aufmerksamkeit ereilte nun auch Kapitän Walker völlig schuldlos auf der Ausfahrt zur dritten Winterreise das einzige Kollisionspech, das SCHULSCHIFF DEUTSCHLAND in allen 17 Jahren auf See heimsuchte. Es war allein Walkers Umsicht und Blitzreaktion zu verdanken, daß es sogar recht glimpflich ausging.

Es war der französische Frachtdampfer LOUIS MERCIER, der das in der Straße von Dover kreuzende Vollschiff trotz des von Walker entfachten Lichtzaubers mit Blaulicht und Sternsignalschuß »zu fassen« kriegte. Fraglos war eine gewisse Begriffsstutzigkeit auf der Kommandobrücke des Franzosen an dem Unfall schuld. SCHULSCHIFF DEUTSCHLAND hatte Entsprechendes getan, um auf sich aufmerksam zu machen, und hielt, der Vorschrift gemäß, Kurs und Geschwindigkeit bei. Tatsächlich schien man auf dem Dampfer auch begriffen zu haben, was Sache war. Die LOUIS MERCIER begann erwartungsgemäß, ihren Kurs etwas nach Steuerbord zu ändern, sie schien also der Ausweichpflicht nachzukommen. Aber dann beging man auf dem Frachter den Kardinalfehler, wieder auf den vorherigen Kurs zurückzudrehen. Man unterlag wohl der Fehleinschätzung, doch noch vor dem Bug des Vollschiffes vorbeikommen zu können.

Es wurde ein »Manöver des letzten Augenblicks«, daß Walker SCHULSCHIFF DEUTSCHLAND mit Ruderlage »Hart Steuerbord« in den Wind schießen ließ. Ohne eine neuerliche Fehlleistung des Franzosen wäre vielleicht doch noch alles gut ausgegangen, aber nun war man wohl kopflos geworden. Der Dampfer drehte hart nach Backbord ab und die beiden Schiffe »küßten sich«. Mit der Steuerbordseite seines Achterschiffes stieß der Frachter mit der Backbordseite des DEUTSCHLAND-Vorschiffes zusammen.

Nur kurz verhedderten sich die beiden Kollisionsgegner ineinander. Als sie wieder voneinander freikamen, sah man die Bescherung: Am Backbordanker des Schulschiffs, der fest gelascht auf dem Schweinsrücken[15] lag, hing ein Stück Dampfer-Reling, während die abrasierte Backspier[16] des Seglers beim Dampfer außenbords hing.

Auf Morsezeichen mit der »Klappbux«, dem Morse-Handscheinwerfer, reagierte der Franzose überhaupt nicht. Über Funktelegrafie kam endlich eine Verständigung zustande. Die LOUIS MERCIER hatte nur Überwasserschäden erlitten, sie bedurfte also keiner Hilfe.

Kapitän Walker brach die Ausreise nach Westindien zunächst ab und kehrte zur Behebung der relativ geringen Schäden nach Bremerhaven zurück. Vom Verlust der Backspier abgesehen: Sieben Spanten waren verbogen, zwei Plattengänge eingebeult, auch waren einige Nieten locker geworden.

Nach sechs Tagen Werftaufenthalt waren alle Spuren des Malheurs beseitigt, auf Kosten der Haftpflichtversicherung des vom Seeamt Brake schuldig gesprochenen Franzosen. Nun ging die Reise zum Südatlantik endgültig los. Sie bot viele schöne Erlebnisse.

Montevideo anzusegeln erwies sich als außerordentlich schwierig, denn der breite La Plata (übersetzt »Silberfluß«) mit seinem milchkaffeebraunen Wasser ist extrem flach. Das Kreuzen unter Segeln war problematisch. Zu guter Letzt mußte dann doch ein Schlepper Vorspannhilfe leisten. Aber der Besuch der Hauptstadt von Uruguay hat sich gelohnt.

In der spanischen Kolonialzeit hieß das heutige Uruguay Banda Oriental, Östliches Ufer. Die Portugiesen haben immer wieder versucht, dieses spanisch beherrschte Territorium ihrer Kolonie einzuverleiben. Aber es gelang ihnen nicht, beide La-Plata-Ufer blieben spanisch. So ergab sich ein reizvoller Kontrast gegenüber dem portugiesisch geprägten Umfeld des Staates Uruguay.

Montevideo ist als südlichste Hauptstadt Südamerikas eindrucksvoll, obwohl die quirlend geschäftige Stadt keine überwältigenden Sehenswürdigkeiten zu bieten hat. Aber sie hat ein »gewisses Etwas« – erst recht in Gestalt ihrer breiten Rambla, jener Uferpromenade, die alle Landausflügler auf dem Weg in das elegante Seebad Punta del Este mit seinem schönen Badestrand kennenlernten.

Der nächste Anlaufhafen war São Salvador an der Allerheiligenbucht – offizieller heutiger Name ist Salvador de Bahia. Er ist der bedeutendste Kakaoverschiffungsplatz Brasiliens – im Jargon der Seefahrt nur Bahia genannt.

Urlauber-Routineboot in Salvador de Bahia, umgeben von schwarzhäutigen Brasilianern in deren »heimlicher Metropole«.

Mit Salvador de Bahia empfanden die Jungseeleute die heimliche Metropole der schwarzhäutigen Brasilianer, deren Geschichte im 16. Jahrhundert begann. Sie hat ihren Ursprung im Sklavenhandel. Das Hinterland von Salvador de Bahia bot genug Wald, der gerodet werden konnte. Vor allem auf den dort angelegten Zuckerrohrpflanzungen bestand horrender Arbeitskräftebedarf, mithin vor allem an Sklaven.

Die Zöglinge von SCHULSCHIFF DEUTSCHLAND erlebten die ungemein reizvolle, noch weitgehend afrikanisch geprägte Fremdartigkeit der Stadt, die der portugiesische Generalgouverneur 1546 zur ersten Hauptstadt Brasiliens erhob, ohne die Größe des riesigen Landes überhaupt schon abschätzen zu können.

Die Stadt entstand an jener Bucht, die Amerigo Vespucci bei der kartographischen Aufnahme der brasilianischen Küste 1503 erstmals angelaufen hatte. Es war gerade Allerheiligen, als seine Schiffe erstmals dort ankerten. So lag der Name der ersten Siedlung auf der Hand: San Salvador da Bahia de Todos Santos, die Stadt des Erlösers an der Allerheiligenbucht.

Ober- und Unterstadt sind heute durch etwa 70 m Höhenunterschied getrennt. Das Regierungsviertel wurde vor über hundert Jahren mit dem Hafenviertel durch jenen elektrischen Fahrstuhl verbunden, den die Landurlauber von SCHULSCHIFF DEUTSCHLAND noch in der ursprünglichen Form benutzten. Sie bestaunten den ehemaligen Sklavenmarkt und die zumeist grandiose Pracht von 67 Kirchen dieser Stadt, deren Barockkirchen zu den schönsten außereuropäischen überhaupt gehören. Goldüberladen künden sie noch heute vom Reichtum der einstigen Kolonialmacht Portugal.

Bei den Stadtführungen begriffen die jungen angehenden Seeleute aus Deutschland die überall spürbare Bedeutung der Candomblés, der großen Kult- und Gebetsstätten, die ungeachtet des Katholizismus die immer noch nachwirkende, eigenständige Kraft animistischer, d.h. heidnisch-afrikanischer Religionen ausstrahlen.

Die ebenfalls afrikanisch geprägte Tanzmusik »ging unter die Haut«. Und eine Fülle reizvoller Souvenirs lockte zum Kauf. Ungeachtet aller Geldknappheit gab es wohl keinen einzigen Mann auf SCHULSCHIFF DEUTSCHLAND, der nicht doch irgendein kleines Mitbringsel aus Salvador de Bahia »exportierte«.

Die Ausbildung auf SCHULSCHIFF DEUTSCHLAND war immer weiter intensiviert worden. So hatte man den Unterricht der Zöglinge um die Fächer Handelsgeographie, Schiffbau und Schiffahrtsgeschichte erweitert. Ebenso erwies es sich als richtig, Sanitätsunterricht mitsamt praktischen Anwendungen zu bieten. Später mußten Nautiker auf allen Nicht-Fahrgastschiffen weitmöglich den Schiffsarzt ersetzen. Diese Aufgabe oblag in der Regel dem Zweiten Offizier. Irgendwann war jeder einmal dran, diese Dienststellung einzunehmen. Der vom Schiffsarzt auf SCHULSCHIFF DEUTSCHLAND gehaltene Sanitätsunterricht war gründlich, er ging über Erste-Hilfe-Kurse hinaus. Das fach-

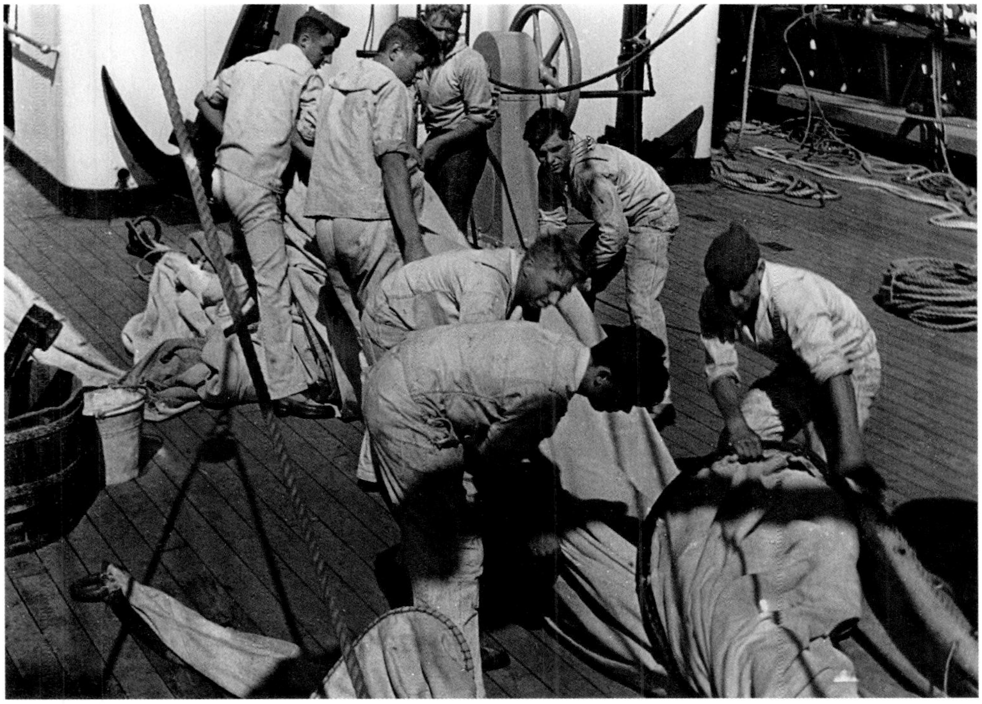

Jetzt begann wieder die Plackerei, die leichten Passatsegel abzuschlagen und wegzustauen und die Schwerwettersegel von doppelter Tuchstärke »nach oben zu expedieren« und anzuschlagen.

gerechte Anlegen von Verbänden, das Eingipsen gebrochener Gliedmaßen, die richtige Handhabung von Injektionsspritzen, die Wiederbelebung von Fast-Ertrunkenen wurden demonstriert und geübt.

Was mittlerweile auf den Winterreisen in südliche Gewässer jeweils zweimal fällig war, rangiert durchaus unter »Schwerarbeit«:

Beim Einsegeln in die Passatregionen wurden alle Schwerwettersegel von doppelter Tuchstärke abgeschlagen, an Deck gefiert und zusammengerollt in den Segelkammern verstaut. Statt dessen wurden die leichteren Passatsegel herausgeholt, nach oben expediert und angeschlagen. Jetzt, auf der Heimreise, lief das Gesagte in umgekehrter Reihenfolge ab. Man rackerte sich damit ab, die schweren Normalsegel wieder auf die Rahen zu wuchten.

Auf dem 6134 Seemeilen »langen Bein« der Seetörns von Bahia nach Bremerhaven sah sich Schulschiff Deutschland wieder einem schon beinahe zur Tradition gewordenen Wettergeschehen gegenüber: Ab 38° Nord gab es Starkwind 6, dann sehr bald Sturm 7–8, aus dem schließlich ein Püster mit Windstärke 9–10 wurde. Aber diesmal bezog das Schiff seine Prügel sozusagen auf Raten. Den ersten beiden Sturmtagen folgten die nächsten mit Windstärken 7–8 erst nach mehrtägiger Atempause. Und so wurde es zu einer Art Katz-und-Maus-Spiel: Immer wieder folgte einem Sturm zunächst ein mäßiger oder sogar flauer Wind. Doch in der Nordsee war dann noch ein zünftiges Finale fällig: Windstärken bis 8: »Grobe See, schlechte Sicht, geben Nebelsignale.« Aber am 17. März 1930 war alles überstanden. Auf Bremerhaven-Reede »schmiß« man wieder den »Schlickhaken« (Anker) weg.

Nach dem üblichen Intermezzo im Heimathafen Elsfleth lief Schulschiff Deutschland am 24. April mit 187 Mann an Bord (darunter 77 neuen Jungen) wieder seewärts – rund um Skagen, diesmal nach Eckernförde. Dabei segelte man vom Kattegat aus durch den Sund zur Ostsee und erst dann nach Westen. Von Eckernförde führte die Reise nach Sassnitz und von dort sinnigerweise wieder nach Kiel.

Dort war zunächst das Malen der Masten und das »Außenbordsmalen« auf ausgebrachten Stellingen dran. Die Pfingstruhe war damit ehrlich verdient.

25 Mann nahmen als Abordnung an der Einweihung des Unterseeboot-Ehrenmals in Möltenort teil, die anderen unternahmen Ausflüge bis in die Holsteinische Schweiz.

Am 11. Juni 1930 geschah etwas nicht Alltägliches: Zwei Leichtmatrosen waren vom Schiff entwichen. Die Abmusterung unterblieb, weil man immer noch damit rechnete, daß die beiden »Buhmänner« bei der Abfahrt wieder zur Stelle sein würden. Sie blieben jedoch verschwunden, so daß die Schiffsleitung Strafantrag wegen Desertion stellen mußte.

Auf den Besuch des Hafens Kiel folgte die Reise zur DSV-Mitgliederversammlung in Travemünde, was diesmal Verlustschläge notwendig machte, die viermal bis zur Ansteuerungstonne von Warnemünde führten. Das Kreuzen wurde zur Plage. Mit immer wieder umspringenden Winden, zwischenzeitlich dichtem Seenebel, dann wieder Starkwind bis Stärke 6 hatte man sich irgendwie gegen Schulschiff Deutschland verschworen. Kapitän Walker konnte machen, was er wollte: Es wehte immer genau aus jener Richtung, in die man gerade zu segeln versuchte.

Jemand unkte, daß doch hoffentlich daran gedacht worden sei, vorsorglich Adventskränze für die Reise nach Travemünde an Bord zu nehmen. Aber am 25. Juni geschah das Wunder: Nach 14 Tagen (!) kam man tatsächlich hin – zwei Wochen für eine lächerliche Distanz von rund 90 Seemeilen! Man hatte wirklich wieder »ganz lange Arme« dabei bekommen, denn es mußte 32mal mit beiden Wachen Manöver zum Halsen und 15mal mit beiden Wachen Manöver zum Wenden gefahren werden! Ein Rahsegler ohne Hilfsmotor ist eine Sache für sich.

Aus Anlaß der Besichtigung auf der Reede von Travemünde glänzte die siegreiche Kutterbesatzung bei der Rettungsübung mit einmaligen Blitzreaktionen: 13.59 Uhr Boje über Bord, Kutter klar, wegfieren. 14.03 Uhr Boje gefischt (nach vier Minuten!), 14.08 Uhr Kutter wieder aufgeheißt an Bord. Walker und Diebitsch konnten stolz sein auf ihre jungen Dachse. Nach mehrtägigen Übungs-Seetörns im Rahmen der Verlegung von Travemünde-Reede in den Hafen von Travemünde und dem Festmachen am Priwall folgte erneut der »Volkssport« des Ballast-von-Bord-Gebens, der Konservierung eines weiteren Ballastraumes und des Zurückstauens der Roheisenbarren und Kopfsteine. Aber zum Glück war der Priwall-Badestrand gleich um die Ecke, so daß doch ein bißchen Kurgast-Dasein in der Freizeit heraussprang. Auch Landgänge in Travemünde erfreuten sich seit je besonderer Beliebtheit. Weiße Segelschulschiffe und schmuck uniformierte »Schulschiffer« übten auf junge Damen immer besondere Anziehungskraft aus.

Schulschiff Deutschland wäre sicherlich ins »Guinness-Buch der Rekorde« aufgenommen worden (wenn es das seinerzeit schon gegeben hätte) mit seiner Reise vom letzten Ostseehafen Flensburg, rund Skagen nach Bremerhaven in 24 Tagen. Respekt, Respekt: In der gleichen Zeit fegte ein Schiff wie etwa der neue Schnelldampfer BREMEN dreimal über den Nordatlantik! Das Wetter jenes Sommers konnte beinahe nur in einer Hexenküche gekocht worden sein, wie Johannes Diebitsch sich einmal geäußert haben soll.

»Sommerreise«, wie lieblich so etwas klingt! Da sieht man im Geiste junge Seeleute auf den Decksplanken, Freiwache-Sonnenbäder nehmen. Aber die Wirklichkeit hat völlig anders ausgesehen. Als »Herrenmode« war fast durchweg Ölzeug angesagt. Mit Windstärke 7, Regenböen und grober See begann die Fahrt. Zur Abwechslung gab es bald Sturm mit Stärke 8 und schließlich Stärke 10. Das Schiff führte nur noch die Obermarssegel und schließlich den Spitzbesan. Wie fast immer bei den Sommerreisen waren keine Flugschüler an Bord. Wären sie dabeigewesen, hätten sie sicherlich jeden Tag erneut ihren Lieblingsschnack von sich gegeben: »Nur Fliegen ist schöner!«

Das damalige Tagebuch des Vollschiffs trieft sozusagen auch heute noch vom Seewasser. Die Eintragungen wurden geradezu monoton. Ein Sturmtief trat sozusagen dem anderen auf die Hacken. »Schiff stampft schwer und nimmt Wasser über.« Das war milde ausgedrückt: Die Schanzkleider schöpften aus dem vollen – immer wieder stieg »grüne See« ein.

»Außenbordsmalen« auf ausgebrachten Stellingen.

Der »Bolzen« von Pensacola

Die Winterreise 1930/1931 führte über Madeira nach Port Castries/Santa Lucia, San Juan/Puerto Rico, Pensacola/Florida und Havanna, dann von Kuba 5050 Seemeilen nonstop nach Bremerhaven zurück.

Was sich dabei in Pensacola ereignete, hat der jetzige Geschäftsführer des Deutschen Schulschiff-Vereins, Fregattenkapitän a.D. Wulf Dominik, recherchiert. Seitdem er 1972 in Pensacola seine fliegerische Ausbildung erhielt, steht ihm diese Hafenstadt besonders nahe. Als Marineoffizier weiß er die »heilige Kuh« des weltweit einheitlichen Zeremoniells militärischer Marinen richtig einzuschätzen. Das, was weniger marinefreundliche Zyniker gern verächtlich »the official nonsense« nennen, hat diplomatisch hochbrisanten Charakter – sich kaum von einem Staatsbesuch mit angetretenem Ehrenbataillon und Abschreiten der Front unterscheidend.

Maritime Laien wissen sicherlich nicht, daß jedes durch den Kommandantenwimpel kenntlich gemachte Kriegsschiff auch im Ausland exterritorial bleibt, also völkerrechtlich ein Stück Hoheitsgebiet der Herkunftsnation.

Ein Handelsschiff hingegen wird im Augenblick des Festmachens in einem fremden Hafen automatisch ein Teil jenes Territoriums, dessen Gastflagge es führt. So hat zum Beispiel die Polizei des Anlaufhafens auf dem fremden Schiff alle Inlandsrechte.

Wer freilich diese Unterschiede kennt, wird über das schmunzeln, was Kapitän Wulf Dominik in der Zeitschrift »Marine Forum« Juli/August 2000 zum besten gab:

»1931 kam es im nordamerikanischen Hafen Pensacola zu einem Vorfall, der als diplomatischer Eklat bezeichnet werden muß, obwohl er alle Merkmale eines handfesten ›Bolzens‹ an sich hatte:

Das nicht in allen Etagen mit den Gepflogenheiten der ›Flaggen-, Salut- und Besuchsordnung‹ (FlaSBO) und den ›Kings Regulations‹ der Royal Navy sattelfest vertraute Auswärtige Amt hatte offiziell [aber blauäugig] *den Besuch eines deutschen Segelschulschiffes angemeldet, dessen stramm erzogene, höchst disziplinierte und in Paradeaufstellung angetretene Besatzung beim Einlaufen in den Stützpunkt der U.S. Navy Wohlgefallen hervorrief.*

Daß das Schiff den gefeuerten Begrüßungssalut mangels eigener Geschütze oder einer Böllerbüchse nicht

Erinnerungen an Port Castries/St. Lucia (Westindien), Dezember 1930.

erwiderte, fiel nicht weiter auf, da es die Flagge dippte und per Flaggensignal ausdrücklich den Dank für die Ehrung aussprach.

Was dann freilich geschah, rief Verblüffung hervor: Als der amerikanische Admiral und Kommandeur der ›Naval Base‹ zur Begrüßung erschien, pfiff man ihm zwar Seite, aber er vermißte die übliche Zahl angetretener Fallreepsgasten sowie die Ehrenwache unter Gewehr. Der vermeintliche Kommandant, Kapitän Reinhold Walker, ein brillanter, mit allen Wassern gewaschener Schiffsführer, begrüßte ihn mit erlesener Höflichkeit, jedoch trug er weder Gehrock mit Schulterstücken noch Schärpe oder Ordensschnalle, auch keine Kokarde an der Mütze. Erst allmählich wurde der amerikanische Seeoffizier gewahr, daß das Schiff keinen Kommandantenwimpel führte und die schwarz-weiß-rote Nationalflagge kein Eisernes Kreuz enthielt. Es war also nicht die Kriegsflagge der Reichsmarine [der Weimarer Republik], *sondern die deutsche Handelsflagge. Ein Segelschulschiff der zivilen Schiffahrt hatte sich in den amerikanischen Flottenstützpunkt verirrt! Das grenzte hart an eine Köpenickiade. Zwar machte die U.S. Navy gute Miene zum bösen Spiel. Sie ersparte der Besatzung Peinlichkeiten, zumal diese mit ihrem Auftreten einen äußerst positiven Eindruck bei der Bevölkerung hinterließ und mit dem an Land veranstalteten Platzkonzert der Bordkapelle brausenden Beifall geerntet hatte.*

Hinter den Kulissen aber herrschte Frost. Der amerikanische Botschafter in Berlin überreichte eine Mißbilligungsnote, die diesem Segelschulschiff für immer das Anlaufen nordamerikanischer Häfen unmöglich machte.«

Als der Fauxpas offensichtlich geworden war, sahen sich Reinhold Walker und Johannes Diebitsch, der Kapitän und sein Erster Offizier, wortlos in die Augen. Ihre Blicke verrieten ein Gemisch aus Belustigung, Schadenfreude und Gewißheit über den sich nun zusammenbrauenden »Zoff«, den seefremde Leute am grünen Tisch angerichtet hatten.

Aber im damals noch vitalen, verlockend schönen Havanna waren die Gedanken an die nachher in Deutschland zu erwartenden Unannehmlichkeiten bald verflogen.

Die Abschluß-Seetörns der Winterreisen in warme Regionen, jedesmal in die Zeit der Frühjahrsstürme fallend, hatten inzwischen den Spitznamen »Johnny Walker Special«.

Diesmal warteten Nordatlantik, Kanal und Nordsee mit neuen Varianten auf. Bei Sturm bis Windstärken 8–9, grober See und intensiver »Wasserspülung« über Deck wurden am 15. Februar der Schiffsjunge Heinrich Dersch und am 16. der Schiffsjunge Raimund Cramer von einsteigenden Seen erfaßt und mit derartiger Wucht gegen die Aufbauten geschmettert, daß sie ins Schiffshospital eingeliefert werden mußten. Und – Duplizität der Fälle – es erlitten auch die Schiffsjungen Paul Delius am 27. Februar und Georg Wend am 3. März Betriebsunfälle an Deck.

Am 6. März steigerte sich die herrschende Windstärke 10 auf orkanartige Böen von Stärke 11. Kapitän Walker sah sich gezwungen, zur Zähmung der als Brecher gefährlichen Sturmseen Öl ausgießen zu lassen.

Neptun, Rasmus oder wen man sonst dafür verantwortlich machen konnte, ließen es jedoch bei »nur« 14 Sturmtagen bewenden, hielten aber umgehend eine neue Heimsuchung bereit: Am 21. März setzte anhaltender, teils »zum Schneiden dicker« Nebel ein, den das Schiff von Dover bis zum Weser Feuerschiff durchsegeln mußte! Das wurde ein »Blindflug« zu Wasser, auf einem nur vom Wind vorwärtsbewegten Schiff, dessen ewig jammernde Takelure alle zermarterte. Radar gab es ja noch nicht. Nur höchst angespannte Aufmerksamkeit beim Lauschen auf fremde Nebelschallsignale samt Versuch möglichst korrekter Einschätzung der Richtung, aus der sie zu hören waren, konnte das Schlimmste verhindern.

Aber ein Ortungshilfsmittel war (und ist heute noch immer) auf Schulschiff Deutschland vorhanden: ein Unterwasserschall-Empfänger für das Geläut damals üblicher Glockentonnen, die sich als schwimmende Seezeichen akustisch bemerkbar machten. Es gab solche Bojen auch in kombinierter Form als Leucht-, Heul- und Glockentonne. Wasser leitet den Schall bekanntlich sehr gut.

Sobald die Signale einer Glockentonne (schon aus größerer Entfernung) empfangen wurden, peilte man mit dem Empfänger das Lautstärke-Maximum ein und konnte auf diese Weise die gepeilte Richtung zu diesem Seezeichen ablesen. So fand man etwas leichter in die anzusteuernde Flußmündung hinein.

Mancher Jungseemann empfand es jedoch wie eine Art Wunder, als sich zu guter Letzt tatsächlich das Nebelhorn von Weser Feuerschiff identifizieren ließ. Dieses trat schließlich aus dem grauen Gebräu ebenso heraus wie der dort bereits auf Schulschiff Deutschland wartende Schlepper. Man hatte also »die richtige Haustür« zu fassen gekriegt.

Der »ausgebüxte« Namensvetter

Während der Sommerreise 1931 nach Kiel, Königsberg, Travemünde und Swinemünde waren SCHULSCHIFF DEUTSCHLAND und die GROSSHERZOGIN ELISABETH am 31. Mai zur Tauf- und Stapellauf-Zeremonie des Panzerschiffs DEUTSCHLAND eingeladen, jenes Schiffes, dessentwegen der 1927 gebaute Segler den Zusatz »SCHULSCHIFF« in seinen Namen hatte hineinnehmen müssen.

Ein umfangreiches Flottenaufgebot der Reichsmarine mit Großem Flaggenschmuck aller Schiffe war auf der Kieler Förde versammelt, und die beiden Handelsmarine-Schulschiffe verschönten mit ihren weißen Rümpfen zusätzlich das Panorama. Die Marineleitung und die Werftdirektion hatten von jedem der beiden Segelschulschiffe drei Offiziere und 49 Mann eingeladen. Durch das Los wurde ermittelt, wer zu den Glücklichen zählen durfte, die mit dem Kutter zu den Deutschen Werken hinübergepullt wurden, um beim Taufakt dabeizusein.

Insgesamt hatten sich 60 000 Menschen auf dem Werftgelände versammelt. Es gab großes Brimborium mit Musikkorps, Ehrenkompanie, Fahnenabordnungen und viel Prominenz.

Das neue Panzerschiff war der erste hochmoderne Ersatzbau für eins der völlig veralteten Linienschiffe der kleinen 15 000-Mann-Reichsmarine der Weimarer Republik – sein Bau war durch den Versailler Vertrag offiziell gestattet. Es war den Konstrukteuren mit Hilfe ganz neuer Technologien gelungen, trotz strikter Tonnagebegrenzung, mit dem Neubau ein unerwartet hochwertiges Kriegsschiff mit 20 000 Seemeilen Fahrstrecke ohne Brennstoffergänzung und 28 Knoten Maximalgeschwindigkeit zu zaubern. Die internationale Fachwelt kam aus dem Staunen nicht heraus: Als größtes bis dato auf der Welt gebautes Dieselmotor-Kriegsschiff mit 56 000 PS Maschinenleistung konnte der jahrelang zum parteipolitischen Zankapfel und »Enfant terrible« von Wahlkampfpolemikern zu ungewollter Popularität gelangte »Panzerkreuzer A« sogar sechs statt nur vier schwere Geschütze vom Kaliber 28 Zentimeter tragen. Dank seiner Kampfstärke erhielt er in Großbritannien den anerkennenden Beinamen »Pocket Battleship« (Westentaschenschlachtschiff). Der Neubau veränderte die Maßstäbe im internationalen Flottenbau, weil er schneller als jedes stärkere und stärker als jedes schnellere Kriegsschiff war.

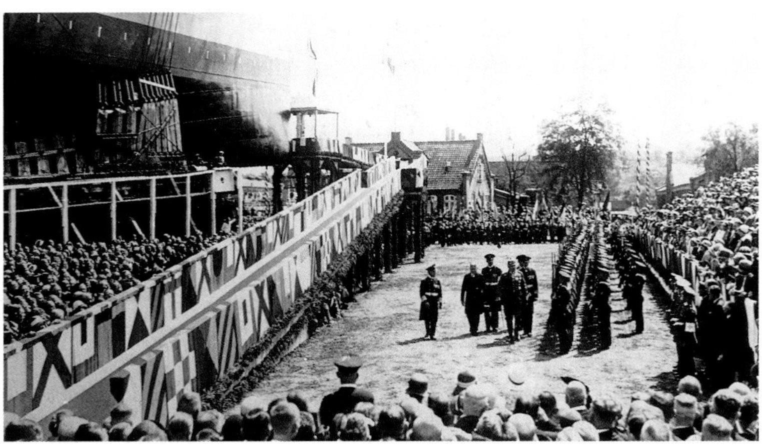

Der Taufpate, Reichspräsident von Hindenburg, schreitet vor dem Betreten der Taufkanzel die Front der angetretenen Ehrenkompanie ab.

Als Erstling eines Trios sollte das Panzerschiff den Namen DEUTSCHLAND erhalten, und so wurde natürlich das Staatsoberhaupt, Reichspräsident Paul von Hindenburg, der Taufpate. Die Stapellaufrede hielt Reichskanzler Dr. Heinrich Brüning. Sie geriet – wie das bei Politikern vorkommen kann – um etliches zu lang. Das führte zu der Situationskomik, daß sich das auf der Helling ablaufbereit liegende Panzerschiff schließlich selbst vom Stapel ließ.

Nach vorgegebenem Zeitplan des Stapellauf-Ingenieurs hatten die Zimmerleute der Werft schon die Stopper der vorderen Schlittenwiege teilweise herausgeschlagen – jenes Ablaufschlittens, der bald darauf über die mit grüner Seife eingeschmierte Ablaufbahn den großen Schiffsrumpf ins Wasser transportieren sollte. Der »Täufling« wurde folglich nur noch durch die Ablaufbremse festgehalten. Die aber gab schließlich durch Bruch zweier Stahlseile – bedingt durch die allzu lange Belastung infolge der noch immer nicht beendeten Brüning-Rede – nach.

Mit lautem Knacks wurde die über Großlautsprecher für alle 60 000 Zuschauer übertragene Rede abgebrochen. Das Panzerschiff hatte nämlich das Kabel abgerissen und sauste jetzt, ungetauft, auf eigene Faust von dannen. Binnen Minutenfrist erreichte der ausgebüxte Taufkandidat sein nasses Element. Durch tiefes Eintauchen seines Vorschiffs verneigte er sich vor dem großen Publikum, ehe er dann von Schleppern »eingefangen« wurde.

Es dauerte natürlich eine Weile, bis alle Umstehenden begriffen hatten, was da überhaupt vor sich ging: Balken zersplitterten plötzlich mit Getöse, Reibungshitze-Qualm stieg von den Schlittenwiegen auf und der haushohe Schiffsrumpf setzte sich unerwartet immer schneller in Bewegung. Geistesgegenwärtig entrollten die auf dem ablaufenden Schiff postierten Werftarbeiter rasch die an beiden Seiten des Bugs aufgehängten Transparente mit dem Schiffsnamen, und das Marinemusikkorps intonierte ebenso geistesgegenwärtig die Nationalhymne. Die Zöglinge von Schulschiff Deutschland und Grossherzogin Elisabeth taten das, was man ihnen vorher eingeschärft hatte: Sie rissen ehrfurchtsvoll ihre Mützen vom Kopf, als das Deutschlandlied gespielt wurde, entsprechend legten die sechs Schiffsoffiziere salutierend die Hand an die Mütze.

Der völlig konsternierte Paul von Hindenburg hielt ratlos die Sektflasche in der Hand, die er rasch noch gegen den Steven hatte werfen wollen. Aber das Panzerschiff war schneller gewesen als der greise Taufpate. Nach Überwindung der Schrecksekunden soll er das Geschehene mit der Bemerkung kommentiert haben: »Dunnerwetter, ick jlobe, der Kahn is partout Abstinenzler!«

Panzerschiff Deutschland und Schulschiff Deutschland begegneten sich später des öfteren. Einmal trafen sie in Swinemünde zusammen, wo Besichtigungen des Panzerschiffes für die DSV-Zöglinge arrangiert wurden. Auch luden sich die Offiziere der beiden Schiffe gegenseitig ein. Und nun bekam der Erste Offizier des Segelschulschiffs, der seinerzeit Augenzeuge des mißglückten Taufzeremoniells geworden war, verständlicherweise Stielaugen: In der Offiziersmesse des Kriegsschiffes hing der Rest einer zerschmetterten Sektflasche, säuberlich auf ein Teakholzbrett montiert, mit erklärendem Messingschild zur Erinnerung an die Schiffstaufe und zugleich als Talisman an der Wand. Der Kommandant des Panzerschiffes gab schmunzelnd die Erklärung dazu: Marineleitung und Werftdirektion hatten den mißglückten Taufakt nicht auf sich sitzen lassen wollen. Ungetauften Schiffen war, nach Seemanns-Aberglauben, keine glückhafte Fahrt beschieden. Also fuhr man nach dem Stapellaufessen den Reichspräsidenten mitsamt der so schmählich heilgebliebenen »Buddel« sowie den ranghöchsten Gästen zum Ausrüstungskai der Deutschen Werke hinüber. Dort lag das flüchtig gewordene Panzerschiff inzwischen gut vertäut. Der Bootssteuerer manövrierte das weiße Dampfboot so geschickt an den scharfen Vorsteven des »Taufkandidaten« heran, daß das »Zerteppern« der Sektflasche auf keinen Fall mehr schiefgehen konnte.

Der Kommandant des Panzerschiffs stand seinerzeit direkt neben Hindenburg und hörte deshalb genau, was der Generalfeldmarschall – außer dem nachgeholten Taufspruch – dem Täufling auch noch privat zugerufen hat: »Siehste, du Racker, nun haben wir dich doch noch erwischt!«

Wie von Geisterhand in Bewegung gesetzt ließ sich das Schiff plötzlich selbst vom Stapel. Rasch machten die Werftarbeiter die Transparente mit dem Schiffsnamen Deutschland sichtbar.

Düstere Aspekte

Das festliche Gepränge im Kieler Hafen aus Anlaß des DEUTSCHLAND-Stapellaufs konnte Eingeweihte nicht darüber hinwegtäuschen, daß der deutschen Seeschiffahrt Ungemach drohte. Hinter den Kulissen zeichneten sich immer deutlicher die Folgen des »Schwarzen Freitags« an der New Yorker Börse ab. Der rapide Kurssturz am 25. Oktober 1929 hatte eine Weltwirtschaftskrise eingeleitet. Im Lauf des Jahres 1931 schlugen die Folgen des Debakels voll auf die deutsche Wirtschaft durch. Die Kettenreaktion führte zur schwersten volkswirtschaftlichen Krise unserer Geschichte.

Der »Schwarze Freitag« war die rächende Folge einer aller Vernunft hohnsprechenden, fieberhaften Spekulationswut in den Ländern der einstigen Kriegsgegner Deutschlands, vor allem der Vereinigten Staaten von Amerika. Das geradezu schlagartige Ende der überhitzten amerikanischen Konjunktur führte fast übergangslos in die Wirtschaftsdepression.

Die völlig überzogen in Spekulationsgeschäften verstrickten und nun angeschlagenen amerikanischen Banken hatten eben noch deutschen Firmen und Institutionen, sogar dem Deutschen Reich auf recht unkomplizierte Weise Kredite gewährt. Nun forderten sie abrupt ihre in Deutschland angelegten Gelder zurück. Auch die Kreditgeber für deutsche Staatsanleihen waren nicht zu weiteren Stundungen bereit. Die unvermeidliche Folge war der Zusammenbruch der Österreichischen Kreditbank am 11. Mai 1931 und zwei Monate später der Kollaps der »Darmstädter Nationalbank« (DANAT). Hinter beiden Banken hatten Absicherungsgarantien des deutschen Staates gestanden!

Geradezu hektisch mußte nun der deutsche Staat drakonische Sparmaßnahmen beschließen und Banken sowie Sparkassen zu äußerster Kreditbremsung zwingen. Infolgedessen verlangsamte sich die Industrieproduktion ebenso zusehends wie die Arbeitslosenziffer rapide emporschnellte.

Die stark vom Außenhandel abhängige Seeschiffahrt ist stets ein sensibles Konjunkturbarometer. Und das wurden die Seeleute bald gewahr: Wenig später, im August 1931, lagen allein im Hamburger Hafen schon 80 stillgelegte Dampfer und Motorschiffe der Überseefahrt sowie drei Großsegler mit 405 000 BRT an den Pfählen. Zum Jahresende 1931 waren es bereits 219 Schiffe mit 750 000 BRT, die in deutschen Häfen »auflagen«, was 20 % der Gesamttonnage entsprach.

Bis 1931 hatten die Bremer Reederei F. A. Vinnen und die Hamburger Reederei F. Laeisz wacker den Zeitströmungen widerstanden und frachttragende Rahsegler in Fahrt behalten. Laeisz unterhielt mit sechs großen Viermastbarken sogar einen regelrechten Liniendienst rund Kap Hoorn nach Chile. Diese Schiffe ermöglichten noch immer zahlreiche Ausbildungsplätze für künftige Seeleute. Nun waren jedoch die finanziellen Zwänge unerbittlich geworden. Vier Laeisz-Viermaster mußten verkauft werden – die PEKING als stationäres Ausbildungs- und Internatsschiff nach England, PAMIR und PASSAT an Gustav Erikson und die PARMA an Ruben de Cloux, beide ansässig in Mariehamn/Ålandinseln. Nur die beiden neuesten Viermastbarken, PRIWALL und PADUA, blieben unter Laeisz-Flagge in Fahrt und boten als ladungtragende Rahsegler auch weiterhin Ausbildungsplätze.

Der Deutsche Schulschiff-Verein verzichtete im Herbst 1931 sicherheitshalber auf eine Neueinstellung von Schiffsjungen mit Ausnahme von acht Flugschülern. So ergab sich bei Antritt der Winterreise 1931/1932 die ungewöhnliche Belegung von SCHULSCHIFF DEUTSCHLAND mit 101 Leichtmatrosen aus früheren Einstellungen sowie 37 Schiffsjungen der Frühjahrseinstellung 1931.

Es war klar, daß den Schiffsleitungen beider DSV-Schulschiffe einige Zukunftsfurcht im Nacken saß, als sie im Herbst 1931 zur Winterreise in südliche Gefilde absegelten, die GROSSHERZOGIN ELISABETH nach Westindien und SCHULSCHIFF DEUTSCHLAND über Las Palmas mal wieder nach Bahia, Kapstadt und St. Helena.

Man konnte sich leicht zusammenreimen, daß der DSV angesichts der seeverkehrswirtschaftlichen Gesamtlage wohl kaum weiterhin zwei Segelschulschiffe würde in Fahrt halten können. Und so erreichte nachher die GROSSHERZOGIN ELISABETH auf der Reede von Barbados die niederschmetternde Nachricht, daß dieses Schiff nach der Heimkehr leider aufgelegt werden müsse.

Man fand aber eine probate Lösung, die sich in allen weiteren Jahren (von 1932 bis 1944) bestens bewährte: Die LISBETH diente künftig bei der Seemannsschule Hamburg-Finkenwerder als stationäres Segelschulschiff. Jeder vom DSV angenommene Schiffsjunge mußte fortan zunächst eine halbjährige stationäre Segelschiffsausbildung

Ab 1932 wurde die Grossherzogin Elisabeth stationäres Ausbildungsschiff der Schiffsjungenschule Hamburg-Finkenwerder.

auf der Grossherzogin Elisabeth durchlaufen, bevor er zur weiteren Ausbildung auf Schulschiff Deutschland versetzt wurde. Dieses modernere Schiff blieb weiterhin in Fahrt.

Für Schulschiff Deutschland verlief die Winterreise 1931/1932 störungsfrei, sozusagen »stinknormal«. Der Seetörn zum und durch den Kanal war bei Windstärken nicht über 5 geradezu ein »Kavaliersstremel«. Sturm mit Windstärken 8–9 gab es erst nach dem Verlassen des Kanals und später wieder auf 32° Nord, was der Breite zwischen Safi und Marrakesch in Marokko entsprach. Dann zeigte der Atlantik erst wieder auf dem Seetörn vor Bahia nach Kapstadt mit Sturm bis Stärke 7 seine Zähne. Und bis zu den üblichen Frühjahrsstürmen im letzten Drittel der Reise St. Helena–Bremerhaven konnte man erst einmal die günstigeren Gegebenheiten der südlichen Breiten auskosten. Zudem hatte die Schiffsleitung noch südlich des Äquators auf funktelegrafischem Wege die Gewißheit erhalten, daß Schulschiff Deutschland auf jeden Fall weiter in Fahrt bleiben werde. Das Gefühl der »drohenden Faust im Nacken« wich immer mehr einem entspannten Durchatmen.

Alle Gedanken an die wirtschaftlichen und politischen Nöte Deutschlands waren in die Ferne der Nordhalbkugel entrückt. Überdies gewann man den Eindruck, als hätte sich der Atlantik im Laufe der Zeit immer mehr mit dem gut gepflegten weißen Vollschiff aus Elsfleth angefreundet. Reinhold Walker und Johannes Diebitsch, sich nun schon jahrelang harmonisch und sinnvoll ergänzend, wirkten besonders gelockert. Sie empfanden alle schönen Seetage dankbarer denn je und dürften dabei ähnliche Empfindungen gehabt haben, wie sie später Hans von Stackelberg zum Ausdruck gebracht hat: *»Mit 4000 Meter Wasser unter dem Kiel. Hier, in der unendlich erscheinenden Weite des Atlantik, ist der eigentliche Lebensraum des Schiffes, hier gehört es hin! Kraftvoll zieht es unter geblähten Segelpyramiden seinen Kurs ... Wenn jetzt in den sternklaren Nächten die Stille auch das Oberdeck erfaßt hat, ist es, als ob das Schiff Zwiesprache mit den Elementen hielte. Wanten, Stage und Pardunen erklingen im Wind wie unwirkliche Harfenmusik, und immer wieder antwortet das Knarren der Blöcke auf das in seiner Vielfalt ständig variierende Rauschen der See.«*

Stackelberg hat, bezogen auf seine Gorch Fock, ein in der Marine immer wieder gern gesungenes Lied gedichtet, das man im gleichen Sinne auf Schulschiff Deutschland bezogen haben würde, hätte es seinerzeit schon existiert. Im Refrain des Liedes heißt es:

»Weiß ist das Schiff, das wir lieben,
weiß seine Segel, die sich bläh'n,
stets hat der Wunsch uns getrieben,
hoch vom Mast weit auf die See hinaus
zu seh'n.«

Immer wieder faszinierend und aus jedem Blickwinkel neu: die Ansicht des Schiffes von oben, »aus dem Gehölz«.

Ein Sommer voller Dramatik

Der Deutsche Schulschiff-Verein hatte vorsichtigerweise auch im Frühjahr 1932 abermals auf die Neueinstellung von Schiffsjungen verzichtet.

Schulschiff Deutschland ging zwar mit 160 Mann an Bord zur Sommerreise in See, unter denen sich 141 Zöglinge befanden. Aber es handelte sich dabei um 64 Alte und 67 Junge Leichtmatrosen. Das paßte alles besonders gut zusammen, weil nämlich 30 Alte Leichtmatrosen sowie 32 Junge Leichtmatrosen von der stillgelegten Grossherzogin Elisabeth auf das weiterhin fahrende Schiff »umgetopft« wurden. Ihre Ausbildung und Segelschiffsfahrzeit konnten also fortgesetzt werden.

Auch waren acht Junge Leichtmatrosen vom inzwischen außer Dienst gestellten frachttragenden Segelschulschiff Bremen an Bord gekommen, die ihre Fahrzeit unbedingt noch vollständig abschließen sollten und wollten.

Die Sommerreise 1932 erfuhr eine Bereicherung dadurch, daß neben den deutschen Häfen Eckernförde, Sassnitz und Travemünde endlich auch Auslandshäfen angelaufen wurden. Es handelte sich um Helsingfors/Helsinki und den schwedischen Hafen Gefle.

Das Ansegeln von Helsinki ist prickelnd interessant. Von der offenen See sind es 20 Seemeilen Revierfahrt durch den Schärengarten bis zur Hafeneinfahrt. Die Seekarte dieses Bereichs sieht aus, als habe sie die Masern: Unzählige Schären und Inselchen gilt es in dem allerdings hervorragend mit Tag-Seezeichen ausgestatteten und nachts gut befeuerten Fahrwasser zu umsteuern.

Navigatorisch ihrer Sache souverän sicher, nahm die Schiffsleitung von Schulschiff Deutschland die beiden bereitliegenden Schlepper erst kurz vor dem Eteläsatama, dem Innenhafen am Stadtkern, an. Mit vollzählig »gesetzten Lappen« hatte das Schiff zuvor die schützend vor der Reede von Helsinki liegenden Schären und Eilande umsegelt und damit helle Begeisterung ausgelöst. Im Blickfeld lag nun das Panorama der schönen Metropole. Auf einem hohen Granitsockel sieht man die klassizistische Nikolaikirche, den Dom dieser Stadt und daneben die beiden schlanken Turmspitzen der Lutherischen Kirche, die drei Türme des Observatoriums sowie die markanten golden glänzenden Zwiebelkuppeln der russisch-orthodoxen Uspenski-Kathedrale auf der Insel Suomenlinna.

Der Liegeplatz von Schulschiff Deutschland war beneidenswert gut ausgesucht. Von der Gangway war es nur ein Katzensprung zu den großen Boulevards – den beiden Esplanad katus, der Korkea Vuoren – und der Alexanterine katu.

Die Stadt, von den Finnlandschweden auch heute noch Helsingfors genannt, wurde von Gustav Wasa im Jahr 1550 gegründet und bildete fortan einen Bestandteil des Königreichs Schweden, ehe Finnland 1809 an das russische Zarenreich abgetreten werden mußte. Das brachte einen bedeutenden Aufschwung der Stadt Helsingfors mit sich, weil sie zur Hauptstadt des neuen russischen Großfürstentums wurde.

Beim Stadtspaziergang fühlten sich die Berliner unter den DSV-Schulschiffern beinahe zu Hause. Das in der Zarenzeit geprägte Gesicht der Altstadt wurde nämlich vor allem vom Berliner Architekten Carl Ludwig Engel geprägt (gestorben 1840). Er war ein Studiengenosse des berühmten preußischen Regierungsbaumeisters Karl Friedrich Schinkel, der als Meister des Klassizismus galt. Die Klarheit und die Schlichtheit seiner Bauwerke und jener von Carl Ludwig Engel ergeben eine Seelenverwandtschaft zwischen Berlin und Finnlands Hauptstadt. Der russische Zar Alexander I. hatte den Architekten als Stadtbaumeister ins Land geholt. Und so bildet das Denkmal dieses Zaren den optischen Mittelpunkt des Senaatintori, des Senatsplatzes. Engels imponierendste Bauwerke, die Domkirche, die Universitätsbibliothek, das Staatsratsgebäude und die alte Holzkirche, befinden sich in diesem klassizistischen Zentrum der »Empirestadt«.

In Steinwurfweite vom Liegeplatz des vielbestaunten Windjammers Schulschiff Deutschland entfernt lag der Kauppätori, der Markt von Helsinki, mit seiner charakteristischen Markthalle aus der Zarenzeit. Sein kleinstädtisch-gemächliches Markttreiben auf der Wasserseite der Innenstadt, auf den Bord an Bord festgemachten sanft schaukelnden Marktbooten und in einer Vielzahl von Verkaufsbuden an Land war natürlich der richtige Ort für eins der beiden in Helsingfors veranstalteten Platzkonzerte der Schulschiff-Bordkapelle. Auch Schulschiff Deutschland selbst wurde wenig später von einer großen Menschenmenge umringt, als die weißgekleidete Besatzung ein fast artistisch anmutendes Schau-Segelexerzieren bot.

Schulschiff Deutschland begegnete dem Reichsmarinesegelschulschiff *Niobe* auf der Sommerreise 1932 zwischen Travemünde und Helsinki zum letzten Male, kurz vor dessen Untergang.

Schulschiff Deutschland stand im Mittelpunkt des öffentlichen Interesses. Seine Besatzung spürte spontan die fast überschwengliche Deutschen-Freundschaft der Bevölkerung. Aber erst allmählich wurde auch den Jungseeleuten der Grund dafür klar: Nach der Oktoberrevolution von 1917, als das Zaristische Reich in den Bürgerkriegswirren unterging, hatte Finnland 1918 mit deutscher Hilfe seine langersehnte Selbständigkeit erlangt. Ein in Deutschland ausgebildetes finnisches Jägerbataillon, unterstützt von 9000 Soldaten der deutschen Ostsee-Division und der Marine, hatte den Widerstand der bewaffneten Revolutionsgarden brechen und dadurch die vom Gros des finnischen Volkes angestrebte Separation als freiheitlich demokratische Republik erreichen können.

Später, zum Abschied, enterten noch einmal alle Toppsgasten zu ihren Manöverstationen auf und brachten, auf den Fußpferden der Rahen stehend, ein dreifaches Hipphipphurra auf diesen gastfreien Hafen aus. Sofort danach setzte die Bordkapelle mit der finnischen Nationalhymne ein. Es war recht bewegend. Das Ablegen des weißen Windjammers geriet zu einem Volksfest und zu einer echten Demonstration der Freundschaft. Es war nachher unmöglich, all die vielen Boote und Jachten zu zählen, die sich vor der Hafeneinfahrt zum Korso formierten, um dem auslaufenden Vollschiff das Ehrengeleit zu geben.

Die Sommerreise 1932 bot geradezu ein Kontrastprogramm. Die Tage in den beiden skandinavischen Häfen waren Tage der politischen Windstille, während die zuvor angelaufenen deutschen Ostseehäfen die Hektik einer immer turbulenter gewordenen Innenpolitik hatten erkennen lassen. Seitdem im Frühjahr 1932 die Arbeitslosenziffer in Deutschland auf 6,6 Millionen angewachsen war, erwarteten die Massen immer dringender einen Erlöser aus dem Dilemma, sie erhofften sich einen starken Mann. Für diese Rolle hatte sich jener Adolf Hitler mit eindringlicher Rhetorik empfohlen, dessen NSDAP am 24. April 1932 bei den Landtagswahlen in Preußen zur stärksten Partei geworden war.

Draußen auf See kümmert man sich nicht viel um Politik. Da der Mikrokosmos eines Schiffes, zumal unter Segeln, seine eigene Weltordnung vorschreibt, ist man dem Tagesgeschehen weit entrückt. Und so vermochte man sich aus der am 31. Juli 1932 eingetroffenen funktelegrafischen Nachricht, daß Hitlers Nationalsozialistische Deutsche Arbeiterpartei als stärkste Fraktion auch aus den Wahlen hervorgegangen sei und 230 Reichstagsmandate erhalten würde, auch nichts Konkretes zusammenzureimen.

Etwas ganz anderes hatte dagegen kurz zuvor die Besatzung von Schulschiff Deutschland bis in die Grundfesten erschüttert und stand im Mittelpunkt aller Gedanken und Gespräche: Gerade während der so anregenden Liegezeit in Helsinki war die unfaßbare Nachricht eingetroffen, daß das Segelschulschiff der Reichsmarine Niobe am 26. Juli 1932 gesunken sei.

Man beschaffte sich jede Zeitung, gleich welcher Sprache, die in Helsingfors überhaupt aufzutreiben war. Und so gewann man erste Gewißheit über das Geschehene: Die Niobe war im Fehmarnbelt bei einer urplötzlich einsetzenden, extrem starken Gewitterböe so rasch gekentert, daß 69 Besatzungsangehörige – die meisten von ihnen Offiziersanwärter – nicht mehr aus dem Segler herausgekommen und in dem sinkenden Schiff ertrunken waren.

Die Zeitung »Svenska Dagbladet« meldete, daß sofort ausgesetzte Rettungsboote vom Fehmarnbelt-Feuerschiff sowie vom zufällig in der Nähe befindlichen Frachter Theresa L. M. Russ zusammen 40 Überlebende hatten retten können. Es war alles unfaßbar. Eben noch war Schulschiff Deutschland der Niobe auf der Reise von Travemünde nach Finnland begegnet. Fast gleichzeitig hatten beide Segler das Flaggensignal »Wünsche Ihnen gute Reise!« gesetzt.

Erstmals waren die beiden Schiffe auf der Sommerreise 1930 in Kiel zusammen. Und im Vorjahr, im Zusammenhang mit der Feierlichkeit aus Anlaß des Panzerschiff-Stapellaufes, hatten Schulschiff Deutschland und Segelschulschiff Niobe übungshalber ganz langen Signalaustausch mit Winkflaggen und Morselampen gehabt.

Die Beziehungen zwischen dem Deutschen Schulschiff-Verein und dem Schulschiff Niobe waren enger, als in der Öffentlichkeit bekannt war. Ehe dieser Reichsmarine-Segler nämlich in Dienst gestellt wurde, hatte man dessen gesamte Stammbesatzung auf Grossherzogin Elisabeth ausgebildet und auf ihre neue Aufgabe vorbereitet.

Die Kaiserliche Marine hatte ihre traditionelle Segelschulschiff-Pflichtausbildung für alle Offiziersanwärter und künftigen seemännischen Unteroffiziere in den Jahren 1907–1909 schweren Herzens abbrechen und ihre letzten Rahsegler dieses Metiers (Stosch, Moltke, Stein und Charlotte) aus der Fahrt nehmen müssen. Durch den notwendig gewordenen allzu raschen weiteren Aufbau der Flotte, infolge des von der Dreadnought-Politik der Briten ausgelösten maritimen Rüstungswettlaufs, mußte aus Gründen der Zeitersparnis die Bordausbildung von Seekadetten fortan auf den fünf für diesen Zweck umgebauten Großen Kreuzern Victoria Louise, Hertha, Freya, Vineta und Hansa vorgenommen werden. Die alleinige Ausbildung auf den Schulkreuzern war eine von politischen Umständen erzwungene Notlösung. Das widerstrebte den Seeoffizieren zutiefst. Jeder, der noch eine Segelschulschiff-Ausbildung durchlaufen hatte, wußte allzugut, was er ihr verdankte.

Sowie sich die gemäß Versailler Vertrag kleingeschrumpfte 15 000-Mann-Marine der Weimarer Republik nach den Anfangswirren der Umbruchjahre einigermaßen gefestigt hatte, kehrte sie unverzüglich zur Bordausbildung unter Segeln für ihre künftigen Offiziere und seemännischen Unteroffiziere zurück. Ungeachtet ihrer äußerst knappen Geldmittel kaufte sie den 1916 als Prise von einem deutschen Unterseeboot erbeuteten dänischen Viermastschoner Morten Jensen und stellte ihn unter dem neuen Namen Niobe zunächst als sogenannten Segeltender in Dienst, unter anfänglicher Führung des berühmt gewordenen »Seeteufels« Graf Felix von Luckner, der mit dem Hilfskreuzer Seeadler das letzte Segelkriegsschiff der Geschichte geführt hatte.

Im Winterhalbjahr 1922/1923 wurde der Neuerwerb vom Gaffelschoner zur dreimastigen sogenannten »jackass-barque« umgeriggt. Darunter versteht man einen Rahsegler, der anstelle des Rah-Großsegels auch am Großmast ein Gaffelsegel führt. Als Mischung also zwischen Barkentine und Bark setzte die Niobe am 30. April 1923 als weitgehend rahgetakeltes Segelschulschiff Flagge und Wimpel und wurde bald darauf in die Liste der Kriegsschiffe aufgenommen.

Natürlich gab es auf der gesamten 23tägigen Heimreise von Gefle nach Bremerhaven auf Schulschiff Deutschland kaum noch ein anderes Gesprächsthema als den Seeunfall der Niobe. Und es schwang immer von neuem die Furcht mit, daß dieses bis dato schwerste Unglück in der Geschichte der deutschen Schulschiffahrt abermals Wasser auf die Mühlen derer gießen würde, die als erklärte Gegner von Segelschulschiffen »schon immer dagegen« waren. Das würde sicherlich auch für Schulschiff Deutschland höchst nachteilig sein.

Aber es kam doch alles ganz anders. Über Parteienzwist und ideologische Gräben hinweg ergriff eine Welle von Trauer und Mitgefühl die Deutschen. Der anfängliche Schock schlug bald in eine Dennoch-Reaktion um. Nach der Devise »Nicht klagen – wieder wagen« gingen aus allen Kreisen der Bevölkerung Geldbeträge als »NIOBE-Spende« ein. Auch brachte die Preußische Staatsmünze (Münzanstalt) nach einem Entwurf von Professor Oskar Glöckler eine NIOBE-Gedenkmünze heraus, die mit amtlicher Genehmigung an den Bankschaltern zugunsten des entstandenen Hilfswerks zum Verkauf gebracht wurde. Insgesamt kamen rund 200 000 Reichsmark auf dem Berliner Spendenkonto zusammen, so daß die Marineleitung die noch bestehende Finanzierungslücke zum Bau eines neuen, größeren Segelschulschiffs schnell gedeckt fand. Sie schrieb das »Projekt 1115 Ersatz NIOBE« aus. Die Deutschen Werke und die Germaniawerft in Kiel, die Howaldtswerke, die Deschimag sowie Blohm & Voss wurden aufgefordert, entsprechende Entwürfe einzureichen. Aber die Deschimag hatte unverständlicherweise die im Segelschiffbau besonders namhafte Werft Joh. C. Tecklenborg in Geestemünde stillgelegt und sogar demontiert. Nun mußte die Deschimag-Konzernleitung eingestehen, daß sie leider für eine Bauausführung keine Leute mehr hätte. Unter den übrigen Bewerbern machte Blohm & Voss als im Rahseglerbau einschlägig erfahrenste Werft das Rennen.

Einigkeit bestand darüber, daß künftig nur noch extrem sichere Segelschulschiffe, bei denen jeder Stabilitätsunfall, jedes Kentern ausgeschlossen blieb, zu verantworten waren. Und so kam man bei der Marineleitung in Berlin ganz »automatisch« darauf, sich mit SCHULSCHIFF DEUTSCHLAND als dem ausgereiftesten Rahsegler solcher Art gründlich zu befassen.

Man erkannte in Berlin, daß SCHULSCHIFF DEUTSCHLAND das am perfektesten durchkonstruierte Schiff aus dem Quartett der DSV-Rahsegler war. Bei seinem Bau waren sämtliche Erfahrungen ausgewertet worden, die man mit der von Georg W. Claußen persönlich entworfenen »Urmutter« GROSSHERZOGIN ELISABETH, aber auch mit deren Nachfolgebauten PRINZESS EITEL FRIEDRICH und GROSSHERZOG FRIEDRICH AUGUST hatte sammeln können.

SCHULSCHIFF DEUTSCHLAND in Flensburg in den 1920er Jahren. (Foto: Th. Thomsen, Flensburg, Sammlung DSM)

Das Kunststück gelang

Nach gründlicher Prüfung aller Zeichnungen, Trimmtabellen und Stabilitätskurven wußte man, daß Schulschiff Deutschland das bestmögliche Vorbild für den Ersatzbau Niobe war. Aus dem darauf beruhenden Vorentwurf entstand nach detaillierten Bauvorschriften des damaligen Marineoberbaurates Hermann Burkhardt[17] eine endgültige Konstruktion, die unverkennbar auch die »Handschrift« des Blohm & Voss-Konstruktionsleiters Dr. Süchting trug.

Aber die Werft übernahm mit dieser Bau-Nr. 495 eine recht vertrackte Aufgabe. Die Marine bestand darauf, bereits die Crew 33, d.h. der nächstjährige Seeoffizier- und Sanitätsoffizier-Jahrgang, ab 1. Juli 1933 auf dem Schiff auszubilden. Die Sache drängte deshalb so sehr, weil die nach dem Untergang der Niobe ersatzweise als Behelfsschulschiff gecharterten Schonerjachten Jutta und Edith des Deutschen Hochseesportverbandes »Hansa« – als Nicht-Rahsegler ohnehin nur Notbehelfe – von diesem Zeitpunkt an nicht mehr zur Verfügung stehen würden. Eine Unterbrechung der Segelschiffsausbildung sollte aber keinesfalls eintreten!

Man schaffte es tatsächlich, das am 3. Mai 1933 vom Stapel gelaufene Segelschulschiff binnen 100 Tagen fertigzustellen. Auf den Namen Gorch Fock getauft und als Bark getakelt, konnte es am 26. Juni 1933 in Dienst gestellt werden.

Weitere Bauaufträge ließen nicht lange auf sich warten. Als 1935 aufgrund des englisch-deutschen Flottenabkommens die starren Bestimmungen des Versailler Vertrages aufgehoben wurden und die deutsche Flotte künftig 35 % der britischen Flottenstärke aufweisen durfte, führte die damit verbundene personelle Ausweitung automatisch auch dazu, daß die zum Oberkommando der Kriegsmarine gewordene vormalige Marineleitung bei Blohm & Voss Nachfolgebauten der Gorch Fock in

Schulschiff Deutschland wurde das Vorbild für alle Segelschiffe der Gorch-Fock-Klasse.

Auftrag gab. Die um rund 300 Verdrängungstonnen größeren Barken Horst Wessel (Indienststellung 16. September 1936) und Albert Leo Schlageter (Indienststellung 30. Oktober 1937) blieben nicht die einzigen, denn die Qualität und Sicherheit dieser Segelschulschiffe hatten zur Folge, daß nach gleichen Plänen die am 25. Januar 1939 als Exportauftrag für die rumänische Marine abgelieferte Mircea und beim Aufbau der Nachkriegs-Bundesmarine die zweite und damit jetzige Gorch Fock (II) (Indienststellung 17. Dezember 1958) entstehen konnten.

Der DSV-Geschäftsführer Wulf Dominik liegt richtig mit seiner Aussage: »Die fünf in Fahrt gekommenen Segelschulschiffe dieser Klasse sind alle noch vorhanden, unter den Namen Gorch Fock (I), Eagle, Sagres, Mircea und Gorch Fock (II). Sie segelten seit den dreißiger Jahren unfallfrei und gelten als die sichersten und gelungensten (Marine-)Rahsegler der Schiffbaugeschichte« – so sicher also wie die als Vorbild genommene Typenreihe der vier »Weißen Schwäne« des Deutschen Schulschiff-Vereins. Auch diese zivilen Segelschulschiffe haben niemals einen Seeunfall erlitten.

Die Wechselwirkung zwischen Schulschiff Deutschland und den Marine-Schulschiffen des Typs Gorch Fock als Ersatzbau für die Niobe war fruchtbar. Während die Gorch Fock im Bau war, wurde deren Stammbesatzung auf Schulschiff Deutschland ausgebildet.

Kapitän mit »bunter« Vorgeschichte

Als SCHULSCHIFF DEUTSCHLAND am 7. November 1932 zur Winterreise nach Teneriffa, Port Castries/Santa Lucia, La Guaira/Venezuela, St. Thomas/Virgin Islands auslief und dann vom letztgenannten Hafen nach Bremerhaven zurücksegelte, waren an der Zusammensetzung der 139 eingeschifften Zöglinge immer noch die infolge der Wirtschafts- und Schiffahrtskrise eingetretenen Verwerfungen ablesbar. Zwar hatte der Deutsche Schulschiff-Verein inzwischen das Ventil behutsam noch weiter geöffnet und neben den 20 nunmehr Alten Jungen von der Frühjahrseinstellung 1932 und abermals zehn Flugschülern immerhin schon 36 Neue Schiffsjungen zur Herbsteinstellung 1932 angenommen. Aber unter den 67 Leichtmatrosen dieser Westindien-Winterreise befanden sich immerhin sechs vom Vollschiff BREMEN und 13 von der verkauften Laeisz-Viermastbark PEKING, denen die Komplettierung ihrer erforderlichen Segelschiffsfahrzeit und die geordnete weitere Ausbildung ermöglicht werden sollte.

Für Kapitän Walker wurde es die letzte Reise als Führer von SCHULSCHIFF DEUTSCHLAND. Er hatte dieses DSV-Schiff fast sechs Jahre lang geführt. Aber ihm schwante, daß es nun höchste Zeit wurde, sich am Hamburger Ballindamm bei der Hauptverwaltung seiner Reederei Hapag doch wieder in Erinnerung zu bringen, um nicht etwa in der Rangliste der Kapitäne »achterauszusegeln«. Zählte man nämlich seine vorherige Zeit auf der GROSSHERZOGIN ELISABETH mit, dann war Reinhold Walker rund neun Jahre für den Deutschen Schulschiff-Verein freigestellt worden. Er mußte nun mit einigem Nachdruck dafür sorgen, daß er endlich mal wieder ein reedereieigenes Schiff führen durfte. Das war natürlich kein Rahsegler mehr. Das Zurückwechseln auf eine Dampferkommandobrücke war für diesen geradezu begnadeten Rahsegler-Kapitän eine große Umstellung. Man kolportierte, daß er anfangs bei jedem Verlassen des Ruderhauses noch immer zuerst nach oben geblickt habe, wie er es zur Kontrolle der Segelstellung vorher auf dem Schulschiff stets getan hatte.

Sein Nachfolger als Kapitän von SCHULSCHIFF DEUTSCHLAND kam vom Norddeutschen Lloyd. Er konnte von sich sagen, in seinem Leben sogar schon mal Zuchthäusler gewesen zu sein, was ihm, dem Kapitän Walther von Zatorski, in der christlichen Seefahrt den unabwaschbaren Spitznamen »Ede« eingebracht hat.

Im neuseeländischen Zuchthaus Mount Eden von Auckland hatte er, stärkstens bewacht, mehrere Wochen lang unter Schwerverbrechern brummen müssen, bevor man ihn in andere Verliese weiterreichte. Das Mount-Eden-Intermezzo hatte eine abenteuerliche Vorgeschichte:

Walther von Zatorski hatte seine Kadettenzeit 1911–1914 auf den frachttragenden Lloyd-Segelschulschiffen HERZOGIN SOPHIE CHARLOTTE und HERZOGIN CECILIE absolviert. Kurz vor dem Abschluß brach jedoch 1914 der Krieg aus. Zusammen mit anderen Kadetten geriet von Zatorski auf Samoa in britische Gefangenschaft und wurde später auf die Internierungsinsel Motuihi im neuseeländischen Hauraki-Golf verfrachtet. Hier wurde eines Tages auch der »Seeteufel« Graf Luckner zusammen mit seinem Navigationsoffizier Carl Kircheiß eingeliefert. Nach Strandung ihres Segelhilfskreuzers SEEADLER auf dem Südsee-Atoll Mopelia hatten Luckner und Kircheiß sowie vier weitere Besatzungsmitglieder unter unglaublichen Strapazen mit einem nur sechs Meter langen Beiboot, unter permanentem Ausschöpfen eingedrungenen Wassers, eine 2300 Seemeilen lange Strecke bis zur Fidschi-Insel Katafanga zurückgelegt. Ihre Nußschale hatte ganze 28 cm Freibord, denn sie war bis in den letzten Winkel mit Proviant, Wasser, einem Maschinengewehr, zwei Karabinern, Munition und Handgranaten vollgestopft. Die sechs Deutschen hatten die verwegene Absicht, unterwegs ein Schiff zu kapern, mit dem sie die auf Mopelia festsitzenden übrigen SEEADLER-Schiffbrüchigen abholen wollten. Auf der Reede von Katafanga schien es endlich zu klappen. Sie waren gerade dabei, einen Schoner zu überlisten, als ein britischer Dampfer mit einem Kommando bewaffneter Polizei an Bord heransteamte und diesem Handstreich ein vorzeitiges Ende setzte. Nach der Gefangennahme hat man Luckner und Kircheiß von ihren vier Bordkameraden getrennt und nach Motuihi gebracht.

Luckner hatte vom ersten Augenblick seiner Einlieferung ins Lager Motuihi nichts anderes im Kopf als baldmögliches »Auspicken«. Er plante eine sorgfältig vorbereitete Flucht mit der erneuten Absicht, dabei ein Schiff zu kapern und sein ursprüngliches Mopelia-Vorhaben doch noch durchzuführen. Luckner benötigte verschwiegene Mitwisser und aktive Mittäter. So wurde er auf den begabten Mathematiker und Bastler Walther von Zatorski aufmerksam. Als der Graf ihm anvertraute, daß für eine Flucht über See vor allem nautische Instrumente unabdingbar waren, schaffte es der Kadett, aus dem angeschwemmten hölzernen Ruderquadranten eines kleinen Bootes, aus Rasierapparaten und zusammengestohlenen handgeschliffenen Taschenspiegeln einen präzise arbeitenden Sextanten zu bauen. (Er liegt bis zum heutigen Tage als besonders glanzvolles Exponat im War Museum von Auckland und wurde bereits zweimal Gegenstand wissenschaftlicher Examensarbeiten sowie eines Fachkongresses.)

Natürlich gehörte von Zatorski nachher auch zu den Teilnehmern der tollkühn zu nennenden Flucht. Sie fand bei hellem Tageslicht statt, sinnigerweise mit dem entwendeten Privat-Motorboot des Lagerkommandanten, der nicht bemerkt hatte, daß sein Boot seit Tagen Zug um Zug mit Ausrüstung jeder Art vollgestopft wurde, sogar mit selbstgebastelten Handgranaten, deren Sprengstoff ein Arbeitskommando beim Stubbenroden und dem damit verbundenen Sprengen von Baumwurzeln »entsteißt« hatte.

Die Flucht von Motuihi gelang tatsächlich, drei Tage später sogar das Aufbringen eines Schoners.

Natürlich hatte man auf Neuseeland »die große Kurbel« angesetzt und eine ganze Mahalla von Suchfahrzeugen ausschwärmen lassen, um die Ausreißer dingfest zu machen. Das gelang schließlich einem armierten Regierungsdampfer, gegen den Widerstand zwecklos gewesen wäre.

Die von der spektakulären Flucht düpierten höheren Chargen des Militärs und der Regierungsbehörden waren derart »in Braß«, daß sie die aufgegriffenen »Piraten« zunächst hinter Zuchthausmauern verschwinden ließen. Aber ganz so einfach war das dann doch nicht, weil es sich immerhin um geflüchtete Kriegsgefangene handelte, die wenigstens halbwegs nach der Genfer Konvention behandelt werden mußten. Man expedierte die Häftlinge in reguläre Gefangenenlager, allerdings unter besonderen Vorsichtsmaßnahmen.

Bei Kriegsende endlich wieder nach Deutschland zurückgekehrt, besuchte Walther von Zatorski sofort die Seefahrtschule und legte noch 1919 das Patent zum Seesteuermann auf Großer Fahrt ab. Nach drei Jahren Fahrzeit als 4. und 3. Offizier bei Hapag und Lloyd wurde »Ede« 1925 »Zweiter« auf der GROSSHERZOGIN ELISABETH und nach dem Examen zum Kapitän auf Großer Fahrt 1926 »Erster« auf Vollschiff BREMEN, das er 1928–1931 als Kapitän führte – bis zu dessen Außerdienststellung.

Insgesamt hatte von Zatorski 16mal Kap Hoorn umrundet, davon sechsmal als Kapitän. Nach erneuter Fahrzeit auf Dampfern in den Jahren 1931–1932 übernahm er im Frühjahr 1933 SCHULSCHIFF DEUTSCHLAND, mit dem er am 20. April die Sommerreise 1933 antrat. Sie führte zunächst durch die Nordsee, erstmals nach Edinburgh, danach ins schwedische Malmö, bevor dann wieder die Häfen Flensburg, Travemünde, Königsberg und Swinemünde folgten.

Walther von Zatorski, eloquent und kontaktfreudig, gelegentlich sogar zu Streichen aufgelegt, war der verkörperte Gegensatz zum introvertierten und zumeist verschlossenen Reinhold Walker. In einem jedoch waren beide uneingeschränkt gleich: Sie waren strenge, aber gerechte Schiffsführer und brillante Seemannschaftler, die mit SCHULSCHIFF DEUTSCHLAND beide gleichermaßen »ihren Namen schreiben« konnten.

Beiden Kapitänen (wie nachher auch ihren Nachfolgern) entging wohl kaum etwas, weder eine falsch aufgeschossene Leine noch eine vernachlässigte Decksplanke. Sie bemerkten auch oben im Rigg jede entstandene Schamfiel-Schadstelle, aber auch etwa aufgetretene »Fleischhaken« als erste Anzeichen der irgendwann drohenden Bruchgefahr einer Stahlleine des stehenden Guts. Sie wurden Sturmblessuren, Splintbrüche oder Nietlockerungen mit wachsamen Augen gewahr. Meistens hatte der 1. Offizier dasselbe auch schon bemerkt und Maßnahmen zur Abhilfe eingeleitet. Aber die Faustregel galt, daß zwei Augenpaare mehr sehen als ein einzelnes.

Regelmäßige Toppkontrollen gehören seit jeher zu den Obliegenheiten eines Rahseglerkapitäns. Und jeder entwickelt bei solchen Prozeduren seinen eigenen Stil. Die »Spaziergänge« und »Gebirgswanderungen« des neuen Kapitäns, vom Klüvernetz bis hinauf zu den Bramstengen, hatten etwas katzenhaft Geschmeidiges an sich und verrieten intensives sportliches Training.

Zu den Hobbys von »Ede« gehörten übrigens kleine Überraschungseffekte bei Zöglingen, die sich gerade mal ganz besonders unbeobachtet wähnten. Kapitän von Zatorskis Allgegenwart wurde bald Bordgespräch, dieser Mann war ja wirklich »überall und nirgends«. Sein besonderes Augenmerk galt den beliebten Verholstationen der »Funktionäre«. Es hatten nämlich Zöglinge in Kabelgatt und achterer Taulast, Farblast, Lazarett, Proviantraum Funktionärsposten zu besetzen und dabei mit Schmied, Zimmermann, Segelmacher und Proviantmeister zusammenzuarbeiten. Diese Posten wurden spätestens vierteljährlich gewechselt. Wer sie jedoch innehatte, war stets besonderen Versuchungen ausgesetzt. Während

»Ede« von Zatorski bei seinen charakteristischen »Spaziergängen« übers Schiff, denen bald wieder eine »Gebirgswanderung« bis hinauf zu den Bramstengen folgte. Ein guter Rahsegler-Kapitän sieht einfach alles.

sich die anderen Junggrade mit Reinschiff oder gar Deckscheuern abzuquälen hatten, verlockte die Abgelegenheit der einen oder anderen »Last« die Funktionäre doch schon mal zu einem kleinen Nickerchen, zum heimlichen Schmökern oder auch mal dazu, im Proviantraum in bestimmten Augenblicken kräftig zur Ergänzung des persönlichen Speisezettels beizutragen. »Ede« kannte aber seine Pappenheimer und man war vor seiner Allgegenwart nie sicher.

Neben den geschilderten Möglichkeiten waren die Funktionärsposten auch noch äußerst lehrreich. Man kam unmittelbar mit handwerklichen Fertigkeiten in Berührung, die man während der Schülerjahre nie erlebt hatte. Man erlernte sogar, über den recht intensiven Unterricht im Fach Seemannschaft hinaus, noch zusätzlich höchst interessante Zierknoten sowie Tauwerksarbeiten oder lernte Kniffe auf dem Gebiet der Holz- und Metallbearbeitung.

Übrigens wurden sämtliche Alten Leichtmatrosen als Funktionäre im Segelnähen perfekt ausgebildet. Seit 1932 hatten sie einen Lehrmeister hohen Grades an Bord. Er war das Original von SCHULSCHIFF DEUTSCHLAND schlechthin. Dieser Segelmacher hatte den Spitznamen »Hein Pampig«, und nur Eingeweihte wußten, daß er in Wirklichkeit ein Adliger war, dessen Seefahrtbuch auf den Namen Georg Freiherr von Kiedrczynski ausgestellt war. Als »schwarzes Schaf« der Familie war er auf ähnliche Weise zu Hause durchgebrannt wie seinerzeit Graf Luckner.

»Hein Pampig« war als Segelmacher unschlagbar tüchtig. Er hatte zuvor schon auf der GROSSHERZOGIN ELISABETH zum lebenden Inventar gehört. Als dieses Schiff dann aber 1932 in Hamburg-Finkenwerder stillgelegt werden mußte, um künftig nur noch stationäre Ausbildung anzubieten, wäre das für den »ollen Seilmoker« einem Todesurteil gleichgekommen. Er war für ein Leben ohne die See einfach nicht mehr zu gebrauchen. Und so traf es sich gut, daß der Segelmacher von SCHULSCHIFF DEUTSCHLAND gerade einen Landposten suchte – man tauschte die beiden einfach von Schiff zu Schiff aus.

»Hein Pampigs« Spitzname kam nicht von ungefähr. Seine Ausdrucksweise taugte nicht gerade für zartbesaitete Muttersöhnchen. Aber die Zöglinge schrien keineswegs gleich nach einem Rechtsanwalt, wenn sie von ihm als »Fauler Kiboko«, »Müdes Reffbändsel« oder »Kardeelen-Fussel« bezeichnet wurden. Die Komik der Gesamterscheinung dieses Segelmachers, der als Halbrusse auch mit dem Deutsch nicht immer klarkam und zudem noch einen Sprachfehler hatte, wurde bislang wohl noch von niemandem besser geschildert als von Rolf Wohlert. Dessen erste Begegnung mit dem Segelmacher gestaltete sich so:

»Plötzlich stand er vor mir, ein Ausweichen war nicht mehr möglich. ›Komm sich Di-Hi mal her, hab sich Di-Hi noch nie gesehen, wie heißt sich Di-Hi?‹

Ich nannte brav meinen Namen und wich seinen prüfenden Blicken nicht aus. Seine schmalen listigen Augen musterten mich von oben bis unten. Sein Gesicht war voll grober Narben, die von einer tropischen Krankheit herrühren mochten. Die Nase war erschreckend groß.

Wenn ich jetzt auch nur eine Miene verziehen würde, wäre es sicherlich um mich geschehen. Ich hielt seinem Blick stand, doch meine Knie waren leicht am Zittern. Der Segelmacher wollte mich so aber noch nicht entlassen. Er kam mit seiner Hand, einer wahrhaften Pranke, steckte einen seiner knochigen Finger durch den Steg meiner Segelbluse und klopfte einmal kurz, aber kräftig gegen mein Brustbein. Ich hätte aufheulen mögen, solch ein Schmerz durchfuhr mich, doch ich biß die Zähne zusammen. Dann klopfte er ein zweites Mal, ich zuckte und riß den Mund auf. Er sah mich scharf an und ließ mich los. Anscheinend war ich in seinen Augen jetzt tauglich oder hatte eine seiner Prüfungen bestanden.

›Werde sich Di-Hi ganz besonders im Auge behalten, weiß sich Di-Hi jetzt Bescheid, habe sich Di-Hi gewahrschaut!‹«

Wer Gorch Focks »Seefahrt ist not« und des Dichters Schilderungen über den Finkenwerder Segelmacher und Spökenkieker Thees to Baben gelesen hat, der würde sich nicht gewundert haben, wenn das Bordoriginal »Hein Pampig« ebenfalls hätte »Blut stillen, Krankheiten besprechen, Hexen bannen und Schweine zum Fressen bringen« können.

Was dieser »Seilmoker« aber unbestreitbar genial beherrschte, das war der Umgang mit jeder Art von Tauwerk und Segeltuch. Wer bei ihm Segelnähen lernte, der nahm wirklich ein Stück Meisterschaft mit in seinen Seemannsberuf.

Kapitän Zatorski änderte die eingefahrene Dienstplangestaltung seines Vorgängers in einem Punkt erheblich: Eine allzu große Zerstückelung der Tagesabläufe durch die unterschiedlichen Divisionsstundenpläne wurde fortan vermieden. Er ließ vielmehr sämtliche Jahrgänge zugleich besonders zu Konservierungsarbeiten am Schiff heranziehen und förderte damit die praktische seemännische Ausbildung. Heutzutage würde man von Synergieeffekten reden, wenn bestimmte Arbeiten zu Alle-Mann-Manöver ausgestaltet wurden.

So ließ der neue Kapitän auf der Winterreise 1933/1934 durch »Heruntergeben« aller Royal- und Bramrahen sowie das Einfieren der Bramstengen zusätzliche Möglichkeiten schaffen, durch Arbeiten in der Takelage Übung und sogar Perfektion zu erlangen. Bei dieser Gelegenheit wurden sogar die FT-Rahen (Funkantennen) tiefer versetzt und sämtliches Royal- und Bramgut gründlich überholt.

Man trennte also den theoretischen und den praktischen Unterricht der einzelnen Divisionen bei langen Seetörns nicht mehr stunden-, sondern tage- oder sogar wochenweise. Das änderte nichts daran, daß Kapitän von Zatorski beim nunmehrigen theoretischen Blockunterricht die bewährten »Repetitionen« seines Vorgängers Walker beibehielt. Er nahm sie von Zeit zu Zeit persönlich ab, um sich vom Wissensstand seiner Schützlinge zu überzeugen. Den ärztlichen Unterricht ließ er durch ein notwendiges Stück Praxis erweitern: Wie waren Verletzte richtig anzufassen, wie konnte man sie tragen oder auch mit primitiven Mitteln transportieren und nötigenfalls aus der Takelage nach unten bringen?

Daß kein neuer Kapitän in puncto Manövrierkunst und Schneid hinter seinem Vorgänger zurückstehen mochte, liegt in der Natur des Menschen. Der weitmögliche Verzicht auf Schlepper wurde für Schulschiff Deutschland immer mehr zur Ehrensache. Die erste Kostprobe seiner Fähigkeiten auf diesem Gebiet gab »Ede« bereits in Rio: Bei achterlichem Wind wurde der Ankerplatz mit allen gesetzten Segeln angesteuert, das Schiff dort zwischen zwei Bojen aufgedreht und mit allen Segeln und Toppen backgebraßt. Dann wurde der Anker geworfen und die Kette mit Rückwärtsfahrt am Spill auf 50 m Länge ausgefahren. Währenddessen wurden sämtliche Segel geborgen, so daß später das Schiff gut klarschwojen und die Hafentage über liegenbleiben konnte.

Das Manöver löste derartige Hochachtung aus, daß ein brasilianischer Admiral an Bord erschien und sich mit fachlichen Fragen nicht genugtun konnte. Außerdem übermittelte er sofort eine Einladung zur Besichtigung einer brasilianischen Militärschule, wo Offiziere und Zöglinge in zuvorkommendster Weise behandelt wurden. Im Kapitänsbericht fand man nachher den Satz: »Wenn in Betracht gezogen wird, daß das Heer französisch, die Marine amerikanisch geschult und mit dementsprechenden ausländischen Militärmissionen beschickt ist, so darf die Haltung des brasilianischen Militärs als außerordentlich deutschfreundlich angesehen werden.«

In auffälligem Gegensatz zu den Mißlichkeiten in Pensacola/USA wurde Schulschiff Deutschland in Rio durch die Behörden sogar ausdrücklich ein nur für Kriegsschiffe reservierter Kaiplatz angeboten. Das hätte auch die Befreiung von jeder Zoll- und Polizeiaufsicht eingeschlossen. Aber der Kapitän lehnte dieses ungewöhnliche Entgegenkommen mit herzlichem Dank ab, weil das dortige Liegen die Arbeiten an Schiff und Takelage erschwert hätte und der Segler von Besuchern völlig überlaufen worden wäre. Ohnehin erkor später selbst draußen auf Reede jeden Tag während der Besuchszeit von 16.00 bis 18.00 Uhr eine Vielzahl von Menschen SCHULSCHIFF DEUTSCHLAND zu einer Art Wallfahrtsort.

Die deutsche Kolonie, die brasilianischen Behörden und vor allem die brasilianische Presse machten aus ihrer Begeisterung kein Hehl. Es war übrigens ein kluger Schachzug, daß Kapitän von Zatorski die Presse geschlossen zu einem Besuch einlud. Er wurde von fast allen Zeitungen wahrgenommen.

Überhaupt konnte sich die gesamte Besatzung auch diesmal vor Einladungen kaum noch retten.

Als die Schiffsleitung am Nachmittag des letzten Hafentages 25 Vertreter der Deutschen Kolonie mit ihren Damen zum Tee an Bord einlud, konnte dies nur eine Andeutung des guten Willens sein. Es war völlig aussichtslos, die überreichlich genossene Gastfreundschaft auch nur annähernd zu erwidern.

Nach dem „Auflaufen“ (Emporholen) des für die Rettungsübung ausgesetzt gewesenen Backbord-Kutters werden die Kutterläufer (Heißtaue) wieder „belegt“, d.h. festgemacht.

Ernst Sieck, der schon Jahre als Wachoffizier auf SCHULSCHIFF DEUTSCHLAND gefahren war und bei dieser Winterreise 1933/1934 zum 1. Offizier aufgerückt war, erklärte freimütig: »*Nun sind wir wirklich fertig mit Jack und Büx!*« Das ungewohnte Tropenklima und die tagsüber weiterlaufenden Arbeiten im Rigg machten diesen Rio-Besuch über die Maßen strapaziös. Aber dieser Streß sollte noch längst nicht der letzte sein.

Getragen von großer Herzlichkeit

Der nächste vom Schiff anzulaufende Hafen war dann laut Reiseplan der brasilianische Hafen São Francisco do Sul. Um die pünktliche Ankunft zu gewährleisten, ankerte das Schiff am 18. Dezember innerhalb der vorgelagerten La Paz-Inseln und segelte am 19. Dezember unter Lotsenführung den Rio São Francisco aufwärts. Was der Besatzung an herzlichem Entgegenkommen und Gastfreundschaft dort zuteil wurde, stellte alles vorher Erlebte noch in den Schatten.

São Francisco do Sul ist ein Siedlungsschwerpunkt der Deutsch-Brasilianer. Anfang der zwanziger Jahre, nach dem verlorenen Krieg und in den desolaten Jahren der Geldentwertung, waren noch weitere deutsche Auswanderer dort angekommen. Ohne Schwellenangst vor der Fremde hatten sie sich unter bereits etablierten Landsleuten gleicher Herkunft eine neue Existenz aufbauen können. Was sich in diesen Menschen trotz des gelungenen Fußfassens in der neuen Umgebung an immer wiederkehrendem Heimweh nach dem fernen Deutschland aufgebaut hatte, machte sich anläßlich des Schiffsbesuches Luft.

Originalton Zatorski:

»Wir wurden zeitweise bis zur Überanstrengung von Besuchern heimgesucht. Aber was bedeutete diese unsere Überanstrengung gegenüber den Mühseligkeiten und Strapazen, die solch ein deutscher Kolonist, manchmal mit Weib und Kind, überwunden hatte, wenn er Reisen bis zu 250 km [!] *bis zu unserem Schiff zurücklegte, auf Karren, Kanus, dann wieder mit dem Buschmesser durch Urwald den Weg nehmend, bis, wenn die Mittel vorhanden waren, die letzte Strecke mit der Eisenbahn, sonst zu Schiff flußabwärts oder auch zu Fuß zurückgelegt war und sie, man möchte sagen, wie Pilger, dieses ihnen soviel bedeutende Schiff erreicht hatten, auf dem wir sie wegen ihrer großen Zahl häufig nicht einmal zu bewirten vermochten!*

Der nächste Tag brachte Abordnungen aus Joinville, eine Gruppe von sechs Herren und sechs Damen, weiter eine solche aus Jaragua und Hansa-Humboldt. Aus der Summe von Vorschlägen, die alle auf weitgehende Privatquartier-Aufnahme der Besatzung im Inlande hinausgingen, wurde dann unter Abstreichen ein Programm geformt, welches ich annehmen zu können glaubte.

Für die Zeit bis Weihnachten waren keinerlei Verpflichtungen angenommen worden. Sie wurde zur Erledigung der bereits in Rio de Janeiro in Angriff genommenen Takelagearbeiten verwandt.

Nun konnten die übrigen kleinen Vorbereitungen für eine gemeinsame Weihnachtsfeier getroffen werden. Durch die Freundlichkeit der Empfangsabordnungen aus den Bergen erhielten wir drei große Araukarien aus dem Hochlande zugeschickt, von denen die größte unter dem Sonnensegel des Achterdecks zur gemeinsamen Feier aufgestellt und nach deutscher Weise geschmückt wurde.

Unsere Feier wurde nach einem ergiebigeren Mahl als gewöhnlich durch die Festpredigt des deutschen evangelischen Pfarrers von São Francisco eingeleitet, unsere Bordkapelle konnte ihren Beitrag ganz anhörbar dazu liefern, und nach der Ansprache des Kapitäns erschien Knecht Ruprecht, der Nikolaus, mit mehreren Knechten, mit denen er die Austeilung der großen Paketsendung vornahm. Bei einem Alle-Mann-Punsch blieben wir dann noch bis Mitternacht zusammen, währenddessen wir unseren Weihnachtsmann noch an Land zur Kirchenbescherung ausgeliehen hatten, wo er den Kindern unserer Landsleute aus einer Sammlung, welche die Jungens aus ihren Weihnachtsgaben gebildet hatten, in derartigen Mengen Schokoladen und andere Süßigkeiten aus Deutschland überbrachte, daß eine übelwollende Behörde leicht den Begriff Schmuggelgut für sie hätte benutzen können. Aber bei unserer einzigartigen Stellung ging alles klar und die Freude war auf beiden Seiten echt und groß, nicht zum wenigsten beim Kapitän, dem die (zollrechtliche) Gefährlichkeit der guten Absicht selbst zu spät zum Bewußtsein gekommen war.«

Kapitän von Zatorski berichtete weiter:

»Unser großes Ausflugsprogramm führte mich mit fünf Offizieren und 65 Zöglingen nebst Unteroffizieren als erstes nach Joinville. Die Fahrt wurde am 1. Weihnachtstage bei schönem Wetter angetreten und erfolgte auf dem Wasserwege in einem großen Motorboot der in jeder Weise auch sonst sich entgegenkommend zeigenden Firma Carlos Hoepcke, Filiale São Francisco do Sul, der auch der deutsche Vicekonsul Herr Selinke als Teilhaber angehört. Gegen 10.00 Uhr in dem kleinen Hafen von Joinville angekommen, wurden wir von einer vielköp-

Eine vielköpfige Menschenmenge begrüßte am kleinen Flughafen von Joinville fünf Offiziere und 65 Mann von SCHULSCHIFF DEUTSCHLAND, *die dort herzlich willkommene Gäste der deutschstämmigen Brasilianer waren.*

figen Menschenmenge begrüßt, und unter Vorantritt unserer Bordkapelle erfolgte dann unser Einmarsch in diese hübsche, ganz den Eindruck einer deutschen, aber modernen Kleinstadt machenden Ortschaft. Die Straßen mit Reihen hübscher massiver Wohn- und Geschäftshäuser, die wir mit elektrischer Beleuchtung, Wasserleitung und Telefon ausgestattet fanden, ein Stadtgarten mit Springbrunnen, Kirchen, Schulen und Theater neben vielen stattlichen Klubgebäuden, Hospitäler und Wohlfahrtsanstalten ließen nur schwer die Vorstellung zu, daß hier vor 80 Jahren erst der Urwald gerodet wurde und die ersten palmgedeckten Hütten den ersten deutschen Einwanderern einen kärglichen Schutz gegen Sonne, Regengüsse und Klimabeschwerden geboten hatten. Ragende Fabrikschornsteine und hohe Getreidesilos – bei deren Besichtigung wir fast ausnahmslos deutsche Maschinen zu sehen bekamen, sei es in den Mühlen, den Webereien von gewaltigen Ausmaßen, in den Maschinen-, Draht-, Spielwaren- oder Schokoladenfabriken ringsum – gaben Zeugnis von Arbeitsamkeit, vollbrachtem Aufschwung und erreichtem Wohlstand.

Während dieses Einzuges unter den Klängen deutscher Märsche konnte man manchen Kolonistenveteranen versonnen und still dastehen sehen, als ob die ganze Vergangenheit der Kolonie sich blitzschnell vor seinem Bewußtsein abspielte, von den Strapazen des primitiven Lebens, den unzähligen Opfern der Tropenkrankheiten, der Not des Frauenmangels, die sie veranlaßt hatte, über den Besitz der nichtsahnenden weiblichen Auswanderer schon während deren Anreise eine Verlosung anzustellen – von allen diesen Anfängen an bis zu diesem Augenblick, in dem durch die breiten Straßen des hübschen Städtchens ein freudig erregter Menschenstrom, zu dem die heranwachsende Jugend der dritten Generation anscheinend den größten Anteil stellte, festlich und sommerlich gekleidet die Gäste aus der alten Heimat begleitend, dahinflutete.

Konzerte, Bälle, die Aufführung eines deutschen Films und Einzelausflüge ließen die zweieinhalb Tage Aufenthalt wie im Fluge vergehen.«

Nochmals der Kapitän:

»Als Folge unseres Besuches brachte das kleine zwischen São Francisco und Joinville verkehrende Dampfboot eine volle Ladung von Joinvillensern, am darauffolgenden Tage die deutsche Schule aus Joinville an Bord; diesen Gästen wurde nach Kräften Gastfreundschaft erwiesen, die Schule wurde in üblicher Weise aufgenommen und den Kindern die Bedeutung dieses Besuchs in schlichter Form vor Augen gehalten.«

Bei böigem und regnerischem Wetter, im Tau eines Schleppers und unter Lotsenführung ging es am 6. Januar 1936 wieder seewärts – gen Bahia. Während der Überfahrt Bahia–Bremerhaven wurde seemännischer Arbeitsdienst intensiv weiterbetrieben. Die Arbeiten an den Spannschrauben der Wanten wurden beendet. Sie waren dann allesamt gerichtet, festgesetzt, entrostet und gemalt.

Unter Vorantritt der Bordkapelle von SCHULSCHIFF DEUTSCHLAND *marschierten nach Joinville beurlaubte Besatzungsmitglieder durch die hübsche Kleinstadt, in der man sich ganz und gar in Deutschland wähnte.*

Schmied und Zimmermann waren gemeinsam damit beschäftigt, sämtliche Fallen der Rahen ebenso wie die Bootsläufer an Deck auf Rollen zu bringen. Dafür benötigte Flacheisen hatten deutsche Firmen in Rio de Janeiro gestiftet. Überall packten die Schiffsjungen und Leichtmatrosen kräftig mit zu.

»Hein Pampig« leistete zusammen mit den Zöglingen großartige Arbeit und stellte auf der Hin- und Rückreise programmgemäß eine ganze Garnitur neuer Segel fertig. Fortan war er damit beschäftigt, alle neuen Segel nach festgelegtem Plan mit einer laufenden Nummer zu versehen, die neben der üblichen Bezeichnung ins Schothorn eingemalt wurde. Bei der Tagebuchführung über die Segel konnte auf diese Weise eine Verwechslung ausgeschlossen werden.

Im Laufe der Reise gelang es Kapitän von Zatorski mit Könnerschaft, den bei Wintersturm-Heimreisen entstandenen Begriff »Johnny Walker Special« durch das neue Markenzeichen »Ede High Percentage Hard Stuff« zu entthronen. Er schaffte nämlich den Orkan-Rekord in der Lebensgeschichte seines Schiffes. Segeltechnisch war das so bemerkenswert, daß ihm die Schilderung selbst überlassen werden sollte: *»Am 1. März schnell auffrischenden Westwind erhalten, Kurs auf die Azoren genommen. Am 11. März bei stürmischem Nordwest die Insel Flores westlich in Sicht passiert und mit weiterhin steifen bis stürmischen NW-Winden den Großkreis zum Kanal verfolgt ... Als der Sturm, der am 14. März Windstärke 9–10 erreicht hatte, bald noch zunahm und die See entsprechende Höhe angenommen hatte, unter ergiebigem Ölen der See zur Wellendämpfung bei Nordwest Stärke 11 mit Backbord-Halsen auf etwa 45° Nord und 20° West beigedreht. Der Sturm hielt am 15. März mit Stärke 10 durchschnittlich an und hatte eine sehr hohe See erzeugt. Das Schiff lag vorzüglich auf der See bei Großuntermarssegel, Kreuzstagsegel und Sturmbesan und nahm fast kein Wasser und keinen Brecher über. Als dann das Abflauen (vorübergehend) eintrat und die See zusammenzufallen begann, wurde das Schiff um 13.40 Uhr wieder auf Kurs gelegt. Die Nacht über wurde mit Unterbramsegeln gefahren, als der Wind gegen Hellwerden am 16. März unter Krimpen nach Westsüdwest sich wieder zum vollen Sturm auswuchs. Da das Glas* [das Barometer, d. Verf.] *stark fiel und der Wind bei Stärke 9, dann 10 schnell die alte Dünung zur schweren See aufwarf, wurde um 06.00 Uhr das weitere Kurshalten aufgegeben. Da das Schiff in Erwartung des Ausschießens nach Nordwest mit Steuerbordhalsen beizulegen war, wurde unter besonderen Vorsichtsmaßnahmen mit der gesamten Besatzung unter Marssegeln und Fock gehalst ... Als vor dem Winde lenzend* [treiben] *angebraßt war, wurde das Schiff aufgedreht und die Segel bis auf Großuntermars, Kreuzstagsegel und Sturmbesan festgemacht. So lag das Schiff, als der Wind um 10.00 Uhr nach Westnordwest ausschoß, gut auf der alten südwestlichen und der jetzt hinzukommenden See. Doch lief ebenfalls eine starke nördliche See, so daß sich die See schnell zu gewaltigen Bergen auftürmte, sobald die Kreuzseen sich zufälllig gleichzeitig gegeneinander steilten. Es wurde kräftig geölt ... Die schlanke Form des*

»Der Westwind ist ein guter Freund und ein gefährlicher Feind, gegen untaugliche Schiffe und kleinmütige Seeleute kennt er keine Gnade ... Wer sein Vertrauen auf die Freundschaft der See setzt und der eigenen Stärke und Tüchtigkeit vergißt, ist ein Narr!« (Joseph Conrad)

Schiffsbugs konnte die von vorn anrollenden Brecher bei dem schnellen Steigen des Schiffes noch jedesmal zerschmettern, was allerdings eine gewaltige Spritzwasserhöhe bis über die Vorobermarsrah [!] *bewirkte ...*

Am 16. März gegen 20.00 Uhr nahm der Sturm in Böen allmählich derart zu, daß man um Mitternacht eine ständige Windstärke 11 hatte. Diese steigerte sich in der Zeit von Mitternacht bis 05.00 Uhr am 17. März in allerschwersten Böen bis zum Orkan. In der gewaltig schweren See arbeitete das Schiff äußerst heftig, nahm jedoch als leichtes Ballastschiff nur leichtes Wasser an Deck und zeigte eine maßvolle Rollbewegung, obwohl das Klinometer [der Neigungsmesser] *bis zu 50 Graden* [!] *nach Lee ausschwang.*

Als gegen 05.00 Uhr das Schwerste überstanden war, konnte man dankbar sein, daß weder das Schiff noch vor allem die Takelage den allergeringsten Schaden genommen hatten. Trotz umfangreicher Sicherungsmaßnahmen für die Besatzung an Deck wie unter Deck ereigneten sich naturgemäß einige Personenunfälle, die jedoch leichterer Art waren und ohne Folgen bleiben werden. Dafür hatten aber die jungen Seeleute bestimmt, die älteren aber meistenteils ebenfalls ihren schwersten Sturm gut hinter sich gebracht, was auch für mich gilt.«

Das also schrieb ein Mann, der sechzehnmal um Kap Hoorn gesegelt war, den »Schönwetterseglern vom Deutschen Schulschiff-Verein« ins Stammbuch! Es hatte stundenlang voller Orkan mit Windstärke 12 geherrscht.

»Bis zum Mittag nahm zwar die Orkanstärke auf 11 ab und später auf 10. Die See blieb vorerst aber noch gewaltig hoch, so daß bis 18.00 Uhr damit gewartet werden mußte, das Schiff wieder auf Kurs zu legen. Dieses geschah dann unter den nötigen Vorsichtsmaßregeln auf etwa 46° Nord und 15° West, von wo dann Kurs auf den Kanal genommen wurde. Das Wetter blieb weiter unruhig und stürmisch.«

Walther von Zatorski und seiner Besatzung blieb wirklich nichts erspart, denn nach der Kanalpassage gingen die Teufeleien weiter: *»Das Kreuzen durch die Hoofden bei frischem bis steifem Nordostwind, unsichtigem Wetter und bei starker Gegenströmung war nur durch häufiges Ankern während der Gegentiden zu einem Erfolg zu bringen. Während des Kreuzens zwischen den Sänden der Hoofden wurden einige günstige Tiden zur Nachtzeit nach Erkennen der großen Gefährdung des Schiffes durch den starken Dampferverkehr ungenutzt gelassen. Bis der 200 Seemeilen lange Weg von Dover bis in die Nähe vom* TERSCHELLING FEUERSCHIFF *zurückgelegt war, mußten etwa 550 Seemeilen in acht Segeltagen mit zwanzig Schlägen und neun Ankermanövern abgesegelt werden.«*

Der Erste Offizier Ernst Sieck, der noch eine Seeoffiziersausbildung bei der Kaiserlichen Marine bis zum Leutnant durchlaufen hatte, bevor er in der Handelsschiffahrt als Vollmatrose wieder von vorn begann, hatte von Zeit zu Zeit noch einen kernigen Marineschnack »auf der Pfanne«. Aus seiner Perspektive war SCHULSCHIFF DEUTSCHLAND *»auf dem Zahnfleisch gerobbt«*, um Terschelling zu erreichen. Aber dann fiel ihm nur die alte Philosophie ein: *»Ein armer Mann hat den Wind immer von vorn.«*

Es war wirklich »hundsgemein«, was man nun aus der Wetterküche serviert bekam: Bei Terschelling holte der Wind, nachdem er nun acht Tage lang unverändert aus Nordost gestanden hatte, nach Südost, dann wieder auf Ost herum, so daß bis zuletzt weiter gekreuzt werden mußte.

Der Kapitän schrieb nachher in seinem Bericht: *»Wenn auch die Besatzung hierdurch einen guten Abschluß in dem Ausbildungsgang dieser Reise erhielt, so mußte leider in Kauf genommen werden, daß das Aussehen des Schiffes, welches im Passat an Deck völlig gemalt und gelackt worden war, durch diese Strapazierung nach dem gehabten schweren Wetter im Nordatlantik weiter stark in Mitleidenschaft gezogen wurde.«*

In Elsfleth staunte man nicht schlecht über den Farbzustand des Schiffsrumpfes. Ein Seefahrtschüler kommentierte trocken, der »Dampfer« sähe ja aus, als wäre er in eine Kneipenschlägerei verwickelt worden.

Zu neuen Ufern

Nach kurzer, routinemäßiger Werftliegezeit beim Bremer Schiffbaubetrieb A.G. »Weser« verließ SCHULSCHIFF DEUTSCHLAND am 7. Mai die Wesermündung zur Sommerreise 1934.

In der Deutschen Bucht fand auf funktelegrafische Verabredung hin eine Begegnung mit dem Lloyddampfer DRESDEN statt, der von der damaligen NS-Gemeinschaft »Kraft durch Freude« gechartert war und sich mit KdF-Urlaubern auf der Ausreise nach Norwegen befand. Die aus allen Teilen Deutschlands stammenden Fahrgäste waren natürlich tief beeindruckt, als ihr Dampfer langsam auf der Luvseite den Bug von SCHULSCHIFF DEUTSCHLAND passierte. Verabredungsgemäß fiel der Segler zum Halsen ab, so daß die DRESDEN-Passagiere die Segelschiffsmanöver aus allernächster Nähe beobachten konnten. SCHULSCHIFF DEUTSCHLAND lag danach wieder am Wind, die DRESDEN konnte wieder auf Kurs gehen. Der Jubelgruß durch die gesamte Schulschiffsbesatzung wurde von den Urlaubern begeistert erwidert.

Niemand auf SCHULSCHIFF DEUTSCHLAND konnte damals ahnen, daß man diesen Dampfer niemals wiedersehen würde. Die DRESDEN lief wenig später, im Juni 1934, vor Utsira/Norwegen auf eine Unterwasserklippe, von der sie am nächsten Tag abrutschte und kenterte. Den Großteil der Schiffbrüchigen hat der norwegische Dampfer KONG HAAKON aufnehmen können. Aber vier Fahrgäste sind leider beim Unfall eines der Rettungsboote ums Leben gekommen.

Auf SCHULSCHIFF DEUTSCHLAND herrschte Genugtuung darüber, daß der DSV weiterhin dabei blieb, auch Auslandshäfen in die alljährlichen Sommerreisen einzubeziehen. Nun war Göteborg, der führende Überseehafen des Königreichs Schweden, erstmals der Bestimmungsort. Das Erscheinen des »Weißen Schwans« auf dem Götaälv wurde von der Presse in bebilderten Artikeln ebenso freundlich begrüßt wie von der nautischen Fachwelt. Auch großes öffentliches Interesse zeigte sich eindeutig bei allen Besichtigungszeiten. Die Ausflüge der deutschen Jungseeleute zu den Trollhättan-Wasserfällen und zu anderen Sehenswürdigkeiten verliefen trotz ungünstiger Witterung recht nett, wozu die unglaublich reichhaltige und billige Hotelverpflegung das Ihre beitrug.

Steifer Westnordwestwind, der gerade noch das Tragen aller Segel gestattete, machte auf der Weiterreise mit südlichen Kursen sehr hohe Geschwindigkeiten bis zu 15 Knoten möglich. So rauschte das Schiff nachher wie der Fliegende Holländer durch die Drogden-Enge, mühelos zwei keineswegs langsame Dampfer überholend. Dann erst wurden kleinere Segel »gemacht« und mit mittlerer Fahrt Kurs auf GEDSER REV FEUERSCHIFF genommen. Nach abermaligem Anlaufen von Kiel, Travemünde und Königsberg bot der erste Besuch des Freistaates Danzig ein weiteres Novum der Reise.

In Danzig-Neufahrwasser wurde das Schiff, von einer größeren Menschenmenge auffällig still bewillkommnet, am Vistula-Speicher festgemacht. Die schweigende Begrüßung hing mit der verordneten Landestrauer für den verstorbenen Reichspräsidenten von Hindenburg zusammen. Sie zwang auch zur Absage geplanter offizieller Veranstaltungen, die der Senat der Freien Stadt Danzig für das deutsche Schulschiff angesetzt hatte. Statt dessen nahm zunächst die gesamte abkömmliche Besatzung an den Trauerfeierlichkeiten teil, die der Deutsche Generalkonsul in der St. Johannis-Kirche arrangiert hatte.

Nach Ablauf der Landestrauer stellte der Senat sachkundige Führer ab, um die jungen Schulschiffer durch die damals wie heute tief beeindruckende »Rechtstadt« zu führen, in der einst die hansische Kaufmannschaft das Sagen hatte und das Lübische (Lübecker) Recht galt. Die geführten Gruppen besuchten die gewaltige backsteingotische Marienkirche, das für 25 000 Menschen gebaute drittgrößte Gotteshaus der Welt, und bestaunten Hans Memlings Altarbild »Das Jüngste Gericht«. Sie bekamen das Krantor als Wahrzeichen der Stadt gezeigt, schlenderten durch die marktartig breite Langgasse, sahen Goldenes Haus, Artushof, Neptunbrunnen und besichtigten das im Stil der Backstein-Renaissance gebaute Rechtstädtische Rathaus, von dessen Turm jeden Mittag das Glockenspiel die Melodie des vertonten Gedichtes von Joseph Freiherr von Eichendorff erklingen ließ:

»Und der Türmer wie vor Jahren
Singet ein uraltes Lied:
Wolle Gott den Schiffer loben,
Der bei Nacht vorüberzieht!«

Nachhaltiger und schöner konnte eine Stadt nicht von Seefahrertradition und kulturbewußtem Kaufmannstum geprägt werden als die Hansestadt Danzig.

Achtzig Mann von SCHULSCHIFF DEUTSCHLAND besuchten

die Marienburg an der Nogat, die größte Burganlage Mitteleuropas zwischen dem Prager Hradschin und dem Moskauer Kreml. Im großen Remter des Mittelschlosses hielt der Oberbürgermeister der gleichnamigen Stadt Marienburg, Dr. Leser, für die jungen Gäste einen fesselnden Vortrag über diesen einstigen Hochmeistersitz des Deutschen Ordens und seine große Bedeutung in der wechselvollen Geschichte.

Während der Liegezeit des Schiffes in Danzig trat Kapitän von Zatorski seinen lange verdienten Urlaub an. Der 1. Offizier Ernst Sieck führte für die nächsten vier Wochen das Schiff.

Ernst Sieck, jeder Zoll ein Seeoffizier distanzierterer Art, verdankte seiner Herkunft und Grundhaltung in Anlehnung an den früheren deutschen Admiral und Flottenchef den Spitznamen »Scheer«. Aber mit Fingerspitzengefühl hatte Sieck prompt den richtigen Einfall, als es nun darum ging, dem Senat der Freien Stadt Danzig für die so vielfach und großherzig bewiesene Gastfreundschaft ein symbolisches Dankeschön in Gestalt einer »Zugabe« zu machen. Er verantwortete, ohne jemanden um Erlaubnis zu fragen, als zweiten Freundschaftsbesuch, einen Abstecher nach Zoppot. Dieses elegante Ostseebad zählte damals zu den »Weltbädern« am Mare Balticum und gehörte ebenfalls zum Danziger Freistaat.

Sieck legte Schulschiff Deutschland in Front des Spielkasinos und des berühmten Zoppoter Seesteges vor Anker. Ein direktes Anlegen schied infolge des großen Schiffs-Tiefgangs von 6,65 m leider aus. Aber die Badegäste reagierten begeistert, als ihnen Gelegenheit gegeben wurde, draußen auf Reede das Schiff zu besichtigen.

Am 9. August 1934 wurden bei leichter östlicher Brise wieder Anker gelichtet, Segel gesetzt und ein Freikreuzen von der Küste unternommen. Der Vergnügungsdampfer Paul Benecke, mit Danzigern und Zoppoter Kurgästen an Bord, gab dem Schiff zwei Stunden lang das Geleit und fuhr dann unter herzlichen Abschiedsgrüßen von Schiff zu Schiff wieder zurück zum Hafen.

Durch den Sund segelte Schulschiff Deutschland wieder zum Kattegat und Skagerrak. Auf der Reede von Kopenhagen wurden verschiedene große Segelschiffe angetroffen – »ein seltener Anblick, der instruktiv wirkte und des Interesses der eigenen Besatzung sicher war«, notierte Ernst Sieck.

Beim Verlassen des Sundes mußte der Elektriker – im Bordjargon der »Oberheizer«, weil er auch für die Koksofen-Heizung im Zwischendeck zuständig war – den Bruch der Kurbelwelle des Lichtmotors melden. Das schloß eine weitere Benutzung der Lichtanlage aus, da sich eine Reparatur mit Bordmitteln als unmöglich erwies. Ernst Sieck stoppte sofort jede weitere Stromentnahme aus der Akkumulatorenbatterie, um den restlichen Strom unbedingt für Funktelegrafie und Scheinwerfer (den es auch endlich gab) sicherzustellen.

Windstärke 7–8 im Skagerrak und schließlich Einsteuern bei nordwestlich drehendem Wind gleicher Stärke in die Nordsee waren die »Erfrischungseinlagen« der Reise. Und bald segelte das Schiff, von Jachten und Booten lebhaft begrüßt, mit westlichen Kursen an der Südküste Helgolands vorbei. Wer nun freilich schon Elsflether Stallgeruch zu wittern vermeinte, hatte sich gründlich getäuscht. Die Wettermeldungen ließen das Nahen eines Südwest-Sturmes vermuten. Darum setzte Kapitänsstellvertreter Sieck einen Kurs ab, der rund 100 Seemeilen weiter in die offene Nordsee hinaus führte.

Es wurde wieder ganz und gar unsommerlich. Obermars- und alle Untersegel mußten gerefft, der Sturmbesan angeschlagen und die übrigen Segel festgemacht werden. Am frühen Nachmittag des 20. August begann die »Aufforderung zum Tanz«, erst mit ständiger Windstärke 8 und um 20.00 Uhr, auf Südwest drehend, mit Stärke 9. Für den bedächtigen und doch reaktionsschnellen Ammerländer Sieck wurde das die Sturmtaufe. Er galt als designierter Nachfolger von »Ede«, der freilich noch längst nicht für einen Kommandowechsel vorgesehen war.

Nun war erst einmal Ernst Siecks Stunde da, alleinverantwortlich, mit der Nordsee fertigzuwerden, von der Gorch Fock sagte: *»Es trommelte und pfiff im Südwesten, als wenn ein Heer zum Stürmen lärmte, der weiße Geifer floß aus dem Maul des Untiers ... Die Nordsee mit ihren jagenden, zerrissenen Wolken ... mit ihren schäumenden Seen, mit geborstenen Segeln ...«* Das Stimmungsbild stimmte für diesen Tag weitgehend.

Alle Segel bis auf Großuntermars-, Vorstengestag-, Kreuzstagsegel und Sturmbesan wurden festgemacht. Reichliches Ölen dämpfte auch diesmal die schnell aufkommende See ... Um Mitternacht hatte der Sturm auf Stärke 10 zugenommen und eine Stunde später brach die Backbord-Schotenkette des Großuntermarssegels. Es war eine höllische Arbeit, das rasch aufgegeite und wild um sich schlagende Segel zu bergen. Sofort wurde eine Reservekette eingespleißt und das Segel wieder gesetzt.

Walther von Zatorski sparte nicht mit Anerkennung, als er später den Kapitänsbericht las. Und es trieb ihn, in Anlehnung an die lateinische Vokabel »sic« für »sieh da!« ein Wortspiel zu betreiben. Mit Bleistift schrieb er an den Rand: »Sic, Herr Sieck!«

Kapitän Walther von Zatorski und das vitale Buenos Aires – diese beiden Temperamente hatten sich gesucht und gefunden.

Am 3. Oktober 1934 lief Schulschiff Deutschland zur turnusmäßigen Winterreise aus, die weitgehend in altvertraute Gefilde wie Las Palmas, Rio de Janeiro und St. Helena führte. Aber auch ein neuer Bestimmungshafen war hinzugekommen, dem Kapitän von Zatorski mit Spannung entgegensegelte: Buenos Aires, Argentiniens Hauptstadt.

Den Namen Buenos Aires – »Gute Winde« – hatte der Stadtgründer Mendoza geprägt, als er im Januar 1535 an diesem Platz landete. Und guter günstiger Wind wurde nun auch Schulschiff Deutschland beschert.

Die 112 Seemeilen lange Fahrt durch den La Plata konnte dank aufgekommenem Südostwind mit allen Kursen problemlos bis zum Ankerplatz auf der Außenreede von Buenos Aires durchgehalten werden. Nach Erledigung der amtlichen Visiten wurde die Trosse des erbetenen Schleppers am 20. Dezember um 11.30 Uhr auf dem Vorschiff festgemacht und die Fahrt durch den Außen- und den Nordkanal nach Buenos Aires angetreten, wo das Schiff schließlich im Puerto Nuevo, im Neuen Hafen, festmachte.

Der argentinische Schwere Kreuzer Almirante Brown begrüßte das ankommende Schiff mit der deutschen Flagge sowie einem Willkommens-Flaggensignal, und Besatzungsmitglieder dieses Kreuzers nahmen auch die Festmachleinen des Seglers wahr. Einige hundert Deutsch-Argentinier standen zur Begrüßung auf der Pier.

Der »Große Bahnhof« kam nicht von ungefähr. Schon während der Revierfahrt von der Reede zum Hafen hatten sich Herren von der Inspektion der »Hamburg-Süd« und ihrer Agentur Antonio Delfino eingeschifft und gute Vorarbeit geleistet. »Außerdem hatten die größeren Tageszeitungen ihre Fotografen und Reporter in fast zur Last fallender Menge an Bord geschickt«, wie sich Kapitän von Zatorski hinterher mokierte.

Obwohl Schulschiff Deutschland ein Handels- und kein Kriegsschiff war, mußten in Buenos Aires Honneurs wahrgenommen werden, die normalerweise dem Kommandanten eines Schiffes der Marine oblagen. Aber man konnte nicht umhin, den Erwartungen der Argentinier zu entsprechen. So galt es, Kapitäns-Besuche beim Generalpräfekten, beim Präfekten des Rio de la Plata, beim Generalzolldirektor und beim Verkehrsminister sowie bei den Direktoren und Chefredakteuren der »Deutschen La Plata Zeitung« und der vier größten Tageszeitungen von Buenos Aires zu absolvieren.

Der deutsche Gesandte hatte einmal den Kapitän und die Offiziere mit Vertretern argentinischer Behörden zusammen geladen, ein anderes Mal unter Hinzuziehung auch einiger Unteroffiziere und Zöglinge mit den Vertretern der Organisationen und Vereine in seinem Hause zusammengeführt.

»Ede, der Charmeur« war dabei durchaus in seinem Element. Er erwies sich gerade in dieser Stadt, um einen heutigen Begriff anzuwenden, als idealer »Manager«. Die Presse war des Lobes voll, zumal sie auch seine Vergangenheit mitsamt der Story seiner Flucht von Motuihi und seiner Konnektion zum Grafen Luckner als besonderen Gag herausgefunden hatte. Und das kam der Popularität des schönen Vollschiffs aus Deutschland natürlich bestens zugute.

Die argentinischen Behörden zeigten sich in jeder Weise zuvorkommend. Hafen- und Leuchtfeuergebühren wurden dem Schiff erlassen. Von der Zeitung »La Razon« wurden dem Kapitän gelegentlich seines Besuches 120 Exemplare eines großen Jahrbuches über Argentinien für die Besatzung gestiftet. Es erfolgten Einladungen zwischen Kreuzer ALMIRANTE BROWN und dem Schulschiff, und Behördenvertreter sowie argentinische Marineoffiziere waren bei einem an Bord zu Ehren des deutschen Gesandten gegebenen Essen gleichfalls Gäste.

Die Mentalität dieses entschlußfreudigen, weltoffenen Kapitäns und das großzügige Flair von Argentiniens Hauptstadt hatten sich gesucht und gefunden.

Auch die bei immer neuen Landausflügen in die vitale Millionenstadt und in ihre Umgebung angeregten und weitmöglich landeskundig gemachten Jungseeleute empfanden das Besondere, das durch das Nebeneinander von fast ungestümer Modernität und der immer noch vorhandenen historischen Substanz der einstigen Kolonialstadt ausging. 1620 zum Bischofssitz und 1776 zur Residenz des spanischen Vizekönigs von Rio de la Plata geworden, war der Cabildo Ausgangspunkt der Freiheitsbewegung. Vor diesem heute noch existierenden Alten Rathaus hatten Patrioten 1810 die Unabhängigkeit von der spanischen Krone ausgerufen. Es entstand eine Bewegung, die schon 1814 auf das Nachbarland Paraguay übergriff und nach den verwegenen Feldzügen des argentinischen Freiheitshelden General San Martin über die Anden-Hochpässe dazu führte, daß die Spanier 1818 auch aus Chile und 1821 aus Peru hinausgekämpft wurden.

Nachdem sich das Land 1853 eine demokratische Verfassung gegeben hatte, waren ausländische Investitionen und Kapital ins Land geströmt. Bis zur Weltwirtschaftskrise nach dem Schwarzen Freitag von 1929 hatten die horrenden Exportquoten von Weizen und Fleisch Argentinien zu einem der reichsten Länder der Welt gemacht. Bildungsbeflissene Präsidenten hatten schon im 19. Jahrhundert für ein recht vorbildliches Erziehungswesen gesorgt.

Wirtschaftsgeographisch ideal gelegen als Ausgangspunkt aller strahlenförmig ins Land hinausführenden Straßen und Bahnlinien sowie der Binnenschiffahrtswege, nicht zuletzt aber durch seinen Seehafen, der Endpunkt aller Schiffahrtslinien von Europa und Nordamerika zur südamerikanischen Ostküste darstellt, ist Buenos Aires mehr als jede andere Hauptstadt der Neuen Welt wirtschaftliches, politisches, geistliches und kulturelles Zentrum zugleich. Das war der gesamten Besatzung von SCHULSCHIFF DEUTSCHLAND klargeworden.

Für den Weihnachts- wie den Altjahrsabend war Landurlaub nicht erteilt worden. Die durch einen deutschen Probst eingeleitete Weihnachtsfeier fand geschlossen an Bord und, den hochsommerlichen Verhältnissen entsprechend, auf dem geschmückten Achterdeck unterm Sonnensegel statt. Die Ausgabe der vom Hamburg-Süd-Motorschiff MONTE ROSA mitgebrachten Weihnachtspakete bildete dabei den Kernpunkt. Zöglinge ohne Paket wurden in üblicher Weise vom Schiff aus beschenkt. Ein echter Tannenbaum war von einer deutschen Firma in Buenos Aires gestiftet worden.

Am Altjahrsabend wurde zum Abendessen Punsch mit »Berlinern« an die Besatzung ausgegeben. Wie üblich und angebracht, wurde von einer Feier abgesehen.

Mit einem größeren Nachmittagsempfang an Bord fand am 1. Januar 1935 die offizielle Verabschiedung von der deutschen Kolonie statt.

Die Weiterreise begann am 2. Januar 1935 in der Frühe.

Auf der Überfahrt nach St. Helena war natürlich wieder Hai-Angeln fällig, das hatte längst Tradition.

Operation auf Leben und Tod

Wenn Handelsschiffe den La Plata mit Order für Ostafrika, den Persischen Golf oder Südostasien auf die Reise gehen, wählen sie als bestgeeigneten und kürzesten Weg die Route ums Kap der Guten Hoffnung. Dafür gibt es entsprechende Track-Karten und recht brauchbare Segelanweisungen schon aus der Zeit vor Aufkommen der Dampfschiffahrt.

Keinerlei Informationsmaterial gab es für die aus jedem Rahmen fallende Route, die der Deutsche Schulschiff-Verein diesmal »ausgeguckt« hatte: Unter Aussparung von Kapstadt war der Direktweg von Buenos Aires nach St. Helena vorgesehen.

Kapitän von Zatorski sollte SCHULSCHIFF DEUTSCHLAND zunächst bis auf etwa 600 Seemeilen an Kapstadt heranführen und erst dann nordwärts in den Bereich des Südostpassats einschwenken. Zur Bewältigung eines solchen Seetörns von 4200 Seemeilen standen nur 24 Tage zur Verfügung. Das setzte auf der gesamten Reise ein Durchschnitts-Etmal von jeweils 175 Seemeilen voraus, was aber nur unter allergünstigsten Bedingungen zu erzielen war.

Die Schiffsleitung erhob darum Einspruch. Kapitän und Navigationsoffizier verwarfen den utopischen Plan konsequent und wählten einen Reiseweg von nur 3400 Seemeilen Länge, der bei der 24tägigen Fahrt nur 142 Seemeilen im Tagesdurchschnitt erforderte. In Großkreisnavigation[18] wollte man das Schiff durch die Westwinddrift bis etwa 36° Süd und 10° West durch die Roßbreiten ins Gebiet des Südostpassats einführen. Erst dort sollte Kurs Nord abgesetzt, sollte St. Helena »auf die Hörner genommen« werden.

Über das Risiko war man sich sehr wohl im klaren, denn die große Unwägbarkeit bei diesem Vorhaben waren die Roßbreiten. Wolfgang Claviez erklärte auch diesen Begriff am bündigsten: »Der Name ist der englischen Bezeichnung ›horse latitudes‹ nachgebildet und wird darauf zurückgeführt, daß bei Tiertransporten insbesondere in diesen Regionen viele tote Pferde über Bord geworfen werden mußten.«

Segelschiffe kommen dort oft allzu lange überhaupt nicht vom Fleck. Es handelt sich um den berüchtigten südlichen Kalmengürtel zwischen dem 35. und dem 25. Breitengrad Süd. In dieser Grenzzone des Passatringes verursacht relativ hoher Luftdruck häufig Windstillen (wie ja im nördlichen Kalmengürtel auch).

Es war also vieles offen bei der recht resolut ausgesuchten Alternative eines Seetörns von nur 3400 statt 4200 Seemeilen Länge. Aber »Ede« von Zatorski hatte sich schon seit seinen Tagen als Lloydkadett den Spruch zur Richtschnur genommen:

»Gott hilft dem Seemann in der Not –
aber steuern muß er selber ...«

Glück hat auf die Dauer nur der Tüchtige. Und das Glück war dem Schiff auf dieser sicherlich nie zuvor von irgend jemandem befahrenen Route tatsächlich hold. Die Route erwies sich sogar als ideal.

Drei Tage nach dem Verlassen von Buenos Aires briste es zwar bis zur Sturmstärke aus Nordwest auf. Da aber die See noch längere Zeit ruhig blieb, konnte das Schiff mehrere Stunden auf 13 Knoten Fahrt gehalten werden. Und es geschah das Wunder, daß Windumläufe in den folgenden Tagen weitere gute Etmale ermöglichten – vom 11. bis 12. Januar waren das 260 zurückgelegte Meilen. Mehrere Tage hindurch rauschte das Vollschiff mit Geschwindigkeiten bis zu 15 Knoten vorwärts! Zwar arbeitete das Schiff zeitweise heftig, aber es erwies sich erneut als guter Segler und lag ausgezeichnet auf der See. Und daß man dann mit soviel »Dusel« weiter vorankam, war kaum zu fassen: Infolge des Passierens eines neuen Tiefs – nicht allzufern südlich vom Schiff – war der Roßbreitengürtel rasch durchquert. Danach aber führten die westlichen Winde eines nachfolgenden Hochs das Schiff bei allmählichem Südwärtsholen ohne Aufenthalt in das Gebiet des Südostpassats hinein. Das Segelschiff erreichte St. Helena in nur 21 statt 24 Tagen!

Diese Routenwahl hätte jedoch durchaus den tragischen Tod eines jungen Besatzungsmitglieds zur Folge haben können. Ausgerechnet im »weißen Fleck«, im nie befahrenen Teil des Südatlantiks, mußte nämlich der Schiffsarzt Dr. Bünting am Vormittag des 19. Januar Meldung machen, daß der Leichtmatrose Georg Becker an einer Blinddarmentzündung mit akuter Durchbruchsgefahr erkrankt sei.

SCHULSCHIFF DEUTSCHLAND machte über Funktelegrafie den halben Südatlantik rebellisch, weil dringend Hilfe erforderlich war. Aber es ergab sich die von Kapitän von Zatorski schon befürchtete Situation: Weit und breit gab es keinen Passagierdampfer mit komplettem Bordkrankenhaus samt Operationssaal, der den lebensbedrohlich

Erkrankten hätte übernehmen können. Man stand allein auf weiter Flur.

So entschloß sich Dr. Bünting, die Operation »mit Bordmitteln« auf Schulschiff Deutschland selbst vorzunehmen. Er wußte sehr wohl, was er damit auf sich nahm – und Kapitän von Zatorski wußte es auch.

Der Patient gab ohne weiteres seine Einwilligung. Er stellte jedoch die Bedingung, daß eine funktelegrafische Nachricht in die Heimat erst erfolgen dürfe, wenn er »durchgekommen« sei.

Mit Umsicht ließ Dr. Bünting die Offiziersmesse für den problematischen Eingriff herrichten. Zwar verfügte er als Schiffsarzt über ein chirurgisches Notfall-Besteck, aber weder über einen Operationstisch noch eine OP-Lampe. Es mußte alles improvisiert werden: Ein Tisch der Messe wurde entsprechend keimfrei bezogen und mit behelfsmäßigen Anschnallgurten versehen. Zwei als Operationsassistenten »ausgeguckte« Wachoffiziere wurden in nie zuvor praktizierte Handreichungen eingeübt. Der eine mußte im Schnellverfahren als »Anästhesist« angelernt werden, um mit Hilfe einer selbstgebastelten Narkosemaske und genau richtig dosierten Chloroform-»Gaben« zur Hand gehen zu können. Der zweite lernte verwechslungsfreies Zureichen der steril abgekochten Instrumente, der Tupfer, der anzulegenden Eiter-Drainage, das Ineinanderpassen aller Handgriffe mit denen des Arztes. In keimfreien Kitteln standen auch der Bordelektriker und der Kapitänssteward klar. Der eine mußte mit Hilfe zweier Kabellampen (!) für die richtige Ausleuchtung der Bauchhöhle sorgen, der andere nachher beim Zunähen der Bauchdecke sowie beim Anlegen des Verbandes zur Hand gehen. Es durfte nichts überhastet werden, weil wirklich alles auf Messers Schneide stand.

Um 17.55 Uhr konnte der Eingriff beginnen. Kapitän von Zatorski hatte dazu das Schiff so ruhig wie möglich legen lassen.

Die Operation auf Leben und Tod gelang tatsächlich, obwohl sie in Anbetracht der eingetretenen Komplikationen mit einer normalen Appendix-Entfernung nicht zu vergleichen war. Diese große medizinische Leistung des Schiffsarztes, zumal im Hinblick auf die nicht als OP-Assistenten erfahrenen Helfer und die primitive Örtlichkeit, konnte nicht hoch genug gewürdigt werden.

Schon drei Tage später war der Patient endgültig über den Berg, es ging ihm den Umständen entsprechend gut. Es wurde nachher keine Abgabe des Operierten ans Inselkrankenhaus von St. Helena erforderlich.

Ernst Sieck sagte unter Seufzen: »Hätten wir doch bloß unsere Kreuzroyalrah auch beizeiten unserem Doktor anvertraut!«

Bei stetigem Wind, als alle Segel standen, war nämlich ohne weiteres Einwirken diese äußerlich einwandfrei erscheinende Rah gebrochen, die sofort an Deck genommen wurde. Es zeigte sich, daß sie unter der Farbschicht leider unerwartet weit verrottet war. Rund acht Jahre seit Indienststellung des Schiffes waren eben doch schon eine lange Zeit, vor allem in Anbetracht der häufigen Überstrapazierung des Riggs.

Den Heimweg rund um Schottland statt durch den Kanal hatte bis dahin nur Kapitän Walker einmal, bei der fünften Winterreise des Schiffes, gewählt. Nun aber, bei der achten Reise, plädierte auch Kapitän von Zatorski für diese Route. Nach den erhaltenen Wettermeldungen zeichnete es sich nämlich ab, daß im Kanal kräftige Ostwinde zu erwarten waren, im Norden Schottlands hingegen frische Westwinde.

Natürlich will die Wahl einer solchen Alternative genau überlegt sein. Von der Position aus, auf der Kapitän von Zatorski die Entscheidung zu treffen hatte, waren durch den Kanal bis zum Weser Feuerschiff rund 980 Seemeilen, rund Schottland aber mindestens 1420 Seemeilen zurückzulegen. Aber das ist es ja, was die Segelschiffahrt als besondere Lebensweisheit vermittelt: Der kürzeste Weg zum Ziel ist keineswegs immer der beste!

Um Gewißheit zu erlangen, erbat der Kapitän funktelegrafisch eine Beratung durch die Seewarte Hamburg, die nach ihren Erkenntnissen die Vorzüge der Alternativ-Route bestätigte. Nun ging es auf den neuen Kurs und es war tatsächlich wieder mal der richtige.

Mit raumem Südostwind in Stärke 7–8 sauste Schulschiff Deutschland tagelang westlich von Irland und den Hebriden nach Norden und erreichte vorübergehend das Etmal von 300 Seemeilen, bis dato Rekord im Dasein dieses Schiffes. Dann ging der Wind immer weiter nach Westen herum, so daß man raumschots nördlich der Shetlands ebenso ideal weiterkam wie nachher in der Nordsee. Ab Passieren der Shetland-Bergen-Enge, wo die Nordsee geographisch beginnt, konnte das Schiff fast durchweg mit »halbem«, d.h. seitlich einfallendem Wind bestens weiterkommen, und ab Höhe des Skagerraks sogar der Kurs zur Wesermündung »direkt anliegen«. Es war eine Freude für alle Beteiligten.

»Klimatische« Veränderungen

Der politische Wandel in Deutschland wurde auf einem »Seezigeuner« wie SCHULSCHIFF DEUTSCHLAND kaum wahrgenommen. Um so deutlicher verspürte die Besatzung die Reaktionen der ausländischen Öffentlichkeit während seiner alljährlichen Reisen. Das Erstarken Deutschlands wurde im Ausland mit Interesse und keineswegs nur mit Antipathie verfolgt. Selbst auf der so abgelegenen Insel St. Helena konnte die Besatzung des Schulschiffs anläßlich der Winterreise 1934/1935 einen Meinungsumschwung in der britischen Öffentlichkeit registrieren. Da ja das Transatlantikkabel von Großbritannien nach Südafrika über St. Helena lief, war die dortige Bevölkerung durch den Nachrichten-Ticker jederzeit über alle Vorgänge in Europa bestens informiert.

Es gab bei Briten zunehmend Sympathien für die Deutschen. Obwohl es bereits der dritte Besuch des deutschen Schulschiffes auf dieser Insel war, überboten sich die dort lebenden Briten diesmal in Gastfreundschaft. Viele Zöglinge wurden von englischen Familien eingeladen und zu Ausfahrten ins Innere der Insel mitgenommen. Über 50 Junggrade unter Führung eines Offiziers wurden sogar im Plantation House vom Gouverneur persönlich bewirtet. Besonders deutlich zeigte sich das Interesse an den Deutschen auch während des Platzkonzerts der Bordkapelle in Jamestown und am Abfahrtstag von SCHULSCHIFF DEUTSCHLAND am 27. Januar. Die Schiffsführung gab zu Ehren des Britischen Gouverneurs ein Essen und nachmittags einen Tee-Empfang für die englische Kolonie. Die Besichtigung von Schiff und Besatzung beeindruckten, ganz besonders aber, als zum Abschied die Besatzung in die Unterwanten aufenterte und die Bordkapelle die britische und die deutsche Nationalhymne spielte.

Die Entwicklung in Deutschland lag sicherlich im Interesse der althergebrachten britischen Politik nach der Devise »Balance of Power«. Man wollte kein allzu mächtiges Frankreich auf dem Kontinent und empfand das Gegengewicht durch das wieder stärkere Deutschland als vorteilhaft. Und so wurde die Weltöffentlichkeit bald durch die erstaunliche Nachricht überrascht, daß am 18. Juni 1935 in London das Deutsch-Britische Flottenabkommen unterzeichnet worden war: Großbritannien als damals führende Seemacht der Welt gestand der deutschen Marine eine Flottenstärke zu, die 35 % der britischen entsprach. Damit war der Versailler Vertrag britischerseits ad absurdum geführt worden.

Die nunmehrige Deutsche Kriegsmarine konnte ein Flottenbauprogramm verabschieden, das den Bau von zwei Schlachtschiffen, zwei Schweren Kreuzern, 16 Zerstörern und 28 U-Booten vorsah. Es gab allerdings bereits werftseitig Probleme, um noch freie Hellinge dafür zu finden, denn mit 55 Neubauten von zusammen 237 045 BRT lag der deutsche Schiffbau plötzlich an zweiter Stelle der Welt, im Tankerbau sogar an der ersten. Es hagelte Export-Schiffbauaufträge. Die Arbeitslosigkeit in der deutschen Schiffahrt nahm rapide ab, am letzten Tag des Jahres 1935 lagen nur noch 38 Schiffe auf, was 3,5 % der Gesamttonnage entsprach.

Noch während der Sommerreise 1935 spürte auch SCHULSCHIFF DEUTSCHLAND die Neuerung, daß die Marine wieder Reserveoffiziere einstellen durfte (was vorher laut Versailles verboten war). Auf einen so brillanten Nautiker wie Kapitän Walther von Zatorski hatte man in höheren Stäben der Marine längst ein Auge geworfen. Er wurde während der besagten Sommerreise durch Einberufung zu einer militärischen Übung von Bord geholt.

Ab Sassnitz mußte abermals Ernst Sieck als Kapitänsstellvertreter die Schiffsführung übernehmen. Leider spielte ihm das Schulschiff einen unschönen Streich:

Beim Ankerlichten auf den Sänden nördlich der Kattegat-Insel Anholt brach kurz vor dem Losbrechen des Steuerbord-Ankers aus dem Grund das Steuerbord-Kupplungsrad des Ankerspills. Sieck ließ das Ankerhieven abbrechen und die Kette wieder auf 75 m ausstecken. Der Wind wehte ziemlich steif und ging auf Stärke 5 hoch. Was nun folgte, war eine recht unromantische Plackerei. Der bis dahin auf Slip hängende sechs Tonnen schwere Backbord-Anker mußte auf die Steuerbordseite der Back transportiert werden. Die 75 m weit ausgesteckte Steuerbord-Ankerkette wurde danach auf die Backbordkette geschäkelt und so das Wiederanbordnehmen des noch ausliegenden Ankers samt Kette trotz der Spillpanne ermöglicht.

Auf der Sommerreise 1935 wurde neben Eckernförde, Travemünde und Sassnitz erstmals auch Stockholm angelaufen. Die »Mälarkönigin« zeigte sich dabei von ihrer besten Seite.

Auch in Schweden wurden dem deutschen Schiff viele unverkennbar herzliche Sympathiebeweise erbracht. Allerdings hatte die schwedische Polizei in aller Stille dafür gesorgt, daß besonders während der Nacht die Posten

Der Kommandant des »Namensvetters« Panzerschiff DEUTSCHLAND, Kapitän zur See Fanger, ruft dem Hornisten zu, schnell erneut »Front« zu blasen (siehe dazu Tagebuch-Eintragung und Manöver-Skizze auf der Routenkarte der 12 Atlantik-Reisen von SCHULSCHIFF DEUTSCHLAND, wiedergegeben auf dem sogenannten hinteren Vorsatz dieses Buches, der hinteren Innenseite des Einband-deckels).

der Besatzung vor dem Schiff durch Polizisten zusätzlich verstärkt wurden, um ruchbar gewordene Störaktionen kommunistischer Scharfmacher auszuschließen.

Die Winterreise 1935/1936 wurde zur letzten des Schiffes unter der Führung des Kapitäns Walther von Zatorski. Der Reiseplan bot mit Santa Cruz de Tenerife, Bahia, Kapstadt und abermals St. Helena nichts Neues. Die Reise ist jedoch im Gedächtnis aller damaligen Augenzeugen mit einem Husarenstück verknüpft, das wohl nur einem »Ede« von Zatorski einfallen konnte.

Schon beim Verlassen des Kanals hatte dieser funktelegrafisch erfahren, daß sich die beiden Panzerschiffe DEUTSCHLAND und ADMIRAL SCHEER gemeinsam auf Auslandsreise befanden. Zatorski durchsegelte in einer äußerst flotten Fahrt von nur sechs Tagen die 1364 Seemeilen von Dover nach Funchal, wo diese beiden Schiffe an einem bestimmten Tag vor Anker liegen würden. Mit einer Braßfahrt bis zu 14 Knoten schäumte SCHULSCHIFF DEUTSCHLAND an der Küste von Madeira entlang, das offiziell gar nicht auf dem Reiseplan stand.

In der Hafenbucht von Funchal ankerte neben den beiden Panzerschiffen der Hamburg-Süd-Dampfer GENERAL SAN MARTIN, und westwärts dieser drei deutschen Schiffe lag noch ein halbes Dutzend Kohlenleichter vor Anker sowie südlich von ADMIRAL SCHEER eine Kohlenhulk. Zwischen den Panzerschiffen befand sich eine große Boje. Nur die totale Beherrschung seines Schiffes und sein ausgeprägtes Augenmaß befähigten Zatorski dazu, seinen kühnen Plan zu verwirklichen:

Mit Kurs 290 Grad hielt von Zatorski zur allgemeinen Verwunderung unter Vollzeug auf den Wellenbrecher des Hafens zu, fiel dann gerade weit genug ab, um die beiden Kriegsschiffe offensichtlich an Backbord zu halten. Dann aber nahm er die beiden »Krieger« (Handelsschiffer-Jargon für Kriegsschiffe) so aufs Korn, daß Panzerschiff DEUTSCHLAND nach überraschendem Kurswechsel des Seglers eben an Steuerbord und die ADMIRAL SCHEER ähnlich dicht an Backbord blieben.

Die Besatzungen der beiden Kriegsschiffe wußten überhaupt nicht, wie ihnen geschah. Sie wollten natürlich dem ankommenden Vollschiff eine gebührende Ehrung erweisen. In solchen Augenblicken stehen – auch heute noch – alle an Deck befindlichen Mannen soldatisch stramm mit Front zu dem vorbeikommenden Fahrzeug. Der Hornist hatte bereits »Front nach Backbord!« geblasen und alle Mann waren auf der befohlenen Seite angetreten, als SCHULSCHIFF DEUTSCHLAND wider Erwarten mit nur 20 m Abstand auf der Steuerbordseite an Panzerschiff DEUTSCHLAND vorbeischoß. Seine in die Unterwanten aufgeenterte Besatzung brachte zackige Rufe aus. Das vom Wachoffizier verzweifelt veranlaßte »Front nach Steuerbord!«-Tuten des Hornisten klang jedoch nur noch dem Kielwasser des Seglers hinterher. Dieser aber wiederholte sein Possenspiel, wie gesagt, indem er nach abermali-

Backbrassen, Aufgeien und Festmachen der Segel dicht bei der Hafenmole von Kapstadt.

gem Kurswechsel dicht an der Backbordseite von ADMIRAL SCHEER vorbeischäumte. Auch dort war die Verwirrung beträchtlich.

Zatorski hatte trotz mittlerweile herrschender Windstärke 6 bei seiner dreisten Aktion kein einziges Segel wegnehmen oder reffen lassen. Er fuhr sämtliche Brassen so, daß das Schiff mit acht Knoten Fahrt seine Zirkusnummer durchziehen konnte. »Ede« war seiner Sache völlig sicher. Ins Brückentagebuch trug er nur lakonisch ein: »Haben 11.30 bis 11.45 Uhr den Hafen durchsegelt.«

Die Behörden waren über das Erscheinen des nicht angemeldeten Schiffes sehr verwundert. Die Lokalpresse jedoch überschlug sich mit anerkennenden Berichten über die Sensation. Und Kapitän Schenk von der GENERAL SAN MARTIN konnte es sich nicht verkneifen, ein Radio-Telegramm abzusenden: *»Kapitän von Zatorski, SCHULSCHIFF DEUTSCHLAND: Gratuliere zum fabelhaften Manöver, wünsche weiter guten Erfolg und glückhafte Fahrten.«*

Der Flugschüler Th. Rading hat damals über die Südamerika-Fahrt einen Bericht für die »Kieler Nachrichten« angefertigt. Was er über den Passat-Reiseabschnitt schrieb, sollte in diesem Buch über Schulschiff Deutschland festgehalten werden:

»Die Dünung des Ozeans ist uns schon vertraut. Langsam steigt der Klüverbaum über die Kimm, senkt sich das Heck. Und sinkt der Klüverbaum, dann hebt sich das Heck. Auf und ab, auf und ab, wie das bedächtige Nicken eines ziehenden Pilgers. Die Mastspitzen schwanken über den blauen Himmel gleich dem nimmermüden Pendel einer Riesenuhr. Es geht wie ein Pulsschlag durch unser Tagewerk ... In ihm ruhen Zielsicherheit und besonnenes, ruhiges Voranstreben. Über allem weht der Passat, wölbt sich blauer Himmel, brennt die Sonne. In Deutschland nebelt und friert es ... Von der Back sehe ich zum ersten Mal fliegende Fische, die zu Seiten des Bugspriets aus dem Wasser schießen und oft Hunderte von Metern durch die Luft fliegen. Die haben das Aussehen und die Größe unserer Schwalben und bevölkern in zahllosen Schwärmen den Atlantik.«

Auch in Kapstadt hatte von Zatorski Gelegenheit, der Bevölkerung noch einmal zu zeigen, »was eine Harke ist«. Nach anfänglichem Nebel preschte Schulschiff Deutschland bei Sichtbesserung mit guter Fahrt über die Reede. Zatorski ließ die Segel erst dicht bei der Hafenmole aufgeien und festmachen – das Publikum zollte offenen Beifall. Für Zatorski war das ein Grund mehr, nach Ende der Liegezeit Hafenmanöver ohne Schlepperhilfe vorzuexerzieren. Am 2. Januar 1936 wurden um 11.00 Uhr schon am Kai sämtliche Segel – bis auf die eventuell sichtbehindernden Untersegel – losgemacht. Sofort nach Loswerfen der Leinen wurden die Stagsegel und unmittelbar danach alle Segel (mit der erstgenannten Ausnahme) gesetzt. Die beiden bereitliegenden Schlepper blieben arbeitslos. Das Publikum war »baff«, der Lotse protestierte heftig.

Aber bei Wind Nordwest 4–5 zog das herrliche Schiff zum Greifen nahe segelnd am Publikum vorbei. Das Bild erschien in der Presse. Die Kommentare der Journalisten waren lesenswert: *»Meisterhafte Seemannschaft wurde durch den Kapitän und die Besatzung des deutschen Segelschulschiffs vorgeführt, als es gestern die Table Bay Docks verließ. Die Besatzung setzte bereits Segel, als das Schiff noch am Kai lag und segelte dann aus dem Hafen hinaus. Die geringste Fehleinschätzung hätte eine Katastrophe bedeuten können. Es war das erste Mal seit vielen Jahren, daß solch eine wagemutige Tat in südafrikanischen Gewässern vollbracht wurde. Segelschiffe werden normalerweise nach See hinaus geschleppt.«*

Die am 4. Mai 1936 angetretene Sommerreise von Schulschiff Deutschland führte nach Flensburg, Travemünde, Danzig und erstmals nach Bornholm. Vor dem kleinen malerischen Fischerdorf Tejn an der Westküste lag das Schiff eine ganze Woche lang vor Anker, so daß jedes Besatzungsmitglied diese reizvolle, kontrastreiche Insel kennenlernen konnte. Diese »Wegekreuzung der Ostsee« mit ihrer Feste Hammerhus an der Nordspitze, der mächtigsten Burganlage Nordeuropas, mit ihren markanten Rundkirchen, ihren steilen Felsküsten und ihren idyllischen Fachwerkstädtchen beeindruckte alle. Gelegenheit zum Baden ergab sich am Sandhammeren- und Sandvik-Badestrand und ebenfalls unweit des Ankerplatzes in Tejn.

Das ruhige und ungestörte Liegen – 900 m von der Küste entfernt, auf gutem Sandgrund in 20 m Wassertiefe ein sicherer Ankerplatz – war ideal auch für Bootsmanöver. Zum Bootssegeln bot sich hier ebenfalls gute Gelegenheit. Dabei wurden gleichzeitig sämtliche Rettungsboote auf Seetüchtigkeit überprüft, ihr Inventar überholt und die Sicherheitseinrichtungen getestet.

1936, im Jahr der Olympischen Spiele in Berlin und der angeschlossenen olympischen Segelwettkämpfe in Kiel, sprang eine allgemeine Sportbegeisterung auf die gesamte deutsche Öffentlichkeit über.

Die DSV-Philosophie hatte sportliche und turnerische Übungen längst als erzieherische Leistungen neben der praktischen Segelschulschiffsausbildung angesehen. Gerade sie waren der körperlichen Gewandtheit in der Takelage förderlich und stellten eine gründliche Ausbildung auch im Bootsdienst sicher. Persönlicher Mut und Selbstvertrauen konnten durch Sport zur Entwicklung gebracht werden.

Obwohl also Sport stets eine bedeutende Rolle bei der DSV-Erziehung gespielt hatte, glänzten die Zöglinge während des fünfzehntägigen Aufenthalts ihres Schiffes in Travemünde durch besonderes sportliches Engagement: Wachweise wurden sie täglich an den Strand vom Priwall zum Schwimmen geführt. Abends hielt der Sportoffizier Anton Schüller Übungen und Prüfungen für das Rettungsschwimmen ab. Von 08.00 bis 10.00 Uhr trainierte täglich eine Wachhälfte unter Leitung des Sportoffiziers auf einer Wiese neben dem Schiff. Man hatte sich dort sogar eine eigene Sprunggrube angelegt. Nach den ersten 20 Minuten Freiübungen kamen drei Kilometer Geländelauf, Kugel- und Steinstoßen, Medizinball-Übungen, Weitsprung, 100-Meter-Lauf und manch andere

Sport hatte von Anfang an besonderen Stellenwert auf den DSV-Schulschiffen, auch auf hoher See.

Korvettenkapitän August Thiele, als Ringrichter (im weißen Turnhemd), baute fachgerecht die Sparte Boxsport auf.

Sportart dran. Jedes Besatzungsmitglied hatte die Erlaubnis, in der Freizeit die Geräte zu benutzen und auf der Wiese für sich selbst zu üben. Während der letzten vier Tage wurden auf dem Travemünder Sportplatz durch den Sportwart des örtlichen Turnvereins und dem Sportoffizier Prüfungen für das Reichssportabzeichen abgenommen.

Von den Besatzungsmitgliedern hatten
32 Mann das Reichssport- bzw. das Reichsjugendsportabzeichen,
18 Mann das SA-Sportabzeichen,
32 Mann den Grundschein der DLRG und
13 Mann den Leistungsschein der DLRG
erworben.

Das konnte sich sehen lassen. Es ergänzte die gute und regelmäßige Bordausbildung im Turnen. Ohnehin hatten Besatzungsmitglieder schon häufiger im In- und Ausland Handball- und Faustballspiele sowie Stafettenläufe gegen routinierte Mannschaften erfolgreich ausgetragen.

Das sportliche Betätigungsfeld war schon einige Zeit zuvor durch planmäßige Ausbildung im Boxen erweitert worden. Der als nächster Kommandant der GORCH FOCK und danach der bereits projektierten HORST WESSEL vorgesehene Korvettenkapitän August Thiele war zur seglerischen Einweisung auf der Winterreise 1934/1935 bis Rio de Janeiro auf SCHULSCHIFF DEUTSCHLAND mitgefahren und hatte unterwegs vier Gruppen von je zehn Mann fachmännisch unterrichtet. Damit war der Grundstock für eine weitere Pflege des Boxsports beim DSV gelegt.

Apropos Einweisungs-Mitreisen von Marineoffizieren: Für die bevorstehende Winterreise 1936/1937 hatte die Inspektion des Bildungswesens der Kriegsmarine den Korvettenkapitän Rogge zwecks seglerischer Einweisung auf SCHULSCHIFF DEUTSCHLAND zur Mitfahrt bis Rio de Janeiro angemeldet. Er sollte das in Bauvorbereitung befindliche neue Segelschulschiff ALBERT LEO SCHLAGETER als Kommandant übernehmen.

Das Thema Segelschulschiffe war 1936 insgesamt aktueller denn je. Im besagten Jahr kam die neue Bark HORST WESSEL in Fahrt.

Der Norddeutsche Lloyd hatte von Gustav Erikson die Viermastbark MAGDALENA VINNEN angekauft und stellte sie am 12. August 1936 als frachttragendes Segelschulschiff KOMMODORE JOHNSEN in Dienst. Seine Besatzung wurde am 1. September durch fünf Leichtmatrosen und zehn »Alte Schiffsjungen« ergänzt, die von SCHULSCHIFF DEUTSCHLAND dorthin überwechselten.

Die Hapag beschloß 1936 ebenfalls den Ankauf einer Viermastbark aus dem Erikson-Bestand[19]. Auch John T. Essberger, Deutschlands größter Tanker-Reeder, ließ 1936 durchblicken, daß er ebenfalls ein eigenes Segelschulschiff für seine Reederei in Fahrt zu bringen gedenke, er sei freilich noch auf der Suche nach einem geeigneten Segler.

Der plötzliche Mehrbedarf an Ausbildungsplätzen für seemännischen Nachwuchs war die Folge einer beträchtlichen Erweiterung der deutschen Handelsflotte.

Mit der 7752 BRT großen EHRENFELS leitete die DDG »Hansa« 1936 den Serienbau von neun Schiffen gleichen Typs ein, die Hamburg-Süd mit der 6095 BRT großen BELGRANO ebenfalls eine Neuner-Serie typgleicher Neubauten. Die Hapag stellte mit der 6736 BRT großen WUPPERTAL das erste große Frachtschiff mit dieselelektrischem Antrieb in Dienst. Die Deutsche Ost-Afrika Linie brachte noch 1936 das große Turbinenfahrgastschiff PRETORIA (16 662 BRT) in Fahrt, wenig später auch dessen Schwesterschiff WINDHUK.

Ernst Sieck von der Hamburg-Süd (rechts, auf dem Foto noch 1. Offizier) wurde im Herbst 1936 der Kapitän des Schulschiffs. Mit im Bild die Ausbilder Übe (links) und Brand (Mitte).

Im Mai 1936 wurde mit großem Propaganda-Aufwand das 25 000 BRT große KdF-Fahrgastschiff WILHELM GUSTLOFF auf Kiel gelegt und sogleich ein weiteres in Auftrag gegeben. Im September 1936 ging die Walkocherei JAN WELLEM als Mutterschiff einer Flotte von acht Fangbooten der Ersten Deutschen Walfang-Gesellschaft auf Ausreise in die Antarktis. Außerdem hatte man im Mai 1936 die Walfang-Reederei Walter Rau gegründet, die ebenfalls ein großes Mutterschiff sowie eine Flotte von Fangbooten in Auftrag gab.

Man konnte sich also leicht zusammenreimen, daß ein beträchtlicher Mehrbedarf an seemännischem Nachwuchs entstanden war. SCHULSCHIFF DEUTSCHLAND als fahrendes und die GROSSHERZOGIN ELISABETH als stationäres Schulschiff reichten nicht mehr aus, auch nicht im Verein mit den in Fahrt gebliebenen Laeisz-Viermastbarken PADUA und PRIWALL, die Ausbildungsplätze boten.

Nachdem er in den Jahren 1925 bis 1936 mehreren Hunderten Nachwuchskräften die berufliche Grundlage mitgegeben hatte und zum Vorbild geworden war, ging Kapitän von Zatorski am 1. September 1936 zum Norddeutschen Lloyd zurück. Er übernahm das Fruchtkühlschiff OROTAVA als Kapitän.

DEUTSCHLAND
OLDENBURG

Dafür stellte die Hamburg-Süd ihren Nautiker Ernst Sieck frei, damit er SCHULSCHIFF DEUTSCHLAND als Kapitän übernehmen konnte.

Ernst Sieck war in der beneidenswerten Lage, sich als neuer Kapitän des Schulschiffs nicht erst vor kritischen und skeptischen Blicken beweisen zu müssen. Er hatte sich bei seinen beiden Kapitänsreisen als voll verantwortlicher Stellvertreter des Kapitäns von Zatorski souverän bewährt, so unnahbar er auch wirkte.

Unter seiner Führung ging SCHULSCHIFF DEUTSCHLAND am 29. September 1936 auf die Winterreise nach Madeira, Rio de Janeiro, Montevideo und Bahia.

Einige Tage vor der Ankunft in Rio ereignete sich erstmals das, was in der mittlerweile fast neunjährigen Fahrzeit des Schiffes noch nie vorgekommen war: Der Leichtmatrose Peuker »kam von oben«. Er stürzte aus dem Fockmast an Deck und erlitt außer vier Rippenbrüchen eine schwere Lungen- und Leberquetschung. Dank der ersten umsichtigen Behandlung durch den Schiffsarzt Dr. Löber und der weiteren, etwa zweimonatigen Behandlung im Deutschen Krankenhaus in Rio de Janeiro wurde Peuker so weit wiederhergestellt, daß er mit einem Hamburg-Süd-Schiff heimgeschafft werden und schon Ende März 1937 voll dienstfähig an Bord von SCHULSCHIFF DEUTSCHLAND zurückkehren konnte, um seine Segelschiffsausbildung zu vollenden.

Im Frühjahr 1936 hatte man übrigens praktische Ladungskunde als Lehrfach ins Ausbildungsprogramm aufgenommen. Das bewährte sich sehr und machte ein Manko wett, das die allgemein gelobte gründliche Ausbildung auf SCHULSCHIFF DEUTSCHLAND bis dahin auf diesem Gebiet doch aufwies. Fortan wurde im In- und Ausland immer wieder für Bordbesuche auf Handelsschiffen gesorgt. Die Reedereien waren in dieser Sache äußerst entgegenkommend. Besonders einfach war es natürlich bei Schiffen der Hamburg-Süd, denn Kapitän Sieck gehörte ja zu dieser Reederei. Außerdem war deren Nautischer Inspektor, Kapitän Elingius, seit geraumer Zeit Vorstandsmitglied des Deutschen Schulschiff-Vereins.

In Montevideo ergab sich der besondere Glücksumstand, daß neben den vor dem Ankauf durch die Hamburg-Süd stehenden Hapag-Frachtern STEIGERWALD und NIEDERWALD auch die Hamburg-Süd-Schiffe MONTE OLIVIA, CAP NORTE und HOHENSTEIN gleichzeitig im Hafen lagen, auf die man die Zöglinge in kleineren, überschaubaren Gruppen verteilen konnte. Nun wurden sie besser denn je in die Handhabung der Dampfspills, der Patentstopper und der Ladewinden eingewiesen. Sie lernten das Einschäkeln von Ladebaum-Hangerketten, die Bedeutung des »Faulenzers«[20] und der Preventergeien.

Es wurden die Wirkungsweise von Druck- und Saugventilatoren, der Luftströmungen im Schiffsinneren und vor allem die Laderaumventilatoren ebenso erklärt wie die Zusammensetzung eines Schwergutgeschirrs. Sogar eine Besichtigung der Maschinenräume wurde ermöglicht.

Auf einem der Hamburg-Süd-Schiffe durfte eine Gruppe Leichtmatrosen sogar eine Ladeluke komplett seeklar machen – vom Scherstockeinsetzen bis zum Niederlegen der Bäume, vom Schließen der Luke bis zum Überziehen mit der Lukenpersenning und schließlich bis zum seefesten Schalken.

In Montevideo war mal wieder der Großteil der Freizeit aller Zöglinge mit Besichtigungen, Ausflügen und Privateinladungen ausgefüllt. Man besuchte eine Fleischfabrik beziehungsweise eine große Wollkämmerei. Man wurde zum Strand von Atlantida gefahren und zum Gratis-Besuch von Zirkus Hagenbeck eingeladen.

Im sogenannten »Bierpalast« hatte die Deutsche Kolonie zu Beginn der dortigen Hafenzeit einen Begrüßungsabend arrangiert, der zugleich zur Verabschiedung des ebenfalls im Hafen liegenden Lloyd-Segelschulschiffs KOMMODORE JOHNSEN diente, das mit einer Weizenladung wieder in See zu gehen hatte.

Schon auf der Anreise nach Rio war SCHULSCHIFF DEUTSCHLAND am Nachmittag des 21. November dem nach Montevideo bestimmten Lloyd-Schulschiff begegnet und hatte ihm bis zum nächsten Tag das Geleit gegeben. »Diese Begegnung war recht wertvoll«, berichtete nachher Kapitän Sieck, »weil sie der jugendlichen Besatzung den äußeren Anblick eines in gutem Trimm segelnden Schiffes bot und dieser somit instruktiv verwertet werden konnte.«

In Montevideo hatte es natürlich ein gewaltiges Hallo gegeben, als die beiden Schiffe dort zusammentrafen und die nunmehr auf der KOMMODORE JOHNSEN fahrenden 15 ehemaligen DEUTSCHLAND-Besatzungsmitglieder ihr vorheriges Schiff und ihre vertrauten »Chummies« wiedersahen. Als schließlich auch das DSV-Schiff am 2. Januar 1937 vormittags den gastlichen Hafen wieder verließ, gab ihm die begeistert herbeigeeilte Hagenbeck-Zirkuskapelle das Farewell-Ständchen.

Aber die Seereise nach Bahia begann dramatisch. Als Hamburg-Süd-Fahrensmann kannte sich Kapitän Sieck gut genug in den Seegebieten der südamerikanischen Ostküste aus. So wußte er auch jene als Gewitter-Wirbelstürme aus der Pampa kommenden fallwindartigen

Wenn ein aus der Pampa kommender fallwindartiger Pampero das Schiff überfällt, beginnt die See zu kochen. Es muß blitzschnell richtig reagiert werden.

Pamperos richtig einzuschätzen, die der Rahsegler-Kapitän und nachherige Nautische Inspektor der Reederei F. Laeisz, Hermann Piening, wie folgt definiert hatte:

»Der Gegensatz zwischen dem tropisch warmen Brasilien und den kalten Luftmassen des Südens, zudem der Niveau-Unterschied der weiten Pampas und der Kordilleren lassen in der argentinischen Tiefebene Tiefdruckwirbel entstehen, die mit unwiderstehlicher Gewalt ostwärts über die La-Plata-Mündung hinweg in den Südatlantik ziehen ... Wehe dem Schiff, dessen Führer die Anzeichen nicht kennt!«

Kapitän Sieck kannte die Pamperos als Naturphänomene von dramatischer Wildheit und Plötzlichkeit. Und was sich in den Nachmittagsstunden nach dem Verlassen von Montevideo zusammenbraute, war ein solcher Pampero. Die kegelförmig, bedrohlich dunkle Wolkenansammlung im Südwesten war unverkennbar. Sieck spürte, daß die Luft mit Unheil geladen war, und ließ gerade noch rechtzeitig eine Position ansteuern, die dem Schiff östlich der Banco Ingles, der Englischen Sandbank, einige Sicherheit versprach.

Gegen 19.00 Uhr brach das Inferno los. Mit Windstärke 8, heftigen Böen und Wolkenbrüchen fiel der Pampero das Schiff derart heftig an, daß vor den noch allein stehen gelassenen Untermarssegeln beigedreht werden mußte.

Die See schien zu kochen, sie war plötzlich schneeweiß von Schaum. Ganz spitze, geifernde Wellen zuckten hoch empor, von denen der Pampero den Gischt abriß und in solcher Dichte davonpeitschte, daß alles einem Schneegestöber glich. Ein schrilles Heulen und Pfeifen betäubte fast die Ohren. Das blitzbeleuchtete Szenario glich einem Bühnenbild für den ›Fliegenden Holländer‹.

Erst in den Morgenstunden des nächsten Tages flaute der auf Süd drehende Sturm wenigstens so weit ab, daß dem Schiff Gelegenheit gegeben wurde, mit Ostkurs aus dem La Plata hinauszuschlüpfen.

Das observatorische Registrieren des Wettergeschehens in entfernten Seegebieten war von größter Bedeutung für die seemeteorologischen Erkenntnisse und die Sicherheit der Segelschiffe. Viele von ihnen dienten als „Obs-Schiffe". Sie lieferten ihre observatorischen Beobachtungen an die Deutsche Seewarte in Hamburg ab. Viele Kapitäne wurden zum Dank mit der Seewartmedaille ausgezeichnet.

Zwei Mann an einem Strang

Damals war im nationalsozialistisch regierten Deutschland der bei allen möglichen Veranstaltungen im Sprechchor ausgebrachte Ruf »Sieg Heil« über Gebühr im Gebrauch. Die Zöglinge an Bord von SCHULSCHIFF DEUTSCHLAND hätten keine zu Schabernack und Wortspielereien aufgelegten jungen Menschen sein müssen, um diesen Ruf – in Anspielung auf den Namen ihres Kapitäns – nicht in »Sieck Heil« zu verwandeln.

»Ernst, der Sieckreiche« verstand es, seine Mannen ganz schön heranzunehmen. Sein ausgeprägtes Sicherheitsbewußtsein machte sich in besonders hohen Anforderungen an das rollenmäßige Exerzieren mit den Sicherheitseinrichtungen des Schiffes wie Lenzpumpen, Kenntnis und Handhabung der Feuerlöschgeräte (Rauchhelm, Propylen-Gerät, verschiedene Arten von Handfeuerlöschern) bemerkbar.

Aber nicht nur das, Kapitän Sieck legte größten Wert auf optimale Gewandtheit im Umgang mit den Booten. Er nutzte auf See jede sich bietende Gelegenheit für »Mann-über-Bord«-Manöver. Und wie schon vorher in Funchal und Rio nahm er seine jungen Männer nachher auch in der Bucht von Bahia mit Kutterpullen und Kuttersegeln kräftig heran. Die Alten Leichtmatrosen profitierten am meisten davon, denn ihnen stand nachher in Elsfleth die Prüfung als Rettungsbootmann bevor. Dieser damals noch nicht so genannte Rettungsboot-Schein wurde von der äußerst kritischen Seeberufsgenossenschaft abgenommen.

Mit seinem 1. Offizier Otto Bauer stimmte Kapitän Sieck fachlich und menschlich bestens überein. Er schätzte diesen seemannschaftlichen Könner sehr, der bereits die vorige Winterreise unter Kapitän von Zatorski in gleicher Dienststellung mitgemacht hatte. Bauer ging aus den Deutschen Afrika-Linien hervor, mit seinem hellwachen Gesicht war er unverwechselbar. Er strahlte eine Mischung von kaltblütiger Besonnenheit und Entschlußfreudigkeit aus. Ihm lag die Segelschiffahrt im Blut. Seine Ausbildung als Schiffsjunge und Leichtmatrose hatte er bereits während des Weltkrieges 1914–1918 auf der GROSSHERZOG FRIEDRICH AUGUST und der PRINZESS EITEL FRIEDRICH erhalten. Otto Bauer war sozusagen »Urgestein« in der Hierarchie des Deutschen Schulschiff-Vereins.

Nach seinen Dienstjahren in der Afrikafahrt fuhr Otto Bauer auf SCHULSCHIFF DEUTSCHLAND, zunächst als Wachoffizier und, wie gesagt, ab Winterreise 1935/1936 als 1. Offizier. Kapitän Sieck wußte sehr wohl, daß Bauer zu gegebener Zeit sein Nachfolger als Kapitän dieses Schiffes sein würde. Einen besseren könnte man abermals nicht finden.

Auf der Heimreise Bahia–Bremerhaven bekamen die Ostern 1937 zur Entlassung anstehenden Alten Leichtmatrosen gute Gelegenheit, sich in der Kunst des Drahtspleißens zu vervollkommnen. Sieck und Bauer hatten übereinstimmend festgestellt, daß sämtliche Untermars-Schoten, alle Bootslaschings und diverse Brassenstander erneuert werden mußten.

Wer Segelschiffahrt als etwas Romantisches angesehen hatte, der wurde spätestens auf dieser Seereise davon überzeugt, daß sie nie abreißende, unermüdliche Arbeit aller Schwierigkeitsgrade bedeutet. Gerade Rahsegler sind in ihrer dauernden Pflegebedürftigkeit mit den dazugehörigen Unterhaltungsarbeiten anspruchsvoller als jedes andere Schiff. Und so wurde auf der Reise Bahia–Bremerhaven Arbeit wieder einmal großgeschrieben. Auch »Hein Pampig« und seine Helfer wurden keinen Tag arbeitslos, denn es galt, ein neues Großoberbramsegel anzufertigen und die gesamte erste Garnitur von 24 weiteren Segeln zu überholen und auszubessern.

Dann aber waren die Furien wieder zur Stelle, mit Frühjahrsstürmen bis Orkanstärke.

Auf der Sommerreise 1937 ankerte das Schulschiff vom 21. bis zum 23. Mai östlich der Strander Bucht in der Kieler Außenförde und trat von dort aus mit 100 Mitgliedern des Deutschen Nautischen Vereins eine Segelfahrt an. Sie gehörte zur Veranstaltungsfolge des Deutschen Seeschiffahrtstages in Kiel und sollte gerade bei diesen stark Seefahrt-Interessierten zum bedeutenden Multiplikationsfaktor werden. Aber Neptun trieb ein wenig schönes Possenspiel. Nach anfänglich gutem Start mußten gegen 15.00 Uhr bei völliger Flaute die Segel festgemacht werden! Man mußte sogar den Marineschlepper PASSAT um Hilfe bitten. Er taute das Schiff auf die Reede von Laboe, wo die Gäste wieder von Bord gingen.

Die Schiffsleitung wurmte diese Pleite verständlicherweise sehr. Sie konnte sich allenfalls damit trösten, daß die vorgeführten Boots- und Segelmanöver vorzüglich geklappt hatten, obwohl ein Teil der Besatzung vor nur drei Wochen das erste Mal in See gegangen war.

Die Winterreise 1937/1938 führte abermals nach Südamerika. Zunächst hatte man bis zur Lotsenabgabe zwei Beamte der Deutschen Betriebsgesellschaft für drahtlose Telegrafie (DEBEG) an Bord genommen, um den anderthalb Jahre zuvor von der DEBEG als Geschenk empfangenen Goniometer-Funkpeiler auf etwaige Fehlweisungen hin überprüfen zu lassen. Dieser Peiler, seinerzeit noch »Funk-Richtungssucher« genannt, hatte bereits auf der vorjährigen Winterreise seine Bewährungsprobe bestanden. Die Standortbestimmungen mittels Funkpeiler waren bei Nebelfahrt doch eine präzisere, ungleich einfachere Sache als das Gefummel mit dem guten alten Unterwasser-Schallempfänger zum akustischen Peilen von Glockentonnen und Unterwasser-Membransendern. Dieses Gerät wurde zwar weiterhin als Reserve vorgehalten, aber in der Praxis künftig nicht mehr verwendet.

Die DEBEG-Fachleute enterten zusammen mit dem Lotsen über das Seefallreep, die Lotsentreppe oder Jakobsleiter, wieder von Bord. Sie hatten zufrieden feststellen können, daß alle Kontrollpeilungen mit dem »Gonio« fehlerfrei waren.

Meteorologisch war die Ausreise vom Glück begünstigt. Schon am 17. Oktober wurde die Insel Madeira angesteuert, wo Schulschiff Deutschland zur Freude seiner Besatzung mit dem auf der Ausreise nach Australien befindlichen Hapag-Segelschulschiff Admiral Karpfanger zusammentraf. Kapitän Sieck mußte neidlos anerkennen, daß die Viermastbark einen hervorragenden Eindruck machte, die den erkanntermaßen guten Segeleigenschaften durchaus zu entsprechen schien. Und man wußte die Admiral Karpfanger in den besten Händen, denn kein Geringerer als Kapitän Reinhold Walker, der Schulschiff Deutschland von 1927 bis 1933 so hervorragend geführt hatte, war von der Hapag zur Führung ihres Segelschulschiffs berufen worden. Unter seiner 60 Mann starken Besatzung befanden sich fünf Leichtmatrosen, die von Schulschiff Deutschland auf die Admiral Karpfanger übergewechselt waren.

Auf der Anreise nach Madeira bemerkte man auf Schulschiff Deutschland bei der vollständigen Überholung und Konservierung der Ruderanlage den eingetretenen Bruch der Backbord-Stoßfeder. Damit war die Federkraft um 50 % vermindert. Per Funkspruch wurde ein Ersatzstück nach Teneriffa erbeten und sofort auch dorthin geliefert.

Bei der Weiterreise konnte von der Passatzone direkt auf das 600 Seemeilen entfernte brasilianische Kap Frio zugehalten werden. Von dem aus waren es nur noch 250 Meilen bis zum erstmals angesteuerten Hafen Santos.

Dort standen der Hamburg-Süd-Dampfer Curitiba und das wenig später hinzukommende Motorschiff Bahia derselben Reederei wieder für Schulungen in praktischer Ladungskunde und sogar Ladungsbehandlung zur Verfügung. Auf dem Schulschiff jedoch nahmen Junge und Alte Leichtmatrosen einige größere Takelagearbeiten in Angriff. Die 12 m lange Royal- und die 15 m lange Oberbramrah des Großtopps wurden zum Überholen an Deck gegeben, anschließend fierte eine Gruppe Alter Leichtmatrosen die 18 m lange Großbramstenge ein. Über Arbeitsmangel brauchte sich also niemand zu beklagen, aber auch nicht darüber, von Santos nichts gesehen zu haben.

Einen Tag nach Schulschiff Deutschland war auch das Linienschiff Schlesien in Santos eingetroffen, zu dessen Besatzung sich sofort kameradschaftliche Beziehungen mit wechselseitigen Schiffsbesichtigungen ergaben. Und für die auslandsdeutschen Vereinigungen lag es nahe, nun gleich beide Besatzungen gemeinsam in Santos und der nahegelegenen Millionenstadt São Paulo zu betreuen. Die Bordkapelle von Schulschiff Deutschland hielt in beiden Städten Platzkonzerte ab, was in São Paulo wegen des Publikumandrangs sogar zu Verkehrsstockungen führte, so daß die Polizei einschreiten mußte.

Einladungen aller Art und Stadtführungen verdeutlichten das Zusammenspiel von São Paulo mit seinem Hinterland, mit den Erz- und Kaffeeanbaugebieten der Provinz Minas Gerais einerseits und dem nahegelegenen Verschiffungshafen Santos andererseits. Hübsche Ortschaften waren längst ringsum zwischen dem Küstengürtel Serra do Mar und dem 70 km landeinwärts sich erstreckenden Randgebirge der Serra da Mantiquera entstanden.

Auf der Reede von São Francisco do Sul begann die Mannschaft von Schulschiff Deutschland nachher mit dem Abschlagen und Verstauen aller 25 Segel, die vom strahlenden Sonnenschein am Einlauftag vorzüglich getrocknet waren. Um sie nicht erneut tropischer Nachtfeuchte auszusetzen, zwang der sinkende Tag zu äußerster Beschleunigung der schweren Arbeit des Abschlagens und Wegstauens. Aber programmgemäß lagen am Abend insgesamt rund 2000 qm »Tuch« in der Segelkoje.

Auf dem weiten Revier des Rio São Francisco ließen sich die von Kapitän Sieck geplanten Ruder- und Segelübungen in den Schiffsbooten geradezu ideal durchführen. Ein Wettpullen der einzelnen »Jahrgänge« auf abgesteckter Strecke schloß diese Übungen ab. Die Reede war ebenfalls gut geeignet, die Wasserlinie von Schulschiff Deutschland mit Besen und Stechern von Tang und Muscheln zu befreien – die Außenhaut oberhalb davon

Bootsdienst und nochmals Bootsdienst, diesmal gleich mit Aufentern über die Manntaue zwecks Erhöhung der Kondition.

erhielt nach Säuberung und Entrostung einen kompletten Lackweißanstrich. Das Schiff »machte sich schön« für das bevorstehende Weihnachtsfest, das in diesem besonders »befreundeten« Hafen abermals sehr harmonisch gestaltet werden konnte.

Am 3. Januar 1938 ging es wieder »nach See zu«, wie man an der Weser zu sagen pflegt. Als das Schiff nachmittags etwa zehn Seemeilen von der Küste entfernt war, konnte die Besatzung eine außergewöhnliche meteorologische Erscheinung beobachten:

Bei bedecktem Himmel und gewitterschwüler Luft näherte sich dem Schiff eine bedrohlich anzusehende Wolke von seltsamer Struktur. Sie hatte die Form eines Bogens, dessen größter Umfang in der Mitte lag. Diese bewegte sich auf das Schiff zu, während die noch in Landnähe befindlichen, sich verjüngenden Enden des Wolkenbogens eine geringere Fortbewegung zeigten. Die beiden Enden waren etwa 35 Seemeilen voneinander entfernt, der scharf abgeschnittene Unterrand war 300–400 m hoch. Das Eigenartige an dieser Erscheinung war eine ausgeprägte Walzenform dieser Wolke. Die Peripherie des unheimlichen Gebildes bestand aus einer hellen, sich stets erneuernden Wolkenschicht, während die innen gelegenen Schichten sehr dunkel getönt blieben[21]. Kapitän Sieck und sein »Erster« Otto Bauer maßen rasch mit dem Sextanten den Höhen- sowie den Horizontalwinkel des Wolkengebildes und mußten zugeben, so etwas noch nie gesehen zu haben. Was sich da auf das Schiff zuwälzte, empfanden sie als Bedrohung und reagierten entsprechend.

Seit der Sommerreise hatte das Schiff endlich Alarmglocken in sämtlichen Räumen, so daß alle »Mastaffen« im Feuerwehrtempo auf ihre Toppstationen flitzten und bis auf die drei Untermars- und das Vorstengenstagsegel alles andere »Tuch« gerade rechtzeitig festmachen konnten, bevor der Hexentanz eröffnet wurde.

Die Wolkenwand, bei deren Anblick sich frühere Seefahrer fraglos bekreuzigt hätten, war jetzt in größte Nähe gekommen. An der hellen, äußeren Schicht war eine strömende, fallartige Bewegung wahrzunehmen. Der Wind krimpte nach Westen, es briste sofort zur Windstärke 7 auf, Thermometer und Barometer fielen schlagartig. Dann aber zog die Böe ziemlich schnell über das Schiff hinweg nach Osten. Die Rückseite des ganzen Gebräus am Himmel unterschied sich bald nicht mehr von einer normalen Wolke.

Das Schiff konnte wieder Vollzeug setzen und den günstigen Wind ausnutzen, um nach Osten zu segeln. Es galt, aus einer Region ungünstiger Winde die über 1000 Seemeilen entfernte Passatgrenze zu erreichen.

Die Schiffsjungen, immer mal zu Blödeleien aufgelegt, hatten einen Wettbewerb veranstaltet, wer wohl den längsten aller Flüche ausstoßen könnte. Der Sieger wurde auf die Schultern gehoben und mit einer kleinen Süßigkeitsprämie bedacht. Das Ergebnis des Wettbewerbs lautete: »Himmeldonnerwetteroberbramstengenstagsegelschotenniederholerblocksteertnochmalzu!“

Schon bald bekam man Gelegenheit, diesen Fluch auch praktisch anzuwenden. Es wurde gegen Abend nämlich wieder böig. Gegen Mitternacht »blowte« es mit Sturm in Stärke 8–9, so daß man wieder ganz schön auf Trab gebracht wurde. Und es wurde schon als »lindes Lüftchen« empfunden, als es Stunden später allmählich wieder auf Stärke 5–6 abflaute. Man wurde freilich gewahr, daß sich die Intensität der Böen bei zunehmender Entfernung von der Küste verminderte.

»Ernst, dem Sieckreichen« ging es natürlich »warm herunter«, daß es bald elf Tage lang nur unentwegtes Aufkreuzen gegen den aufgekommenen Nordostwind gab. Das Wetter war während dieser Zeit meistens schön, so daß alles für weitere intensive Boots- und Segelmanöver wie geschaffen war.

Am 15. Januar, nachdem endlich eine Distanz von 1500 Seemeilen abgesegelt war, traf das Schiff auf 24° Süd und 33° West auf den mühsam erkämpften Südost-Passat, der nun das Schiff in flotter, stetiger Fahrt nach Norden führte. Am 25. Januar stand das Schiff, in Nähe der Seglerroute, noch 200 Seemeilen von Recife/Pernambuco entfernt. Der neue Kurs wurde abgesetzt und die brasilianische Küste nun wieder »aufs Korn genommen«, diesmal raumschots.

Als SCHULSCHIFF DEUTSCHLAND nach Umrunden der Hafenmole von Recife[22], Hauptstadt der Provinz Pernambuco, mit Schlepperassistenz gedreht hatte und mit zusätzlich ausgebrachtem Steuerbord-Anker sowie einem vom Heck ausgebrachten Warpanker sicher am Kai vertäut war, bereiteten der Deutsche Konsul, die Vertreter der Behörden und der Deutschen Kolonie sowie der Schiffahrtsagentur dem Schiff einen herzlichen Empfang.

Im Deutschen Club wurde ein pfundiger Begrüßungsabend veranstaltet, bei dem es hoch herging. Laienspieler aus den Reihen der Zöglinge führten Sketches auf, mit denen sie ihre Vorgesetzten verulkten und »dem ach so tristen Bordalltag« eine heitere Note gaben. Auch die Gastgeber hatten recht nette Vorführungen zu bieten.

In diesem nie zuvor von SCHULSCHIFF DEUTSCHLAND angelaufenen Recife konnten Alte und Junge Leichtmatrosen an Bord des Hamburg-Süd-Dampfers LUDWIGSHAFEN wieder »nach Herzenslust« Ladungskunde betreiben. Dann aber wurde ihnen, wie allen Jungseeleuten, zur Erholung und zum Kennenlernen des Landes, ein Programm geboten, das freudige Zustimmung fand.

Das alte fruchtbare Zuckerrohranbaugebiet des Provinzstaates Pernambuco weist sehr malerische kleine Ortschaften mit alten Kirchen auf, sie machten jeden der Ausflüge attraktiv. Man suchte gruppenweise den herrlichen, haifischsicheren Badestrand von Olinda auf, man besichtigte die Antarctica-Brauerei, ein auswärtiges Kloster, den Park Dois Irmaos mit seinen botanisch-exotischen Sehenswürdigkeiten und, an anderer Stelle, Edelholzeinschläge.

In Recife selbst lernten die »Schulschiffer« das Franziskanerkloster und die im gesamten luso-brasilianischen Barock herausragende Hauptkirche São Pedro dos Clerigos kennen. In der Garnisonskirche zeigte man ihnen das Kolossalgemälde zur Erinnerung an die Schlacht von Guarape, die zur Vertreibung der Holländer geführt hatte.

Besonderes Interesse fand bei den jungen Ausflüglern der Luftschiff-Landeplatz von Pernambuco, an dessen Ankermast bis zum Vorjahr bei ihren Südatlantik-Fahrten regelmäßig die Luftschiffe GRAF ZEPPELIN und HINDENBURG festgemacht hatten. Pernambuco war deren Zwischenstation vor der Weiterreise nach Rio de Janeiro. Aber seit der Katastrophe von Lakehurst, die am 6. Mai 1937 zur Vernichtung der HINDENBURG geführt hatte, war der Ankermast verwaist. Die Brasilianer hofften inständig, daß es sich nur um eine vorübergehende Unterbrechung handelte. Auch in Deutschland war man noch optimistisch, daß die Vereinigten Staaten die aus politischen Gründen verweigerte Helium-Ausfuhr nach Deutschland doch noch gestatten würden. Unbrennbares Traggas war Voraussetzung für die Wiederaufnahme der Passagier-Luftschiffahrt.

In Recife/Pernambuco kamen zum Abschied noch einmal 200 Gäste an Bord, bei denen sich die Besatzung für alle Nettigkeiten bedanken wollte. Leider fiel auf diese kleine Abschiedsparty ein Schatten: Zwecks Ausheilung einer Nierenentzündung mußte ein Matrose dem Centenario-Krankenhaus überwiesen werden und ein weiterer Matrose sowie ein Leichtmatrose mußten zur Ausheilung einer festgestellten Tuberkulose in die Heimat befördert werden.

Auf der Seereise von Recife zur Weser löste die Begegnung mit dem Hamburg-Süd-Fahrgastmotorschiff MONTE OLIVIA auf beiden Seiten große Freude aus. Für Schiffspassagiere ist ein Vollschiff unter Segeln ein faszinierender Anblick, für die Besatzung des Seglers aber vielleicht für lange Zeit die letzte Begegnung mit einem Schiff überhaupt, denn die etwa sieben Wochen lange Heimreise würde außerhalb der üblichen Dampfertracks vor sich gehen.

Auf SCHULSCHIFF DEUTSCHLAND hatten nach Regie und unter »allwissender« Aufsicht des Ersten Offiziers längst wieder die Heinzelmännchen die Macht übernommen: Passatsegel gegen die Segel erster Garnitur auswechseln, An-Deck-Geben der drei Royalrahen zwecks Stabilitätserhöhung, Festlaschen in den Wanten, Auf-die-Klampen-Setzen und Zurren der gefährdeten Außenboote auf dem Achterdeck, Einsetzen der Klüsenpfropfen, Feststauen aller Materialien und Geräte in den Lasten. Man war damit auf die Frühjahrsstürme vorbereitet. Aber solange noch Schönwetter herrschte, wurden auseinander-

Auch regelmäßiges Auslüften der Hängematten und Wechsel des Kojenzeugs war wichtiger Bestandteil der Bordhygiene.

genommen, überholt, geölt und gemalt Gangspill, Ankerspill, Ankerkran, Ankerstopper, Bootsdavits, Lenz-, Decks- und Frischwasserpumpen. Abgezogen, gescheuert, geölt und gelackt wurden der 1. und der 2. Kutter, die Türen auf dem Vordeck, die Wulst des Kartenhauses, einige Treppen und Grätings. Kalfatert wurden das Kombüsendeck, die Back, der Rest des Oberdecks und das Kartenhausdach. Entrostet, konserviert und gemalt wurden die Aufbauten, Ventilatoren und die Wassergräben des Oberdecks, des Achterdecks sowie der Back. Es wurden zig Räume mit neuem Anstrich versehen, entrostet und ausgebessert wurden hingegen die Vorpieks und die Wohndecks.

Es konnte einem himmelangst werden bei soviel überschäumender Geschäftigkeit. Auch die Takelage wurde sorgfältig überholt. Wanten, Pardunen, Hooftaue und Klüvernetz wurden gelabsalbt, die Drähte des laufenden Guts gefettet, die Stengen geschrapt, geölt und neue Brassen geschoren. Der Schlachtruf galt: »Jungdeutschland Sieck Heil!«

Längst zur Tradition geworden war ein gegen Ende der Reise abgehaltener Leistungswettkampf bei Boots- und Segelmanövern, Winkern, Morsen und Funkhorchen, beim Reckturnen und Boxen, sogar beim Kleinkaliberschießen nach einer Schleppscheibe. Es wurden wertvolle Preise verteilt, die von Auslandsdeutschen gestiftet worden waren. An der Spitze standen eine Armbanduhr und ein graviertes Zigarettenetui.

Auf dieser Reise gab es – für alle kaum faßbar – keine Winde mit Sturmstärke. Ausgedehnte Hochdruckgebiete beherrschten den gesamten Nordatlantik. Und nachher geriet das heimwärts segelnde Schiff in die rechten Randwirbel einiger nach Island und über Großbritannien ziehender Tiefdruckgebiete, die wunderbarerweise steife südwestliche Winde brachten und SCHULSCHIFF DEUTSCHLAND schnell in den Kanal hineinschoben. Bei anhaltendem Südwest ging es dann auch mit 8–12 Knoten weiter, so daß schon am 17. März 1938 Dover passiert werden konnte.

Erst über Funktelegrafie und dann über den Rundfunk bekam die Besatzung von SCHULSCHIFF DEUTSCHLAND die neuesten politischen Ereignisse vom Anschluß Österreichs und über das nunmehr so genannte »Großdeutsche Reich« mit. In der deutschen Öffentlichkeit herrschte euphorische Feststimmung, die sich auch in dem besonders herzlichen Empfang des über die Toppen beflaggten Schiffes im Heimathafen Elsfleth ausprägte.

Kapitän Ernst Sieck wurde von seiner Hamburg-Süd-Reederei dringend wieder angefordert, weil er einen Neubau der BELGRANO-Klasse übernehmen mußte. Aber die Kommando-Übergabe an Otto Bauer konnte leichten Herzens geschehen, er würde seine Sache gut machen.

Die Sommerreise 1938 nach Königsberg, Sassnitz und Travemünde gab ihm Gelegenheit, dies zu beweisen. Sie fing mit Windstärke 8–9 recht stürmisch an, so daß in der nördlichen Nordsee die im Frühjahr 1938 neu Ein-

Handwerkliche Seemannschaft nach allen Regeln der Kunst gehörte zur Ausbildung. Hier werden Drahtspleiße geübt.

gestellten unter 108 Zöglingen bei ziemlich grober See dem Meeresgott ihren Tribut zu zahlen hatten. Nachher standen die Winde allerdings so günstig, daß SCHULSCHIFF DEUTSCHLAND die dänischen Gewässer mit zwölf Knoten Durchschnittsfahrt durchsegeln konnte. Auch der ziemlich starke Gegenstrom im Sund bereitete keine Probleme.

Die Ankunft in Königsberg war für den 19. Mai 1938 vorgesehen. Kapitän Bauer bekam mitgeteilt, daß gleich am frühen Morgen Schlepper im Hafen von Pillau für das Schiff bereitliegen würden.

Königsberg war – und ist auch heute noch – ein schwierig anzulaufender Hafen. Alle größeren Schiffe und erst recht Rahsegler benötigten Schlepper-Assistenz, um von Pillau aus dorthin gelangen zu können. Der Weg führt über eine Strecke von 24 Seemeilen, mehr als 44 Kilometer, durch den sogenannten Seekanal. Das ist eine nur 47 m breite Fahrrinne, die man künstlich durch das flachwasserige Frische Haff gebaggert hat. Wer bei dem seichten Wasser des Haffs nur ein paar Meter aus dem Tonnenstrich des Seekanals hinausgerät, sitzt unweigerlich auf der Unterwasserböschung dieses von den Fahrensleuten als »P...rinne« bezeichneten Seekanals fest.

Nach 1700 Seemeilen Reise ab Elsfleth nahm SCHULSCHIFF DEUTSCHLAND morgens um 05.30 Uhr bei der Pillauer Ansteuerungstonne den Lotsen für Königsberg an Bord und passierte um 06.34 Uhr die Molenköpfe von Pillau.

Es war vorgesehen, im Pillauer Hafen zu ankern, um auf die von Königsberg kommenden Schlepper zu warten. Genau in der Hafeneinfahrt ließ jedoch eine plötzlich einsetzende Böe das Schiff, trotz kleinerer Segel, eine Fahrt von acht Knoten aufnehmen. Ein Ankern war ohne größtes Risiko nicht möglich. An ein Aufschießen war in dem engen Hafenbecken überhaupt nicht zu denken. Nun hing Kapitän Bauer ganz schön in den Seilen. Aber: Hilf dir selbst, dann hilft dir Gott!

Dem Lotsen sträubten sich die Haare, doch was sollte Bauer anderes tun: Er ließ unter Segeln kurzerhand in den Seekanal einsteuern. Als später der Wind etwas abflaute, ließ Bauer sogar sämtliche Segel setzen. Er schaffte diese äußerst gewagte Vollzeugfahrt durch den gesamten Seekanal reibungslos in knapp drei Stunden. Um 09.49 Uhr ließ er im Königsberger Hafenbecken 3 in den Wind schießen und warf den Anker weg. Nun mochten, nach dem Festmachen der Segel, die Schlepperleute das Ihrige tun. Nach Wiederaufnahme des Ankers drehten sie das Schiff und bugsierten es zum Schuppen 18, wo es um 11.27 Uhr gut vertäut festlag, von großem Publikum empfangen. Die Königsberger Presse überschlug sich geradezu. Auch auf der »Küstenklatschwelle« sprach es sich in Windeseile herum: Ein Vollschiff hatte den ganzen Seekanal durchsegelt! Ostpreußen war aus dem Häuschen.

Die Königsberger »Kohlen-Import und Schiffahrts-Gesellschaft Poseidon« nahm auch diesmal die Interessen des Schiffs wahr und beschaffte 20 t billigen Steinballast. Diese Zuladung war von Kapitän Bauer als notwendig befunden worden, weil durch das alljährliche Ballast-Umstauen allmählich doch ein gewisser Abrieb eingetreten war. Wenn unterwegs ein Wassertank auf die Neige ging, hatte sich bei steifer Brise eine übergroße Schlagseite bemerkbar gemacht.

Natürlich war das zur Sensation gewordene Schiff in den 14 Tagen seines Aufenthalts in Königsberg ständig von Publikum überlaufen. Seine Besatzung wurde mit Gastfreundschaft geradezu überschüttet: Es gab Freikarten für die Oper und das Schauspielhaus sowie für zwei große Kinos. Auch der Tiergartenverein gewährte freien Eintritt für ein dort veranstaltetes Konzert.

Auch in den Seemannskneipen Königsbergs wurden DEUTSCHLAND-Fahrer umlagert. In einer davon waren mehrere Zöglinge mit ihrem Divisionsoffizier abends eingekehrt, um noch ein Glas Tee zu trinken. Ein »Hafenlöwe«, der sicher schon mehr als einen »Bärenfang« oder vielleicht »Lorbaß«-Kartoffelschnaps »im Kreuz« hatte, erklärte dem Offizier, er sei wohl doch nicht mehr ganz nüchtern, denn er habe eben einen leibhaftigen Chinesen in einer Marineuniform mit der Aufschrift SCHULSCHIFF DEUTSCHLAND auf dem Mützenband gesehen. Den humorbegabten Offizier reizte es nun doch, den Spaß vollkommen zu machen.

Mit Hilfe des Wirtes besorgte er einen separaten Raum und bat bestimmte ebenfalls in der Kneipe anwesende DEUTSCHLAND-Fahrer, sich dort mitsamt ihren Mützen zusammenzufinden.

Nachdem man dem biederen, sicherlich seebefahrenen Stauerei-Arbeiter noch einen »Kurzen« hatte einfüllen lassen, führte man ihn zu dem besagten Zimmer. Schon in der geöffneten Tür blieb dieser wie angewurzelt stehen und rief entgeistert: »Maanche ..., Marjellche!« Da mußte er nun wohl doch ziemlich dun sein, denn vor seinen Augen zeigte sich eine ganze Reihe Sailors, deren Mützenbänder allesamt die Aufschrift SCHULSCHIFF DEUTSCHLAND trugen und alle zehn waren leibhaftige Chinesen!

Diese ostasiatischen »Gastarbeiter« haben auch in den weiteren Ostsee-Häfen der Reise für einige Verwirrung gesorgt. Aber der Deutsche Schulschiff-Verein hatte auf Wunsch und Kosten der Reichsverkehrsgruppe Seeschiffahrt 1938 zehn chinesische Schiffsjungen eingestellt, die in Deutschland für die Handelsflotte ihres Landes ausgebildet werden sollten.

Von der Weiterreise nach Sassnitz und Travemünde ist noch zu berichten, daß Kapitän Bauer zwischen den beiden letztgenannten Häfen einen 1000-Meilen-Seetörn einlegte, der in der Zeit zwischen dem 11. Juni und dem

Die zehn chinesischen Gast-Schiffsjungen sorgten auf der Sommerreise 1938 für einige Verwirrung.

5. Juli mit immer neuen Kreuzschlägen durch die mittlere und westliche Ostsee »Seefahrt pur« bot und frei von Landeinflüssen und hafenbedingten Arbeiten ein weitmöglich perfektes Segel- und Bootsmanöver-Training ermöglichte. Kapitän Bauer legte größten Wert auf selbständiges und verantwortungsbewußtes Arbeiten der jungen Seeleute.

Dabei kam es am 21. Juni zu einem denkwürdigen Dreier-Treffen von Schulschiffen. Unter vollen Segeln verließ an diesem Tag die GORCH FOCK ihren Liegeplatz an der Blücherbrücke des Kieler Hafens, um – wie schon früher des öfteren – mit SCHULSCHIFF DEUTSCHLAND gemeinsame Segelmanöver durchzuführen, von denen sich beide Schiffsleitungen einen Ansporn für die Besatzungen in der Exaktheit der Manöverausführungen versprachen. Die GORCH FOCK stand übrigens unter Führung von Fregattenkapitän Otto Kähler, der im Dezember 1937 mit der

Cap Arcona nach Santos geschickt worden war, um von dort zwecks seglerischen »Endschliffs« an der restlichen Winterreise von Schulschiff Deutschland teilzunehmen.

Während die beiden Windjammer gemeinsam ihren Übungstörn absegelten, kam an der Kimm das von seiner Jungfernreise aus Westindien heimkehrende neueste Segelschulschiff Albert Leo Schlageter in Sicht, das jedoch gegen den Westwind aufkreuzen mußte. Also segelten ihm die beiden anderen Schiffe entgegen und entboten ihm (mit dem Jubel der in die Unterwanten aufgeenterten Besatzungen) ein herzliches Willkommen. Kommandant der Schlageter war Fregattenkapitän Bernhard Rogge, der auf Schulschiff Deutschland die Winterreise 1936/1937 bis nach Rio de Janeiro mitgemacht hatte. Kapitän Bauer konnte sich die Bemerkung nun doch nicht verkneifen, daß sich Schulschiff Deutschland eben immer wieder als »Kommandanten-Brutanstalt« für die Segelschulschiffe der Marine bewährt habe.

Als der Segler am 23. August 1938 wieder Bremerhaven erreichte, lagen 4700 Seemeilen Sommerreise hinter dem Schiff, mehr als das Doppelte der sonst sommers im Durchschnitt zurückgelegten Distanzen. Kapitän Bauer hatte bei jeder Wetterlage so intensiv wie möglich Ausbildung betrieben.

Am 5. September 1938 senkte sich die Flagge von Schulschiff Deutschland auf halbmast. Die Besatzung trat in Erster Garnitur Blau zur Kapitänsmusterung an.

Nie in seinem Leben wurde Otto Bauer eine Ansprache so bedrückend schwer wie diese unter der Trauerflagge: Es war inzwischen schreckliche Gewißheit, daß das Segelschulschiff Admiral Karpfanger mitsamt seiner 60köpfigen Besatzung in der Kap-Hoorn-Region zugrunde gegangen war. Damit hatte der unvergessene Kapitän Walker, der Schulschiff Deutschland fast sechs Jahre lang optimal und sicher geführt hat, ebenso den Seemannstod gefunden wie jene fünf Leichtmatrosen von Schulschiff Deutschland, die auf Ersuchen der Hapag zur Admiral Karpfanger übergewechselt waren.

Die Trauer-Musterung auf Schulschiff Deutschland fand zur gleichen Stunde statt wie der Trauergottesdienst in der Hamburger Hauptkirche St. Michaelis, dem Hamburger Michel. Noch heute erinnert dort eine Gedenktafel an das Schiff und seine so tragisch umgekommene Besatzung.

Otto Bauer und Zahlmeister Focken hatten Reinhold Walker noch auf Schulschiff Deutschland erlebt. Er stand im Geiste vor ihnen als der unbequeme, aber auch unvergleichliche Schiffsführer, mit dem man bis ans Ende der Welt gesegelt wäre.

Nachdem die frachttragende Viermastbark Admiral Karpfanger innerhalb von 107 Tagen Seereise die Reede von Wallaroo in Südaustralien erreicht hatte, war sie von dort noch am gleichen Tag zum 65 Seemeilen weiter nördlich liegenden Ladehafen Port Germein versegelt. Kapitän Walker hatte das große Schiff ohne Schlepperhilfe unter Segeln an die Ladebrücke verbracht. Dann wurden in 16 Ladetagen 34 419 Sack Australweizen mit 2794 englischen Tonnen (1016 kg) Gewicht übernommen und gestaut und später, außerhalb einer vorgelagerten Barre, aus Leichtern weitere 650 tons. Die Heimreise wurde ums Kap Hoorn angetreten. Am 1. März 1938 erhielt die Hapag via Norddeich Radio die exakte Positionsmeldung 51° Süd 172° Ost und zwölf Tage später weitere Informationen, allerdings ohne Positionsangabe. Danach hat man nie wieder etwas von dem Schiff und seiner Besatzung gehört.

Nach monatelanger, quälender Ungewißheit, immer neuen telegrafischen Anfragen und eingeleiteten Suchaktionen durch den Hapag-Dampfer Leuna sowie durch Einheiten der chilenischen und argentinischen Marine mußte die Hapag den Totalverlust des verschollenen Schiffes offiziell mitteilen. Dazu war die Reederei gesetzlich verpflichtet. Aber hinter den Kulissen wurde immer noch weitergesucht, wenn auch mehr im Sinne einer Spurensicherung.

Der chilenische Marineschlepper Galwarino fand bei seiner dritten Suchfahrt auf den Wollaston-Inseln der Kap-Hoorn-Region ein paar Wrackteile unbekannter Herkunft, jedoch auch ein Metallschild mit der deutschsprachigen Aufschrift »Kapitän und Offiziere«, gefertigt aus dem erst 1936 auf den Markt gekommenen Werkstoff Hydronalium. Die Lieferfirma identifizierte später das nach Deutschland geschickte Schild als eindeutig von der Admiral Karpfanger stammend. Möglicherweise war der Segler nachts mit einem Eisberg kollidiert und derart rasch gesunken, daß kein SOS-Notruf mehr hatte abgesetzt werden können. Eindeutig geklärt werden konnte die Ursache dieser Katastrophe nie.

Für den Deutschen Schulschiff-Verein war eine höchst mißliche Lage entstanden. Der Fall Admiral Karpfanger löste eine Welle besorgter Anfragen von Zöglings-Eltern aus, die verständlicherweise um ihre Söhne bangten. Es bedurfte beharrlicher Aufklärung, diesen zumeist aus dem Binnenland stammenden Angehörigen klarzumachen, daß Schulschiff Deutschland das Seegebiet beim Kap Hoorn grundsätzlich nicht befährt und vom Typ her mit einem ladungstragenden Segler in keiner

Weise vergleichbar ist. Man könne wirklich unbesorgt sein.

Im Spätsommer 1938 zogen düstere Wolken am politischen Himmel auf. Die sogenannte Sudetenkrise erreichte den Gefährlichkeitsgrad eines kriegerischen Konflikts.

Für den Deutschen Schulschiff-Verein war das eine bittere Pille. Die bis ins kleinste vorbereitete Winterreise 1938/1939 nach Las Palmas, Bahia, Kapstadt und St. Helena sollte am 29. September beginnen. Nun herrschte unter den 119 Zöglingen tiefe Niedergeschlagenheit. Schulschiff Deutschland würde wohl zu Hause bleiben müssen.

Dann aber geschah ein politisches Wunder: Am 29. und 30. September 1938 traten die Regierungs-Chefs von Großbritannien, Frankreich, Italien und Deutschland zur Münchener Konferenz zusammen und einigten sich »fünf Minuten vor zwölf« darauf, einer Ausgliederung der sudetendeutschen Gebiete aus dem ČSR-Staatsverband zuzustimmen. Für die tschechoslowakische Regierung war das eine folgenschwere Niederlage. Aber die Völker Europas jubelten, sie wollten keinen Krieg.

In den Wohndecks von Schulschiff Deutschland gab es gewaltigen Rabatz, als durchgegeben wurde, daß die Südamerika-Reise doch angetreten werden dürfe, wenn auch verspätet. Sie begann am 3. Oktober in Bremerhaven.

Das bei der Ausreise herrschende Dreckwetter paßte allerdings ganz und gar nicht in den vermeintlichen politischen Sonnenschein. Es war von Anfang an alles verquer. Gleich am 4. Oktober wehte voller Südweststurm. Zusammen mit vier Dampfern mittlerer Größe lag das Vollschiff beim Hoheweg-Leuchtturm einigermaßen im Schutz der Sände, bis der Wind auf Stärke 7 »abflaute«. Kapitän Bauer ließ ankerauf gehen und versuchte dann, in der Deutschen Bucht möglichst viel aufzukreuzen, obwohl Dünung und Seegang das Vorwärtskommen des Schiffes sehr behinderten. Man hatte gerade erst mühsam eine Position erreicht, die rund 50 Seemeilen nordnordwestlich von Helgoland lag, als am 7. Oktober mittags der Wind abermals Sturmstärke annahm und das Schiff beigedreht werden mußte. Auf der Abendwache brachte eine heftige Regenböe ein Umspringen des Windes nach Nordwest unter gleichzeitigem Abflauen mit sich. Jetzt stand endlich der Püster in Richtung Kanal, aber: »Nimm di nix vör, denn sleit die nix fehl.«

Ausgerechnet jetzt meldete der Schiffsarzt, daß ein Mann der Besatzung wegen einer fortschreitenden Kieferentzündung unbedingt fachärztliche Hilfe benötige. Diese Nachricht war für Kapitän Bauer wahrlich nicht leicht zu schlucken. Aber es half alles nichts: Der Patient mußte schnellstmöglich im Inselkrankenhaus operiert werden. Am 8. Oktober ankerte das Schiff östlich der Helgoländer Düne, damit der Kranke in Begleitung des Schiffsarztes an Land gebracht werden konnte. Erst am nächsten Morgen war sein Rücktransport möglich.

Aber es sollte wohl alles so sein, denn der Wetterbericht kündigte schon wieder ein neues Sturmtief nördlich von England an. Es hatte also keinen Zweck, die Anker wieder aufzunehmen. Bei den bald darauf einsetzenden stürmischen Gegenwinden war ein Freikreuzen von den gefährlichen Untiefen vor Helgoland nicht möglich. Die nun folgende Geduldsprobe für die gesamte Besatzung war schlimmer als jede, die man in den Kalmengürteln erlebt hatte. Zwar gab sich Kapitän Bauer nicht ohne weiteres geschlagen. Er unternahm am 11. Oktober einen Versuch, bei Westwind Stärke 7 doch in See zu gehen. Aber der war zum Scheitern verurteilt. Es war in der hohen, aufsteilenden See an ein Freikreuzen von Helgoland abermals überhaupt nicht zu denken. So mußte während der beiden nächsten Tage ein Südweststurm mit Böen bis Stärke 10 abermals vor Anker abgeritten werden.

Die Erlösung kam erst am 15. Oktober. Der endlich mäßig gewordene Wind wehte zwar genau aus Westen, wo man ja hinsegeln wollte, aber er drehte dann doch weiter auf Südwest. 80 Seemeilen vor dem Ärmelkanal war plötzlich ein frischer Südostwind so freundlich, eine Direktansteuerung des Nadelöhrs zu ermöglichen. Mit guter Fahrt wurde Dover passiert und am 23. Oktober die Linie Lizard–Quessant geschnitten.

Es blies dann immer stärker aus Nordost, was zwar dem Vorwärtskommen eigentlich guttat. Aber in der sich langsam steigernden achterlichen See rollte das Schiff sehr heftig, zeitweise bis zu 30 Grad nach jeder Seite, und nahm viel Wasser an Deck. Das Zweiwachensystem mußte bis kurz vor Las Palmas aufrechterhalten werden, weil immer wieder die halbe Besatzung auf dem Sprung bleiben mußte. Die Schiffsjungen konnten sich nur langsam an das schwere Arbeiten des Schiffes gewöhnen. Es ereigneten sich infolgedessen trotz gespannter Strecktaue einige leichte Unfälle wie Verstauchungen und ein leichter Rippenbruch.

Kapitän Bauer konnte nicht umhin, im Reisebericht über die erste Etappe Bremerhaven–Las Palmas festzuhalten: »Trotz der erlittenen Verspätung muß der erste Reiseabschnitt für die seemännisch-praktische Ausbildung der Zöglinge als Erfolg angesehen werden, da das schlechte Wetter häufig Segelmanöver, Segelreffen, Segelbergen und Ankermanöver zur Folge hatte. Besonders auch für die älteren Jahrgänge, die auf der vorigen Winterreise durchweg nur gutes Wetter kennengelernt hatten, war es eine gute Schule.«

Wie die Neuen Schiffsjungen das empfanden, hat Heinz Voosen, als Teilnehmer an dieser Reise, in seiner bereits erwähnten Autobiographie »Unter dem Zeichen des Skorpions« mit der ihm eigenen Anschaulichkeit geschildert. Er war von der halbjährigen Stationsausbildung auf der GROSSHERZOGIN ELISABETH in Hamburg-Finkenwerder zu dieser Winterreise auf SCHULSCHIFF DEUTSCHLAND neu eingestiegen. Bei Antritt dieser Schlechtwetter-Ausreise »überkommt Henk [wie er sich selbst nennt] doch trotz aller in Finkenwerder mit Bravour absolvierten Übungen ein ziehendes Angstgefühl; schließlich muß er nun zum ersten Mal auf heftig schlingerndem Schiff in die Takelage aufentern – zu seiner 28 Meter über Deck gelegenen Manöverstation Obermarsrah an Steuerbordseite. Als er die Marssaling erreicht, die man in den Püttingwanten im Winkel von 45 Grad nach hinten überhängend bewältigen muß, und in der Tiefe unter sich das aufgewühlte Meer sieht, krampft sich sein Magen schmerzhaft zusammen, und kalter Schweiß steht auf seiner Stirn; doch dann normalisiert sich sein Zustand, die Angst ist überwunden.«

Das miserable Wetter aber blieb, unter immer neuen Vorzeichen. Am Weststrand der Biskaya gab es einen orkanartigen Sturm bis Windstärke 11. Die Seekrankheit suchte die meisten heim, auch »Henk«, »dem es nicht besser erging als den meisten anderen; auch er fühlte sich sterbenselend, brachte dem Meeresgott serienweise seine Opfer und war bald schlapp wie ein nasses Handtuch. Es war einfach fürchterlich! Keine Todesangst befiel ihn, im Gegenteil, er dachte mit Schrecken daran, noch länger mit diesen Qualen leben zu müssen und nicht von einem gnädigen Tod erlöst zu werden.«

Jahrgang für Jahrgang mußten die künftigen Seeleute da hindurch, bis sie normalerweise gegen die Seekrankheit immun waren.

Den für die Reise aufgestellten Wochendienstplan konnten Schiffsleitung und Ausbilder erst ab 25. Oktober realisieren. Das Wetter hatte bis dahin jeden geordneten Ausbildungsbetrieb unmöglich gemacht.

Am 31. Oktober erreichte man Las Palmas. Dort war eigentlich eine sechstägige Liegezeit vorgesehen, die aber wegen der verzögerten Ausreise und der auf dem ersten Reiseabschnitt erlittenen Verspätung nicht eingehalten werden konnte. Und weil auf der Strecke Las Palmas–Bahia wenig Möglichkeit gegeben schien, den großen Zeitverlust wieder aufzuholen, wurde die Abfahrt schon für den 2. November angesetzt. Für diese auf zwei Tage abgekürzte Hafenzeit wurden aber in dankenswerter Weise von der Woermann-Linie und vom Deutschen Konsul für die gesamte Besatzung Autobusausflüge unter landeskundiger Führung arrangiert, die das Interesse aller fanden.

Alles andere auf der Weiterreise nach Brasilien war längst als immer wiederkehrende Prozedur im Reiseablauf verankert – das Auswechseln der Segel gegen die leichteren Passatsegel, das Malträtieren der »Paviane« (der noch Ungetauften unter den Junggraden) bei der auf keiner Reise ausgelassenen Äquatortaufe und das Nutzen der Schönwettertage für intensive Schiffspflege.

Beim Einlaufen in Bahia blitzte es verdächtig in den Augen von Kapitän Bauer, denn es wiederholte sich die Pillau-Situation vom Sommer: Trotz Zusage waren keine Schlepper verfügbar. Dann also auf in den Kampf, Torero – Königsberg läßt grüßen ...

Als Augenzeuge gibt Heinz Voosen die Situation wieder: *»Er* [Bauer] *bringt mit einigen tollkühnen Manövern das Schiff durch die enge Einfahrt zwischen den Wellenbrechern der Hafenmolen und an die Pier – und das nur unter Segeln! Macht nichts, daß der Vorsteven dabei eine Kaitreppe ramponiert; der Allerweltskönner von Zimmermann geht mit einem Sack Zement auf der Schulter als erster von Bord und hat den Schaden rasch behoben.«*

Am 26. November verließ SCHULSCHIFF DEUTSCHLAND die Bucht von Bahia zur Weiterreise nach Kapstadt, die windmäßig recht ideal war. An keinem einzigen Tag wurde Windstärke 6 überschritten. Es konnte stets am Wind oder mit halbem Wind gesegelt werden. Kapitän Bauer schaffte auf diesem Törn mit 324 Seemeilen das Rekord-Etmal aller Seereisen in der Lebensgeschichte von SCHULSCHIFF DEUTSCHLAND.

Auch die folgenden acht Tage waren eine ausgesprochene Rekordfahrt, ohne daß jedoch das Schiff ausgesegelt oder gar geknüppelt worden wäre. Die Etmale betrugen in ununterbrochener Reihenfolge nach Anbringung des Zeitdifferenzverlustes 234, 281, 271, 271, 324, 281, 252, 220 Seemeilen. Ein Witzbold unter den »Lichtings« machte den Vorschlag, auf der Back einen Feuerlöscher bereitzustellen, für den Fall, daß durch übergroße Reibungshitze die Bugwelle in Brand gerät.

Durch diesen schnellen Fortgang war trotz dreitägiger verspäteter Abfahrt von Bahia die planmäßige Ankunft in Kapstadt ziemlich sichergestellt. Es wurden nun des öfteren Segelmanöver und »Boje über Bord« geübt. Etwa

Zum letzten Mal Segelfestmachen vor Jamestown/St. Helena. Längst waren die weißen Käppis die Tropenkopfbedeckung für alle.

300 Seemeilen vor Kapstadt wurde sogar mit kleineren Segeln gefahren, um nicht zu früh den Bestimmungshafen zu erreichen.

Inzwischen hatte sich die politische Atmosphäre verändert. Die Vorgänge der »Reichskristallnacht« am 9. November 1938 hatten die Deutschen-Sympathien der Briten und anderer Nationen auf den Gefrierpunkt absinken lassen. Es wurde ein dementsprechend frostiger Abschied, als das Schiff am 4. Januar 1939 Kapstadt, abermals unter vollen Segeln, verließ.
An Bord war man froh, in die Zeitlosigkeit der See zurückkehren zu können.

Kapitäne wie Reinhold Walker, Walther von Zatorski, Ernst Sieck und Otto Bauer gleichermaßen haben mit Schulschiff Deutschland das von Kapitän Ernst Alexander Römer geprägte Wort vor Augen geführt: »*Das Segelschiff ist Kultur, der Dampfer Zivilisation ... Für den Segelschiffsmann waren Wind und Segel zu einer unverbrüchlichen Einheit geworden. Der Segelschiffsmann hatte das Wissen vom Segel, dieses der Urlandschaft des Meeres zugeordnet, als eine vieltausendjährige Erbmasse im Blut.*«

Im ersten Teil der Heimreise gab es sehr wohl wieder Stunden, die von vielen genau so empfunden wurden, wie es Kapitän Brustat-Naval einmal festhielt: »*Wie glasklar funkeln in den hohen Breitengraden des Südens die Sterne über dem dunklen Ozean, der sich unendlich einsam wie im Zustand der Schöpfung von Horizont zu Horizont wälzt – eine Domäne der Wale und Albatrosse. In unserer 84-Stunden-Woche hatten wir für alles ein Auge und erlebten unvergeßliche Nächte im Passat und Sonnentage, an denen einem das Herz aufging.*«

Dagegen wurde von der berüchtigten Azoren-Wetterecke an die 72-Tage-Heimreise von St. Helena nach Bremerhaven ausgesprochen infernalisch. Der tobsüchtig gewordene Atlantik war so mit sich immer weiter steigernden Sturmböen und Brechern angefüllt, daß sogar Kapitän von Zatorski als bis dahin unumstrittener »Orkankönig« seine Spitzenstellung in der Rangliste an Otto Bauer verlor. Der Windmesser war, bei abermals vollem Orkan, diesmal am Ende seiner Wahrnehmungsfähigkeit angelangt.

Noch konnte niemand an Bord wissen, daß diese Reise (wohl für immer) die letzte sein würde, die Schulschiff

Vordere Reihe von links: Zahlmeister Focken, II. WO Eizinger (Österreicher), Kapitän Bauer (»Charly«), I.O. Kapitän-Stellvertreter Hagemeier (Benito). Obere Reihe: Die II. WOs Schürmann und Köppl, der Schiffsarzt und WO/Funkoffizier Tapphorn.

Deutschland mit dem Atlantik konfrontierte. An deren Ende waren es insgesamt 105 316 Seemeilen, die das Vollschiff allein auf seinen Atlantik-Winterreisen ausschließlich mit der Kraft des Windes zurückgelegt hat, was mit 194 260 Kilometern fast der fünfmaligen Umrundung der Erde entspricht.

Und es war, als wollte der Atlantik dieses Schiff nie mehr aus den Fängen lassen. Er verprügelte es mit einem rigorosen Fortissimo. Man konnte ohne weiteres John Masefield das Wort geben: *»Auch die See hatte die unheimliche Färbung des Himmels angenommen und wurde noch unheimlich drohender durch ihre Bewegung. Sie war schwer, gefährlich ... Über ihre Oberfläche jagten wie spielend Böen dahin, die die Kämme der Wellen herunterpeitschten, sie wütend und mutwillig mit sich hinwegrissen, als ob ein unsichtbarer schwimmender Teufel sie mit der Hand köpfte ... Es sah aus, als ob ein Kartätschenschuß die See zerstäubte. Ringsum, so weit das Auge blickte, war die See bedeckt mit diesen wilden, rasch dahinschießenden Fallböen.*

Als er sich umwandte und nach Luv blickte, überwältigte ihn die Gewißheit, daß das Schiff vor den Hunden der Hölle zu fliehen versuchte ... Die See war bleifarben, teuflisch und tückisch, sprühend, springend, Strahlen herausschießend. Er sah, daß gerade hinter dem Heck sich etwas hob und hob und höher hob wie der Hang einer Bergkette, doch flammenübertanzt und von weißen Zähnen gezackt.«

Als Heinz Voosen mit fünf Kameraden zu seiner Manöverstation Großobermarsrah aufentern mußte, brauchte er fast eine Viertelstunde, um die Schräglage der Mastplattform zu überwinden und in Höhe der Untermarsrah zu gelangen [um die nach dort weggefierte Obermarsrah zu fassen zu kriegen – das war die Station zum Segelbergen]. Voosens großartig wiedergegebene Eindrücke wurden bereits auf vorherigen Seiten dieses Buches vorweggenommen. Sie sagen alles über diese durch und durch vertrackte Heimreise aus.

Letzte Friedens-Sommerreise

SCHULSCHIFF DEUTSCHLAND ging in gewohnter Form auf die Sommerreise 1939. Sie begann am 29. April mit 105 Zöglingen, unter denen sich 36 Schiffsjungen von der »Mosesfabrik« (der in Finkenwerder vertäuten LISBETH) befanden.

Inzwischen wurden Bootsmänner wie Edelsteine gehandelt. Immer weitere Neubauten verlangten nach solchen Spezialisten. SCHULSCHIFF DEUTSCHLAND »zog diesmal eine Niete bei der Verlosung«: Die Reisen mußten fortan ohne Bootsmann angetreten werden. »Hein Pampig« hatte diese Aufgabe nebenbei mit zu erledigen, aber er hatte zum Glück jeweils einen voll ausgebildeten, dafür auch geeigneten Offiziersanwärter zur Seite, der die wichtigsten Bootsmannsarbeiten mit verrichtete und dafür volle Matrosenheuer erhielt.

Die letzte Friedens-Sommerreise wurde – von Kapitän Bauer entsprechend ausgebaut – abermals 4700 Seemeilen lang. Neben den Anlaufplätzen Travemünde und Swinemünde waren erstmals auch Memel und Stettin neu auf dem Reiseplan.

Memel wurde nach einem 2000-Meilen-Seetörn am 26. Mai erreicht. Die Begeisterung der dort lebenden Menschen war schwer in Worte zu fassen. Sie waren erst knapp zwei Monate zuvor wieder deutsche Staatsbürger geworden, nachdem litauische Freischärler 1923 ihr Land besetzt und den Beginn einer Fremdverwaltung eingeleitet hatten.

Am Memeler Preußenkai wurde SCHULSCHIFF DEUTSCHLAND wie eine Friedenstaube bestaunt. Als älteste Stadt Ostpreußens überhaupt, bereits 1241 vom Livländischen Schwertbrüderorden gegründet, hatte dieser Platz an der Dange und am Memeler Tief, gegenüber dem Süderende der Kurischen Nehrung, eine lange Seefahrt-Tradition. Jeden Nachmittag ab 16.00 Uhr wurde SCHULSCHIFF DEUTSCHLAND zur Besichtigung freigegeben. Es ergab sich bald eine nach mehreren Tausenden zählende Besucherzahl ...

Kaum jemand von ihnen ahnte, daß die »Heimholung des Memellandes«, nur eine Woche nach dem deutschen Einmarsch in die ČSR, als eklatanter Wortbruch Hitlers aufgefaßt wurde und das Münchener Abkommen von 1938 wertlos gemacht hatte. Das Gros der Deutschen bemerkte die Verwerfung nicht und wiegte sich weiter in Friedens-Illusionen.

Am 24. Juni 1939 fand in Travemünde erneut die traditionelle Segelfahrt mit den DSV-Mitgliedern statt. Danach bekam SCHULSCHIFF DEUTSCHLAND die Order, als Startschiff an der schwedischen Gotland-Regatta teilzunehmen.

Mit günstigem Wind verfolgte das Schiff seinen Weg nach Visby zum Sammelpunkt der Segler für die Regatta. Bereits am 1. Juli passierte der Segler in einer Seemeile Abstand den Hafen von Visby und hielt sich in den nächsten Tagen kreuzend dort auf. Devisen zum Anlaufen dieses Hafens hatte man nicht bekommen, andererseits war es auch wegen der großen Wassertiefe nicht möglich, außerhalb des Hafengebietes zu ankern.

Am 7. Juli vormittags fand dann der Start zur Regatta bei flauer Brise statt. Kreuzend mußte die Nordboje von Öland erreicht werden. Das aus ungefähr 50 Booten bestehende Regattafeld war weit auseinandergezogen. Am nächsten Tag, bei Hoburgen an der Südspitze von Gotland, mußte sich SCHULSCHIFF DEUTSCHLAND von den Seglern trennen, da die Ankunft in Stettin für den 12. Juli vorgesehen war.

Man mußte die ganze Strecke kreuzen, wofür mehr als 1500 Seemeilen durchs Wasser zurückgelegt wurden. Am 12. Juli stand das Schiff noch immer 30 Seemeilen von Swinemünde ab, als der Wind ständig weiter abflaute. Am 13. Juli vormittags trat, wenige Seemeilen von Swinemünde entfernt, völlige Flaute ein. Der von der Firma Fritzen und Sohn geschickte Schlepper nahm SCHULSCHIFF DEUTSCHLAND um 13.30 Uhr ins Schlepptau. Um 15.20 Uhr wurde Swinemünde passiert und durch die Kaiserfahrt ins Haff nach Stettin weitergeschleppt. Auf der ganzen Fahrt wurden Schiff und Besatzung von kleinen Vergnügungsfahrzeugen aus und von vielen am bewohnten Ufer der Oder stehenden Menschen auf das herzlichste begrüßt. Als das Schiff gegen 21.00 Uhr vor seinem Liegeplatz unterhalb der berühmten Hakenterrasse festmachte, hatten sich dort mehrere tausend Zuschauer eingefunden, die schon seit Stunden auf die Ankunft des Schiffes gewartet hatten.

Nach dreitägiger, randvoll mit Einladungen, Veranstaltungen, Ausflügen und Schiffsbesichtigungen des Publikums angefüllter Liegezeit in Stettin wurde am 17. Juli 1939 um 10.00 Uhr – mit nur vorübergehender Schlepperassistenz zum Herumdrücken – vom Kai abgelegt.

Aber dann setzte SCHULSCHIFF DEUTSCHLAND zur allgemeinen Begeisterung der wieder in großer Zahl zusammengelaufenen Stettiner sofort alle Segel, um sich zwei Stunden lang – von allen Gegenkommern und Überholern bestaunt und fotografiert – segelnd seewärts zu bewegen. In der engen Fahrrinne durchs Stettiner Haff, die Kaiserfahrt und Mellinfahrt mußte, gemäß bindender Vorschrift, wieder die Trosse des begleitenden Schleppdampfers NEPTUN angenommen werden. Gegen 16.00 Uhr war das Schiff am Hohenzollern-Bollwerk von Swinemünde »fest«.

Das Jahr 1939 war noch einmal ein Markstein in der Geschichte der deutschen Rahsegelschiffahrt. Zum letzten Mal segelten zwei deutsche Laeisz-Viermastbarken ums Kap Hoorn, beide ausreisend, »gegen den Strich«. Es waren die PRIWALL (die dann in Chile vom Krieg überrascht wurde und dort verblieb) und die PADUA (die 1926 als letzter frachttragender Rahsegler der Weltschiffahrt – ein Jahr vor SCHULSCHIFF DEUTSCHLAND – bei derselben Bauwerft Joh. C. Tecklenborg in Geestemünde vom Stapel gelaufen war. Es handelt sich um die heutige KRUZENSTERN.)

Die PADUA ersegelte unter Führung des Kapitäns Hans-Richard Wendt einen nie übertroffenen Weltrekord. Sie hatte am 14. Oktober 1938 den Hafen von Bremen mit dem Reiseziel Corràl/Chile verlassen und schon dabei das recht gute Ergebnis von nur 61 Tagen Reise herausgeholt. Sie jagte Anfang 1939 von Valparaiso nach Port Lincoln/Australien und meisterte diese Distanz von 7200 Seemeilen in nur 52,5 Tagen, obwohl fast alle Großsegler dafür 60–90 Tage benötigt hatten. Danach vollendete »Richy« Wendt seine Weltreise auf der Route von Australien nach Glasgow in einer Bestzeit, die ihm Schlagzeilen einbrachte: 93 Tage.

Dieser damals jüngste Windjammerkapitän Deutschlands – erst 29 Jahre alt – wurde natürlich zum Idol für die Zöglinge von SCHULSCHIFF DEUTSCHLAND.

Aber die deutsche Handelsschiffahrt hatte 1939 sogar noch ein weiteres frachttragendes Segelschulschiff hinzubekommen, mit dem der Staatsrat und Tankreeder John T. Essberger endlich am Ziel seiner Bestrebungen angekommen war. Als früherer Seeoffizier hatte Essberger seine gründliche Segelschulschiff-Ausbildung noch auf S.M.S. CHARLOTTE durchlaufen. Bei der Mitgliederversammlung des DSV im Jahr 1938 in Travemünde hatte sich Essberger mit einer zündenden Rede für die unbedingt notwendige Beibehaltung der Rahsegler-Ausbildung auch in der Handelsschiffahrt ausgesprochen und nach Teilnahme an der Tagesfahrt von SCHULSCHIFF DEUTSCHLAND diesem Schiff höchstes Lob gezollt.

Essberger war es nach langem Suchen gelungen, den in Amerika gebauten hölzernen Schoner ELIZABETH BANDI zu erwerben. Ihn baute die Werft Blohm & Voss zu einer ansprechend schönen Bark mit weißem Portenband um den schwarzen Rumpf um. Am 17. Juni 1939 setzte das auf den neuen Namen SEUTE DEERN umgetaufte Schiff (das noch heute als Museums- und Restaurantschiff in Bremerhaven besucht werden kann) die Essberger-Kontorflagge.

Im August 1939 bekamen die beiden Rahsegler SEUTE DEERN und SCHULSCHIFF DEUTSCHLAND einander, unweit vom Westausgang des Skagerraks, in Sicht. Sie hatten beide Kurs Deutsche Bucht.

SCHULSCHIFF DEUTSCHLAND wurde beim AUSSENJADE FEUERSCHIFF vom Schlepper BARDENFLETH auf den Haken genommen und ohne Zwischenaufenthalt in Bremerhaven direkt nach Elsfleth geschleppt. Das Vollschiff traf am 24. August in seinem Heimathafen ein. Und das war genau der Tag, an dem alle in außerheimischen Gewässern befindlichen deutschen Handelsschiffe das Geheimtelegramm QWA 7 bekamen. Es besagte drohende Kriegsgefahr.

Eine Woche später, am 1. September 1939, gingen mit dem deutschen Angriff auf Polen in Europa „die Lichter aus“: Am 3. September übermittelten Großbritannien und Frankreich ihre Kriegserklärungen gegen Deutschland.

Das Verhängnis bricht herein

Diesmal war es endgültig »Essig« mit der abermals bis ins kleinste vorbereiteten Winterreise nach Südamerika. Gleich in den ersten Kriegstagen verließen drei Offiziere, fünf Matrosen sowie 63 Leichtmatrosen beider Kategorien das Schiff, um ihren Dienst bei der Kriegsmarine anzutreten. Der übrige Teil der Besatzung half zunächst bei einer benachbarten Werft und bei Schiffsentladungen im Hafen mit, weil überall durch Einberufungen Personalmangel entstanden war. Auch die Besatzung des Lloyd-Schulschiffs KOMMODORE JOHNSEN, das sich ebenfalls in Elsfleth eingefunden hatte, packte mit zu.

Wie aber sollte es weitergehen? Schon die Nordsee war unmittelbar zum Kriegsgebiet geworden. Der Gedanke daran, dort weiterhin mit einem Segelschulschiff umherfahren zu können, war absurd. Es blieb also allenfalls die Ostsee – aber wollte man höheren Ortes überhaupt, daß weiter gesegelt wurde?

Die Entscheidung fiel bald: Reichsverkehrsministerium und Oberkommando der Kriegsmarine kamen überein, daß die Segelschulschiff-Ausbildung unbedingt, sogar forciert, ab Frühjahr 1940 in der Ostsee wieder aufgenommen werden sollte. Alle verfügbaren Handelsmarine-Rahsegler, SCHULSCHIFF DEUTSCHLAND, KOMMODORE JOHNSEN, PADUA und SEUTE DEERN, hatten dort ihre Ausbildungsfahrten fortzusetzen. Die Marine gab bestimmte Seegebiete dafür frei, in denen dann ausschließlich gesegelt werden mußte. Die als einziges Schiff unter den vier genannten mit einem Hilfsmotor ausgerüstete KOMMODORE JOHNSEN bekam die Schraube abgenommen und das Schraubengat dichtgeschweißt. (Sein Kapitän Gottfried Clausen gestand nachher, daß das Schiff dadurch viel besser segelte als früher.)

Aber noch war es nicht soweit, zunächst mußte ein besonders strenger Winter überstanden werden. Bei Temperaturen unter minus 20 Grad fror man im Zwischendeck von SCHULSCHIFF DEUTSCHLAND erbärmlich. Bislang hatte es dieser Segler ja stets den Zugvögeln gleichgetan und war allwinterlich in wärmere Regionen ausgewichen. Die Koksheizung für das Zwischendeck war deshalb nur für Übergangstemperaturen ausgelegt.

Die vor ihrer Beförderung zum Matrosen stehende Gruppe von 49 Zöglingen mußte während dieser »Eiszeit« mehrfach zu Notstandsarbeiten herangezogen werden. Sieben- oder achtmal hatte sie kleinere Schiffe in der Nähe von Elsfleth mit Äxten, Pickeln und Sägen aus dem Eis zu befreien. Und ein Teil der Gruppe half mehrere Tage lang bei Arbeiten zur Bergung eines gesunkenen Loggers. Für diese Arbeiten wurden die jungen Hilfskräfte tariflich entlohnt.

Am Ende ihrer halbjährigen Ausbildung auf der GROSSHERZOGIN ELISABETH und ihrer anderthalbjährigen auf SCHULSCHIFF DEUTSCHLAND hatten die Alten Leichtmatrosen in jedem Fach eine schriftliche Prüfungsarbeit anzufertigen. Vor einer vom Leiter der Berufsausbildung gebildeten Kommission von Fachleuten wurde am 13. März 1940 die praktische und mündliche Prüfung zum Matrosen abgelegt und von allen Zöglingen bestanden. (Die Ausbildungsverordnung für Seeleute, die 1937 als Gesetz verabschiedet worden war, hatte den Seemannsberuf beträchtlich aufgewertet, denn der Matrosenbrief war dem Gesellenbrief eines Facharbeiters gleichgesetzt worden.)

Nach der anfänglich durch Einberufungen zur Marine entstandenen Lücke im Personalbestand war SCHULSCHIFF DEUTSCHLAND ab 1. Oktober 1939 wieder ordnungsgemäß besetzt mit Kapitän und sechs Offizieren, elf Unteroffizieren, 78 Leichtmatrosen beider Kategorien sowie 60 Schiffsjungen von der Frühjahrseinstellung 1939. Die letzteren hatten die Sommerreise mitgemacht und wurden nun durch den Krieg um ihre herbeigesehnte Winterreise nach Südamerika betrogen.

Die Schiffsleitung bemühte sich, trotz der entstandenen Notlage das Bestmögliche an Ausbildung zu bieten. Für 29 neue Schiffsjungen der Herbsteinstellung 1939 wurde eine Übungsrah aufgebracht und daran das An- und Abschlagen, Los- und Festmachen von Segeln geübt, ohne daß notwendig gewordene Konservierungsarbeiten an den Toppen (die sonst im Passat erledigt worden wären) gestört wurden. Die Royalrahen wurden an Deck genommen und dadurch zusätzliche Möglichkeiten zur Ausbildung in der Takelage geschaffen. Um allen Zöglingen Gelegenheit zu praktischen seemännischen Arbeiten zu geben, wurde an jedem Tag eine andere Division zu dieser Arbeit herangezogen. Auch waren, wie immer, einige Leichtmatrosen beim Segelmacher mit der Ausbesserung der Segel beschäftigt und erwarben sich so Fertigkeiten im Segelnähen. Aber sie hatten dabei keine klammen Finger, denn »Hein Pampig« hatte irgendwo einen Kanonenofen abgestaubt und einen nie zu Ende gehenden Holzvorrat.

Im Frühjahr wurde SCHULSCHIFF DEUTSCHLAND in Bremen eingedockt und danach seeklar gemacht. Am 15. April 1940 ging es endlich wieder »nach See zu«, aber anders als bis dahin gewohnt. Die Nordsee konnte tatsächlich von einem Segler nicht mehr befahren werden, zumal sich im Kattegat britische Unterseeboote tummelten. Zwei Schlepper mußten deshalb das Schiff über Cuxhaven zur Unterelbe bringen. Zu ihrer Unterstützung setzte SCHULSCHIFF DEUTSCHLAND dabei die Stagsegel. Man hatte in Bremen die Stengen aller drei Masten einfieren müssen, weil die lichte Durchfahrtshöhe der Brücken über den damals noch so genannten Kaiser-Wilhelm-Kanal nur 41 m betrug.

Am 16. April wurde morgens in Brunsbüttel zum Kanal durchgeschleust. Nach der Ausschleusung am Spätnachmittag in Kiel-Holtenau ging das Schiff in der Strander Bucht vor Anker. Kapitän Bauer hatte sich vor den winkenden Menschen am Kanalufer ein bißchen wegen des ramponierten Aussehens seines Schiffes geschämt, denn SCHULSCHIFF DEUTSCHLAND hatte zwangsläufig in dem allzu kalten Winter schwer gelitten. Überall war die Farbe rissig geworden und abgeplatzt. Nun mußten also fleißig Rost abgeklopft und Farbe abgepickt werden, damit die »Bildende Kunst« wieder zu ihrem Recht kam, das Pinselschwingen für den Neuanstrich, der nach komplettem Entfernen der alten Farbe vier- bis sechsmal aufgetragen werden mußte. Außerdem mußten die Stengen und Rahen wieder »aufgegeben« werden.

Als diese Verschönerungskur beendet war, zog ein Schlepper das Vollschiff durch die Engstelle vor dem Laboe-Riff seewärts. Zum Kreuzen unter Segeln war dort zuwenig Raum. Der vorher an Bord genommene Seelotse verließ schließlich das Schiff. Endlich konnten wieder Segel gesetzt werden. Es kam Kapitän Bauer vor, als sei das Schiff ein Vogel, der aus einem Käfig wieder in die Freiheit hinausgelassen wurde.

Zwar galt es zunächst, ein größeres Sperrgebiet in der Kieler Bucht weiträumig zu umsegeln und später auch noch die Gedser-Sperre mit Sperrlotsen- und Schlepperhilfe zu passieren. Aber dann konnte SCHULSCHIFF DEUTSCHLAND unter Vollzeug nach Herzenslust »ausgreifen«, die mittlere und östliche Ostsee lagen damals »weit vom Schuß«.

Erster Bestimmungshafen der Sommerreise 1940 war Gotenhafen. So hatten die Deutschen den polnischen Überseehafen Gdynia (das ehemalige westpreußische Fischerdorf Gdingen) nach der Eroberung im Polenfeldzug des Spätsommers 1939 umbenannt. Der Hafen war mit französischem Kapital für Polen großzügig zu einem echten Überseehafen ausgebaut worden, um Danzig in seiner früheren Stellung an der Weichselmündung Konkurrenz zu machen. Gdynia war auch Sitz der neuen polnischen Seefahrt-Akademie geworden. Unweit davon legte sich SCHULSCHIFF DEUTSCHLAND vom 28. Mai bis zum 5. Juni 1940 an den Kai. Dort wurden die Segel abgeschlagen und die Masten und Rahen gewaschen sowie gemalt. Außenbords bekam das Schiff einen zusätzlichen Glasurit-Anstrich. Und jeweils für eine Besatzungshälfte gab es täglich in der Zeit von 17.00–22.00 Uhr Landurlaub zum Kennenlernen dieser Großstadt »Gotenhafen«.

Wegen allzu flauer Winde ging das Schiff nach dem Verlassen Gotenhafens zunächst vor dem Ostseebad Zoppot vor Anker und nutzte die Zeit für Boots- und Segelmanöver aus, ehe es am Morgen des 9. Juni endlich weitergehen konnte. Man kreuzte mit wechselnden oder überwiegend leichten Winden in der östlichen Ostsee. Reihum keine Spur vom Krieg, die Sowjetunion war durch den mit Deutschland abgeschlossenen Pakt neutral, das Königreich Schweden war es ohnehin. Und noch lag dieser Teil der Ostsee außerhalb jeder damaligen Reichweite britischer Bomber und Minenflugzeuge.

Große Begeisterung an Bord: Am 17. Juni wurde nachmittags etwa zwölf Seemeilen voraus die Viermastbark PADUA gesichtet, sie stand immer noch unter Führung des legendär gewordenen Kapitäns »Richy« Wendt. Über Funk vereinbarten beide Schiffe ein Zusammentreffen, das zwei Tage später stattfinden konnte. Es war beiderseits ein herrliches Bild, als die Schiffe unter Vollzeug auf Parallelkurs weiterzogen, nur etwa 50–100 m voneinander entfernt.

Als zur Vornahme seemännischer Turnusarbeiten auch wieder Swinemünde laut »Segelplan Sommer 1940« anzulaufen war, mußte sich SCHULSCHIFF DEUTSCHLAND südwestlich der Hafeneinfahrt vor Anker legen, um auf Einlauforder zu warten. Und dieses Einlaufen sollte natürlich wiederum mit Schlepperhilfe geschehen. Aber das war nicht nach dem Gusto von Kapitän Bauer. Als der Lotse gerade an Bord erschienen war und der Wind plötzlich auf eine günstige Richtung umsprang, »lauste« Otto Bauer »mal wieder der Affe«. Er ließ »alle Lappen« setzen, und SCHULSCHIFF DEUTSCHLAND segelte los. Dem Lotsen verschlug es die Sprache, aber bitte schön, die Verantwortung blieb ja beim Kapitän!

Auf den vielen ringsum vertäuten Kriegsschiffen standen die Lords auf den Decks und starrten dem Phänomen nach: SCHULSCHIFF DEUTSCHLAND schien ganz Swinemünde über den Haufen segeln zu wollen. Mann – hatte der Kapitän aber Nerven, denn dieses Schiff besaß ja

Es wurden friedlich schöne Bilder vom gemeinsamen Segeln mit der Viermastbark PADUA *(im Hintergrund).*

nicht mal einen Hilfsmotor, mit dessen voll zurückschlagender Schraube man es hätte aufstoppen können!

Otto Bauer aber kam auch mit einer Apothekerdosis Platz aus, er beherrschte die Fahreigenschaften des Vollschiffs bei jeder Segelstellung und jedem »Lüftchen« perfekt. Und so blieb das Schiff immer noch unter Vollzeug, als längst das Wasser- und Schiffahrtsamt an Steuerbord und der Swinemünder Eichstaden recht voraus in Sicht gekommen waren.

Es waren sicherlich nur noch etwa 200 Meter bis zur Anlegestelle, als die Trillerpfeife ertönte und die Kommandos hallten. Sofort wurden alle Rahsegel gleichzeitig aufgegeit und die Stagsegel blitzschnell nach unten gerissen. Nun glitt das Schiff, allmählich auslaufend, so dicht an der Kaimauer entlang, daß nicht mal ein Schlauchboot mehr dazwischengepaßt hätte. Gegen die sonstige Regel hatte der 1. Offizier Kurt Köppl nicht die Manöverstation Back, sondern die in diesem Augenblick allerwichtigste Station Schanz übernommen.

Längst war eine starke Achterleine, besser gesagt Trosse, mit eingespleißtem Auge durch die Hecklippe nach außenbords gegeben worden und lag nun auf der Reling abnahmeklar. Zwei langjährig eingefahrene Offiziersanwärter waren bereits über die Reling geklettert und standen nun »draußen« zum Absprung bereit. Bauer und Köppl hielten Blickkontakt. Und jetzt genügte ein vereinbartes, deutliches Kopfnicken Köppls als unausgesprochenes Kommando. Sofort jumpten die beiden Offiziersanwärter, unter Mitnahme der ans Trossenende angesteckten (festgebundenen) Wurfleine an Land, zogen an der Leine sofort das Trossenauge nach und warfen es über einen besonders starken Poller.

Erst immer mehr und dann immer weniger von der Trosse aussteckend, bremste der 1. Offizier mit einem größeren Trupp Leichtmatrosen fachgerecht die Restfahrt des Schiffes ab und hielt dann 1,5 Millionen Kilogramm lebendiger Wucht, um die es sich immerhin handelte, im richtigen Augenblick mit Kreuzschlägen am Heck-Doppelpoller fest. SCHULSCHIFF DEUTSCHLAND lag metergenau am vorgesehenen Liegeplatz des Hohenzollern-Bollwerks!

Schönen Abend- und Freizeitstunden am Swinemünder Strand stand natürlich die Kehrseite der Seefahrt mit aller Unerbittlichkeit gegenüber. Es »durften« wieder einmal 253 Tonnen Eisen- und Steinballast von Hand aus- und wieder eingestaut werden, um die Ballasträume des Schiffes gründlich entrosten und mit Bleimennige konservieren zu können. Sie mußten den kritischen Blicken des »Surveyors« (Schiffsbesichtiger der Klassifizierungs-Gesellschaft »Germanischer Lloyd«) standhalten.

Im Dasein zwischen Bilgenkrebs und Mastaffe arbeitete die Besatzung abwechselnd »beim Ballast« oder an der Takelage, wie stets wurden diese wichtigen seemännischen Arbeiten unter der Kontrolle von Offizieren ausgeführt und in der ständigen Gefahr, daß der gewandte »seemännische Oberhirt« Kurt Köppl längst irgendwo oben in den Toppen umherturnte und einem dann plötzlich von oben her im Nacken saß. Immerhin war dieser für den Gesamtzustand des Schiffes verantwortlich.

Am 31. Juni 1940 neues Ablegen vom Kai. Mit Schlepperhilfe ging es nur bis zum Molenkopf, dann konnten

Der Menschenauflauf war nach dem Anlegemanöver unter vollen Segeln am Liegeplatz Hohenzollern-Bollwerk Swinemünde respektabel.

die Segel gesetzt und auch der Lotse entlassen werden. Diesmal hatte SCHULSCHIFF DEUTSCHLAND einen Filmkameramann an Bord, ebenso wie die von Zoppot kommende PADUA. Beide Schiffe trafen sich erneut, so daß vorzügliche Kamera-Einstellungen von beiden Schiffen gelangen. Auf der Reede von Zinnowitz setzte Kapitän Bauer den »Kurbelkasten-Johnny« wieder an Land.

Danach wurde im Dreieck Gotland, Bornholm, Pommernküste – mit einigen Zwischenaufenthalten auf Zoppot-Reede und in Swinemünde – bei unterschiedlichen Windstärken auf Deubel komm raus gesegelt. Auch ohne zwingenden Grund wurden Segel gerefft, geborgen und wieder gesetzt, um die Sicherheit und Fertigkeit im Segelbedienen bei den noch neuen Schiffsjungen trotz rollendem und stampfendem Schiff allmählich zu steigern. Fast jede Nacht wurden übungsweise Royals und Stagsegel los- und festgemacht, ausgerechnet also »die obersten Etagen« bedient.

Wie sagte der Dichter Friedrich Rückert:

»Willst du, daß wir mit hinein
in das Haus dich bauen:
Laß es dir gefallen, Stein,
daß wir dich behauen!«

Behauen hieß im Sinne des Kapitäns Otto Bauer und der Ausbildungsoffiziere, daß man immer wieder Anlässe schuf, den »inneren Schweinehund« zu bekämpfen, der von Natur aus in jedem Menschen steckt.

Ende September – kurzer Aufenthalt in Swinemünde. Dort erhielten alle 26 Alten Leichtmatrosen nach bestandener Prüfung ihren Matrosenbrief und musterten ab. Mit 31 Schiffsjungen der Herbsteinstellung 1940 verließ das Schiff Swinemünde wieder, nachdem im Zeitraffer-Verfahren für eine Stationsausbildung dieser Jungen gesorgt worden war.

Der Deutsche Schulschiff-Verein hatte entschlossen das Wort »Sommerreise« aus dem Vokabularium gestrichen. Das Schiff sollte bis weit in den Spätherbst hinein segeln und somit einen kleinen Ersatz bieten für die Härten der Herbststürme, wie sie vorher bei den Winterreisen zum Atlantik durchgestanden werden mußten. Man kreuzte also unablässig weiter und kriegte immer von neuem »eins auf den Hut«.

Zwischendurch sechs Tage Danzig-Neufahrwasser und wieder Kreuzen im Dreieck Bornholm, Öland, Gotland. Wegen eines heranbrausenden Weststurms wurde dann südlich der Insel Farö geankert. Der Ankergrund war jedoch schlecht, es mußte der zweite Anker dazu geworfen werden. Als der Sturm volle Stärke 10 erreicht hatte, gingen sogar beide Anker eine halbe Seemeile durch und faßten erst dann endlich besseren Grund. Es war für die Schiffsleitung eine äußerst angespannte Situation.

An der südschwedischen Küste mußte ein Südweststurm mit sehr tiefem Barometerstand durchgestanden werden. Es blieb nur Beidrehen (wie bei Atlantik-Orkanen) übrig, so daß das Schiff bis zur Südspitze Ölands vertrieb. Doch es wurde weitergesegelt, immer weiter. Den ganzen November hindurch und noch bis in den Dezember hinein.

Dann aber mußte man sich sputen, den Zeitplan einzuhalten: Das Schiff sollte am 13. Dezember in Stettin einlaufen, um dort zu überwintern. Wegen bestehender Luftgefahr war eine Rückkehr in den Heimathafen Elsfleth nicht mehr vorgesehen.

Um 08.00 Uhr am 13. Dezember kam der Lotse an Bord, der Schlepper wurde festgemacht. Es stand aber nach vorübergehendem Ankern auf Swinemünde-Reede eine unangenehme Dünung, die dem Schlepper sehr zu schaffen machte. Als schließlich der Einlaufkurs anlag, brach plötzlich die neue (!), immerhin neunzöllige Manila-Schlepptrosse. Da der Schlepper in der Dünung nur schwerfällig manövrieren konnte und das Schiff vor dem Wind eine Fahrt von 5–6 Knoten aufgenommen hatte, der Granit-Molenkopf aber nur noch eine Dreiviertelmeile entfernt war, zeigte Kapitän Bauer mal wieder, was Sache war: Mit äußerster Beschleunigung wurden die Segel losgemacht und gesetzt. Mit guter Fahrt und voller Steuerfähigkeit wurden kurz darauf der Molenkopf und anschließend ganz Swinemünde mit Braßfahrt passiert.

Erst in der Kaiserfahrt, dem kanalartigen Durchstich zum Stettiner Haff, konnte im dort ruhigeren Wasser der Schlepper wieder angenommen werden. Aber zur Unterstützung blieben die Segel bis kurz vor Stettin stehen.

Von Mitte Dezember 1940 an lag das Schiff im Netzehafen von Stettin. Zu Weihnachten wurde die Besatzung in die Heimat beurlaubt und Anfang Januar 1941 der Ausbildungsbetrieb voll wieder aufgenommen. Ende Februar bestanden vor der Prüfungskommission 51 »Lichtings« ihre Prüfung zum Vollmatrosen und kamen zur Entlassung.

Schulschiff Deutschland hatte 1940 fast 12 000 Seemeilen abgeknüppelt, was beinahe einer Westindienreise entsprach.

Die Ausfahrt zur Ausbildungsreise 1941 war für den 19. April vorgesehen, jedoch traten unter den Zöglingen drei Scharlachfälle auf, so daß das Schiff durch ein Machtwort des Hafenarztes bis zum 3. Mai in Quarantäne gelegt wurde. Dann aber ging es wieder auf die Ostsee.

Kapitän Bauer war durchaus entschlossen, seinen Segel-Rekord vom Vorjahr sogar zu übertreffen. Aber es brach etwas gänzlich Unerwartetes, alles Umstürzendes auch über Schulschiff Deutschland herein: Am 22. Juni 1941 begann das »Unternehmen Barbarossa«, der Großangriff der deutschen Wehrmacht auf die Sowjetunion, die immerhin eine beträchtliche Flotte besaß. Die Ostsee war schlagartig zum Kriegsgebiet geworden und dort somit erst einmal jedes weitere Segeln untersagt worden.

Aus Tarnungsgründen verloren alle weißen Segelschulschiffe der Marine ebenso wie Schulschiff Deutschland ihre friedensmäßige »Unschuld«, ihre Rümpfe wurden kriegsschiffsgrau gemalt. Der Ausbildungsdienst lief beim erneut seiner Schwingen beraubten »Seevogel« wieder im Käfig weiter, stationär in Swinemünde.

Weihnachtsfeier in der Matrosenmesse. Rechts im Vordergrund Kapitän Otto Bauer, links im Bild der Navigationsoffizier und spätere 1. Offizier Otto Hattendorf.

Da die Kriegsmarine für ihre Ostfronteinsätze die Häfen Swinemünde und auch Stettin immer dringender benötigte, mußte der DSV für Schulschiff Deutschland eine neue Bleibe suchen und verfiel auf Lübeck-Schlutup als nächsten Überwinterungshafen. Für die Fahrt dorthin stellte die Marine sogar kostenlose Schlepphilfe.

Von der Schippe gesprungen

Zur Sturmfahrt wurde jedoch bald die Schleppfahrt nach Lübeck, die am 11. November 1941 begann. Sie sollte zur entscheidenden Bewährungsprobe für Otto Hattendorf werden: Das Schiff geriet völlig unverschuldet in schwere Seenot. Was ihm weder im Pampero vor dem La Plata noch in den Orkanen zwischen Azoren und dem Kanal jemals passiert war, das widerfuhr ihm nun ausgerechnet auf der Ostsee, die mancher Seemann der Großen Fahrt geringschätzig als »überschwemmte Wiese« abzutun pflegte. Aber wer solche Redensarten in den Mund nimmt, kennt die Frühjahrs-, Herbst- und Winterstürme dieses Nebenmeeres des Atlantischen Ozeans nicht, das mit seiner 420 000 qkm großen Wasserfläche die Grenzbereiche verschiedener Klimazonen und damit mehr als eine Wetterscheide einschließt.

Die zusätzlich zum Rettungsbootsraum für 150 Mann an Bord genommenen 15 Rettungsflöße waren eigentlich eher als Vorsorge im Hinblick auf etwaige Minentreffer bei der Schleppreise nach Westen gedacht. Kapitän Bauer hatte optimal vorgesorgt. Alle Rettungsflöße waren klar zum Slippen gemacht worden. Sicherheitshalber wurden auch die Segel, an den Rahen untergeschlagen, als Notantrieb vorgehalten.

Die Besatzung bestand aus 104 Mann, aber unter ihnen waren 90 Zöglinge, von denen 40 nur in der kurzen Zeit von Anfang Mai bis Mitte Juni hatten zur See fahren können, andere überhaupt noch nicht. Zu den in Swinemünde im Herbst 1941, frisch von der GROSSHERZOGIN ELISABETH an Bord gekommenen »Neuen« gehörte der schon erwähnte, später in Vegesack lebende Kapitän Rolf Wohlert. Seine Erlebnisschilderung lautet so:

»Die Inseln Wollin und Usedom sackten langsam achteraus, wir näherten uns der offenen See. Das Schiff wurde an einer sehr langen und dicken Trosse geschleppt, und wir machten gemächliche Fahrt. Zuerst kaum spürbar, begann das Schlingern. Langsam nach Backbord und dann nach Steuerbord. Je weiter wir aber hinauskamen, desto heftiger und unregelmäßiger wurde die Bewegung. Auch ging es jetzt mal vorn hoch und achtern runter.

Die [vorher gegessenen] *Plumm und Klüten* [Pflaumen und Klöße] *schienen diese Bewegungen nur unwillig mitzumachen ... Da stürzte der erste an Deck und beugte sich außenbords ... Der Andrang am Speigatt wurde größer, und Schiffsjungen waren in der Mehrzahl.*

Die erste Seereise und dann seekrank.

Dem Erfinder der Hängematte ein großes Lob. Kaum lag ich, als sich der Magen auch schon beruhigt hatte. Jetzt war alles umgekehrt, das Schiff bewegte sich und die Hängematte lag ruhig. Doch der Schlaf war kurz. Um Mitternacht begann meine Wache, und dann war sie wieder da, die Seekrankheit.

Die Wache von 12.00 Uhr Mitternacht bis 04.00 Uhr morgens hat den Namen ›Hundewache‹. Warum sie so heißt, sollten wir sogleich erfahren. Frierend wie junge Hunde hockten wir uns irgendwo im Windschatten an Deck und kämpften weiter gegen die Seekrankheit.

Zu jeder halben Stunde wurde die Schiffsglocke geschlagen und zeigte die Zeit an. Das Warten auf das halbstündige Glasen dauerte eine Ewigkeit. Endlich war es soweit. Es schlug acht Glasen, ab in die Hängematte. Zuvor hatten wir das noch gesehen:

Der Schlepper war weit voraus, und wir hingen an seiner Trosse.

Die Bewegungen des Schiffes wurden immer heftiger, der Wind hatte zugenommen. Manchmal war der Schlepper in einem Wellental verschwunden, und das Vorschiff stieg steil in die Höhe, vom Schlepper war dann nichts mehr zu sehen.

Während wir von der ersten Wache gerade im schönsten Traum waren, fielen auf dem Schlepper beide Maschinen aus. Unter ohrenbetäubendem Krachen stieß er mehrmals gegen unsere Bordwand und zerschlug eines unserer Rettungsboote.

›Alle Schiffsjungen auf die Back‹, brüllte der Segelmacher und Bootsmann Jan Hein [Hein Pampig], *›die Handspaken in das Ankerspill und törn rund.‹*

Der Schlepper hatte die armdicke Stahltrosse geslippt, und wir hatten nun die Aufgabe, das schwere und unheimlich lange Biest an Bord zu hieven. Einige Windungen der Trosse waren um das Spill gelegt, und für uns begann eine Höllenarbeit.

Nur wenn das Schiff abwärts in ein Wellental sackte, gelang es uns, das Spill mit den Handspaken zu drehen und die Trosse um einen halben Meter einzuholen, dann ging es wieder aufwärts. Mit aller Kraft stemmten wir den Oberkörper gegen die Hölzer, und sosehr uns Jan

Was jetzt über SCHULSCHIFF DEUTSCHLAND *hereinbrach, zerstörte das Bild der Ostsee als »überschwemmte Wiese«.*

Hein auch antrieb, aufwärts schafften wir nicht einen Zentimeter.

Dann verharrte das Schiff auf dem höchsten Punkt, um dann wie der Fahrstuhl in einem Kaufhaus nach unten zu sausen. Ich erinnere mich noch sehr genau an das Gefühl im Magen bei meiner ersten Fahrt in einem Fahrstuhl. Das Schiff hielt aber nirgendwo an, es gab keine Zwischengeschosse, es ging abwärts bis in den Keller. Hier verharrte es etwa so, als wolle es eine kleine Verschnaufpause einlegen, um dann mit unbändiger Kraft aufwärts zu steigen. Innerhalb weniger Minuten war auch der letzte von uns Schiffsjungen wieder seekrank. Es half nichts, unerbittlich brüllte Jan Hein gegen den Sturm: ›Roundi – roundi, links, zwo, drei, vier, bewegt euch.‹ Hin und wieder legte er die gewaltige Kraft seines Körpers in die Spaken, um uns anzuschieben, wenn wir nicht einen Zentimeter mehr schafften.

Erst gegen Anbruch des Tages war die Trosse an Bord. Wie ein Ungetüm lag sie langaufgeschossen an Backbordseite, einer Riesen-Seeschlange gleich.

Der Schlepper war weg. Mochte sein, daß er neue Schlepptrossen holen mußte. Zumindest besserte sich das Wetter, es wurden Segel gesetzt, bis auf die Royals sogar alle.

Zu unserem großen Erstaunen hieß es: alle Schiffsjungen zum Unterricht nach Steuerbord zwei im Zwischendeck. Theoretischer Unterricht war angesagt, für ein Schulschiff nichts Ungewöhnliches. Die Tische und Bänke wurden von der Decke runtergeschlagen und aufgestellt, und ein Matrose erwartete unsere Aufmerksamkeit für seinen Vortrag.

Müde, seekrank, nichts im Magen und dann Unterricht, der Kopf sackte auf die Tischplatte und die Augen drehten sich zum Bulleye, an dem das grünliche Wasser nur so vorbeirauschte. Das Schiff machte schnelle Fahrt und lag mit den Steuerbord-Bullaugen des Zwischendecks voll unter Wasser. Dafür schien die Sonne durch die Bullaugen der Backbordseite. Urplötzlich wurde die Neigung nach Steuerbord stärker, und ich rutschte auf der Bank gegen die Bordwand. Der Unterricht gebende Matrose mußte sich festhalten, um nicht umzukippen. Dann schrillten die Alarmglocken ›Alle Mann an Deck, klar zum Manöver‹. Im ersten Moment dachte ich an eine Übung oder an einen schlechten Scherz, nur um uns zu zeigen, daß der Seemannsberuf kein Zuckerschlecken ist. Doch das Schiff legte sich noch stärker nach Steuerbord.

Ich hatte einigermaßen Mühe, den Niedergang zu erreichen und mich nach oben zu zwängen. Kaum war ich an Deck, als vor mir von Backbord eine Wasserwand aufstieg. Grünschimmernd und tonnenschwer schlug sie zu, riß mich erst mal von den Beinen und schleuderte mich in den Wassergraben. Da lag ich nun und schnappte nach Luft. Gurgelnd suchten sich die Wassermassen den Weg zurück ins Meer. Die Speigatten öffneten sich, das Wasser floß ab, und ich kroch auf allen vieren nach mittschiffs.

Bei der nächsten Wasserwand hielt ich mich an der Nagelbank fest, nur die Beine wurden weggerissen. Die Krängung des Schiffes hatte durch das Gewicht der gewaltigen Wassermenge noch zugenommen, ein aufrechtes Gehen war unmöglich, nur kriechend auf allen vieren bewegte ich mich. Dann hörte ich die ersten Kommandos: an die Brassen!

In dem allgemeinen Durcheinander sah ich dann Herrn Hattendorff, wie er, ohne erst ein Kommando abzuwarten, eigenhändig die Fallen der oberen Rahen vom Belegnagel loswarf. Der Druck auf die Segel wurde weniger und das Schiff begann sich langsam etwas aufzurichten.

Dann scheuchte er die Leichtmatrosen an die Brassen. ›Braß rund‹ hieß sein Kommando. Oben aus dem Topp hörte man das Splittern von Holz. An Backbord rissen alle wie die Löwen an den Tampen, und an der Steuerbordseite war die Royalbraß noch belegt. Alle Rahen waren aus Stahl, nur die Royal war aus Holz. Zum Segelbergen ließ man nur Freiwillige der Alten Leichtmatrosen in die Toppen. Bald waren alle Segel fest, und das Schiff gehorchte dem Ruder und segelte jetzt vor Topp und Takel.

Nur der Winddruck, der auf den Mast, die Rahen und die übrige Takelage einwirkte, genügte, um das Schiff flott in Fahrt zu bringen. Diese Art Segeln geht aber immer nur in die Richtung des Windes, ein Kreuzen oder Gegenanfahren ist nicht möglich. Der Wind hatte Starksturmstärke erreicht. Der Versuch, das Obermarssegel zu setzen, scheiterte mit einem lauten Knall. Das Segel flog aus den Lieken.

Wotan, einer der größten zivilen Seeschlepper, erschien, doch bei diesem Wetter war an Abschleppen nicht zu denken. Trotzdem mußte etwas geschehen. Wir trieben weiter direkt auf die dänische Steilküste von Møen zu. Es gab nur noch eine Möglichkeit, das Schiff vor der Strandung zu bewahren: das waren die Anker. Klar bei Anker. Der Bootsmann übernahm das Kommando.

Beide Anker gingen über Bord und gruben sich in den Grund. Alle Ketten wurden ausgefahren. Auf jede Kette wurde eine besondere Art von Stopper gesetzt, um das Ankerspill zu entlasten.

Die steilen Klippen vom Land waren schon so nahe, daß man die Menschen am Strand und auf den Klippen deutlich sehen konnte.

Wie die Peilungen ergaben, trieb das Schiff trotz der Anker langsam, aber stetig Meter um Meter auf die Klippen zu. Zu tun war da nichts mehr, nur zu hoffen, daß die Wassertiefe ausreichte, damit das Schiff nicht auf Grund durchsetzte, das wäre das sichere Ende. Es blieb nur das Warten auf ein Nachlassen des Sturmes. Und so urplötzlich, wie er aus heiterem Himmel gekommen war, so verzog er sich auch.

So einfach ist das Überleben: Der Schlepper konnte endlich anfassen, nahm uns auf den Haken und zog uns schließlich in die Trave, der Stadt Lübeck entgegen.«

Wie bitterernst die Lage des Schiffes war, das haben viele der unerfahrenen Zöglinge nicht gleich oder gar nicht erfaßt. Als nämlich die Alarmglocken während des Unterrichts läuteten und das Anlegen der Schwimmwesten befohlen wurde, glaubten auch andere, daß dies nur zur Übung geschähe.

Aber Ende gut, alles gut. Das Schiff erreichte nachher doch im Schlepp seinen neuen Winter-Liegeplatz Lübeck, außerhalb der Stadt. Als die Hansestadt im März 1942 als erste deutsche Stadt mit dem neuen Luftkriegsmittel der Phosphorkanister in leidvolle Berührung kam und weite Teile seiner historisch wertvollen Altstadtviertel einbüßte, standen auch Zöglinge des Schiffes bei Verschüttetenbergung und Straßenfreiräumung ihren Mann.

Beim Deutschen Schulschiff-Verein war man sich illusionslos darüber im klaren, daß bei der inzwischen eingetretenen Gefahrensituation in bisheriger Form nicht weitergesegelt werden könne. Die Verminung der Ostsee durch nahezu allnächtlich operierende Flugzeuge der Royal Air Force hatte solche Ausmaße angenommen, daß Schulschiff Deutschland unter allen Umständen mit einer Mineneigenschutzanlage (M.E.S.) versehen werden müsse – einer großen, um den gesamten Schiffsrumpf herumgeführten Kabelschleife, die durch einen hindurchgeschickten Strom bei entsprechender Dosierung das Magnetfeld des stählernen Schiffes aufheben sollte und damit gegenüber magnetischen Grundminen den antimagnetischen Eigenschutz erzielten.

Für den Einbau einer solchen »M.E.S.«-Anlage mußte das Schiff nach Kiel geschleppt werden. Dabei griff, auf der Untertrave, ein britischer Bomber das Segelschulschiff an – aber der Bombensegen sauste zum Glück vorbei.

Auch Kiel war dann ganz und gar kein angenehmer Aufenthaltsort, weil immer neue Luftangriffe die dortige Werft heimsuchten. Erst Ende 1942 war der langwierige Einbau der Anlage samt dazugehörigem Dieselaggregat endlich vollendet, so daß Schulschiff Deutschland Anfang Dezember 1942 wieder nach Lübeck zurückgeschleppt werden konnte. Das Jahr 1942 hatte also außer zwei Schleppüberführungen nur stationäre Ausbildung gebracht.

1943 wurde dafür um so intensiver wieder die Ausbildung auf See fortgesetzt. Das Schiff kreuzte wie auch die anderen Segelschulschiffe in der östlichen Ostsee.

Noch war die deutsche Ostfront stabil geblieben, die Rote Armee wurde noch weit von den Küsten der Ostsee in Schach gehalten. Angelaufen wurden bei den Fahrten mehrfach Memel, dann die beiden erstmals besuchten Häfen Libau und Riga und zuletzt Pillau, bevor man sich nach Sassnitz begab und zuletzt wieder »gen Lübeck trollte«.

Kapitän Bauer steuerte also auch die alte lettische Hauptstadt Riga an, deren Ursprung auf den Deutschen Orden zurückging und die im Baltikum die engsten Bindungen an die Hanse besaß. Riga ist geprägt von viel deutsch-baltischer Bausubstanz und hinterließ bei der Besatzung des Schulschiffes einen besonderen Eindruck.

Der Liegeplatz befand sich unweit des Ordensschlosses, dicht am Stadtkern. Und natürlich ließ es sich Kapitän Bauer nicht nehmen, die gesamte Revierfahrt von Dünamünde bis zu diesem Kai unter Segeln zurückzulegen und sein Swinemünder Kunststück des Anlegens unter Segeln zu wiederholen. Aber während dieser höchste Aufmerksamkeit erfordernden Vollzeugfahrt auf der recht engen Düna sah die Besatzung ihren allzeit kaltblütig-gelassenen Kapitän zum ersten und wohl auch einzigen Mal »ausflippen«. Er riß sich die Mütze vom Kopf und trampelte im Jähzorn auf ihr herum, denn genau im unpassendsten Augenblick war am Kreuzmast die Royalrah gebrochen und hing nun als Trümmerteil wild über dem Oberbramsegel. Aber Sekunden später hatte sich der Kapitän wieder gefangen. Er ordnete blitzschnell durchdachte Bergungsmaßnahmen an. Unter Führung des »Ersten« enterten die erfahrensten Leute, unter Mitnahme von Kappäxten und Taljen, zur Kreuzbramsaling hoch, hackten dort überflüssig gewordenes stehendes Gut weg und seilten die Rah an Deck ab. Als das Schiff vor großem Publikum anlegte, sahen allenfalls ganz versierte Sachkenner, daß im Rigg irgend etwas fehlte. Das Schiff bot sonst einen recht makellosen Anblick.

Dieses Foto hat größten Seltenheitswert: Bruch der Kreuzroyalrah auf der Düna, kurz vor Riga.

Selbstbedienung im Niemandsland

Im Jahr 1944 hatte die für die Sicherheit der Schiffahrt zuständige Marine ein letztes Seegebiet (außer dem Greifswalder Bodden) für die fahrenden Segelschulschiffe freigegeben. So kreuzte SCHULSCHIFF DEUTSCHLAND unzählige Male emsig, des öfteren auch die KOMMODORE JOHNSEN dabei treffend, zwischen der Ostküste von Bornholm und der Kurischen Nehrung umher. Die Anlaufhäfen waren Pillau sowie mehrfach Sassnitz und Memel.

Weil sich die Kriegslage immer weiter verschärfte, die Ostfront zusammengebrochen war, so daß die Rote Armee bereits auf Riga und bald nach dessen Räumung auf Kurland drückte, bestand Tieffliegergefahr erstmals auch vom Osten her. Alle Segelschulschiffe erhielten Bordflak. Bei SCHULSCHIFF DEUTSCHLAND waren es zwei Maschinenkanonen, die in Memel an Bord kamen und an beiden Seiten auf die Hütte (Kampagne), aufs Achterdeck, montiert wurden. Zum Glück brauchten diese beiden »Mus-Spritzen« nicht in Tätigkeit zu treten.

Im Spätsommer stieß die Rote Armee so schnell gegen Memel vor, daß Stadt und Hafen vorsorglich geräumt werden mußten. Nur mit großer Anstrengung gelang es nachher deutschen Heeresverbänden, doch noch einen Verteidigungsring um das zum Brückenkopf erklärte Memel herumzuziehen, der nachher Schauplatz erbitterter Kämpfe wurde.

Aber der Hafen von Memel war erst einmal »tote Hose«, während die Russen noch nicht eingerückt waren. Darauf baute Kapitän Bauer seinen verwegenen Plan. Er wußte, daß noch viele nützliche, beim kriegsbedingten Versorgungsmangel langentbehrte Materialien und vor allem Proviant der Bergung vor dem sicherlich bald einrückenden Gegner harrten. Und so riskierte Bauer eine höchst erfolgreich verlaufene Selbstbedienung.

Natürlich war in Memel kein einziger Schlepper mehr vorhanden. Es mußte also unter Segeln eingelaufen, angelegt und ebenfalls unter Segeln wieder ausgelaufen werden. Mit einem Kutter hatte Bauer ein Leinenkommando an Land vorausgeschickt, das nachher tatsächlich die zum Aufstoppen des Schiffes benötigte Leine wahrnehmen und belegen konnte. Der Versorgungshandstreich glückte ebensogut wie das Wiederauslaufen.

Letzter Hafen der Ostseereise 1944 wurde nachher Sassnitz. Am 24. September 1944 hatte das Schiff seinen ›Exil-Heimathafen‹ Lübeck unangefochten wieder er-

Segelexerzieren bis zur Perfektion war der Schlüssel zum reibungslosen Funktionieren des gesamten Kosmos namens Schiff. Das galt auch noch im Kriegsjahr 1944 ebenso wie in allen anderen Fahrtjahren zuvor.

reicht. Niemand wußte zu diesem Zeitpunkt, daß damit die letzte Segelreise von SCHULSCHIFF DEUTSCHLAND überhaupt beendet war.

Wenn die KOMMODORE JOHNSEN während des Krieges auf der Ostsee segelnd nach Aussage von Kapitän Gottfried Clausen 32 450 Seemeilen hatte zurücklegen können, dann verringerte sich die Gesamtmeilenzahl von SCHULSCHIFF DEUTSCHLAND durch den technisch bedingten Fahrtenausfall des Jahres 1942 um schätzungsweise 10 000 Meilen. Nehmen wir die Hochrechung an, daß im Krieg etwa 22 000 Seemeilen zusammengekommen waren, die der Meilensumme der Friedens-Sommerreisen hinzugeschlagen werden müßten, dann hat SCHULSCHIFF DEUTSCHLAND in seinen 17 Jahren Fahrzeit über 162 000 Seemeilen ohne jeden Hilfsmotor zurückgelegt – fast 300 000 Kilometern entsprechend – und damit einer siebeneinhalbfachen Erdumrundung.

Der letzte Ausbildungswinter in Lübeck war noch ein Stück »heile Welt« mitten im hereinbrechenden Chaos. Längst war die Ostfront zusammengebrochen, die Rote Armee stand an Ostpreußens Grenzen und überrannte bald den ganzen Osten des damaligen Reichsgebietes, während die Westfront seit der im Juni 1944 geglückten Landung der Alliierten in der Normandie immer näher rückte.

Aber Seeleute wurden mehr denn je gebraucht. In den dramatischen 125 letzten Tagen des Krieges wurden unter Aufbietung aller verfügbaren Schiffe mehr als zwei Millionen Flüchtlinge und Verwundete aus den sich haltenden letzten Brückenköpfen des Ostens herausgeholt und in der größten Rettungsaktion über See, die es je gegeben hat, ins sichere Dänemark oder ins westliche Deutschland gebracht. Aber auch die Transport- und Versorgungsschiffahrt nach Holland, Dänemark und Norwegen mit Nachschubgütern, Rohstoffen und Lebensmitteln aller Art lief auf vollen Touren weiter.

„Entert auf überall – Klarmachen zum Segelsetzen!" Nach dem Verlassen von Sassnitz wurde die Rückkehr in den „Exil-Heimathafen" Lübeck der letzte Segeltörn in der Lebensgeschichte des Schiffes. Foto: Saebens, Worpswede; Sammlung DSM

Die stationäre Segelschiffsausbildung auf SCHULSCHIFF DEUTSCHLAND ging den ganzen Winter über uneingeschränkt weiter. Und man mag das aus heutiger Sicht für faßbar halten oder nicht: Am 10. April 1945 waren noch immer 84 Zöglinge in Ausbildung. Sogar 19 neue Schiffsjungen hatten sich (am 10. April) zur Frühjahrseinstellung an Bord eingefunden, sechs weitere waren wegen der Kriegsereignisse einfach nicht mehr durchgekommen.

Eulenspiegel läßt grüßen

Dann kam der Augenblick, wo Vernunft zum puren Unsinn wurde. Die Realitäten erzwangen ein Umdenken.

Die Front rückte unaufhörlich näher, auf Berlin, auf Mecklenburg, mit Sicherheit auch bald auf Schleswig-Holstein. Die Schiffsleitung und der DSV entschlossen sich, 89 Mann zu entlassen, die meisten von ihnen Zöglinge, die mit verschiedenen Abmusterungsdaten, aber einwandfreien Papieren in die Heimatorte entlassen wurden, sofern sie aus noch nicht besetzten Teilen Deutschlands gekommen waren. Wem der eigene Heimatort bereits unerreichbar geworden war, nahm dankbar Kameradenhilfe in Anspruch, erst mal woanders unterzuschlüpfen.

Kapitän Bauer war einige Zeit zuvor in den eindeutig wahnsinnigen Befehl eingeweiht worden, daß im Falle des alliierten Einmarsches alle deutschen Seehäfen nachhaltig zu zerstören und sämtliche dort befindlichen Schiffe selbstzuversenken seien.

Die Offiziere von SCHULSCHIFF DEUTSCHLAND waren sich einig, an dieses wunderbare, in siebzehn Jahren Fahrzeit auf See durch alle Fährnisse heil durchgekommene Schiff auf gar keinen Fall selbst Hand anzulegen. Hinter den Kulissen wurde der Zerstörungsbefehl in aller Heimlichkeit von Reichsminister Speer und von dem für die Flüchtlingsrettungsaktion über die Ostsee höchstverantwortlichen Großadmiral Dönitz mit viel Zivilcourage durchkreuzt und wenig später offiziell aufgehoben.

Was nun freilich bevorstand, war die todsicher zu erwartende sofortige Beschlagnahme aller deutschen Schiffe durch die Alliierten bei ihrem Einmarsch, spätestens bei der immer näher rückenden Kapitulation Deutschlands. Die Schiffsleitung war sich ihrer Ansicht sicher: Nicht ein einziger deutscher Rahsegler würde dem Schicksal entgehen, sofort zur »Kriegsbeute« der Siegermächte erklärt und weggeschafft zu werden.

Wie richtig diese Prophezeiung war, das sollte sich sehr bald erweisen. Man machte nicht einmal vor der inzwischen 45 Jahre alten GROSSHERZOGIN ELISABETH halt, die nach Notreparatur der erlittenen Luftangriffsschäden als Kriegsbeute nach Frankreich weggeschafft wurde.

Die beiden übriggebliebenen Segelschulschiffe der Marine (HORST WESSEL und ALBERT LEO SCHLAGETER) gingen an die USA. Unter Sowjetflagge kamen die KOMMODORE JOHNSEN (nachher SEDOV) und PADUA (nachher KRUZENSTERN).

Daß das SCHULSCHIFF DEUTSCHLAND, das jüngste und ausgereifteste Schulschiff der Handelsschiffahrt, zuallererst Begehrlichkeiten wecken und sofortiger Beschlagnahme durch die britischen Besatzer anheimfallen würde, war so sicher wie das Amen in der Kirche. So ließ sich der neue 1. Offizier Otto Hattendorf einen Geniestreich besonderer Art einfallen, den Til Eulenspiegel nicht besser hätte ausdenken können. Kapitän Bauer stimmte spontan zu: Hattendorf ließ sich in einer Blitzaktion bei Lübecker Lazaretten 240 Leichtverwundete »aufs Auge drücken«. Bei Nacht und Nebel gelang es ihm, aus einem Sanitätsdepot dort noch vorhandene 240 Krankenhausbetten zu ergattern und herantransportieren zu lassen. Blitzschnell wurden die inzwischen leer gewordenen Wohndecks der Zöglinge mit diesen Betten bestückt.

In den zuletzt überbelegten Hilfslazaretten war man heilfroh über diese Entlastung, als Hattendorf »seine« 240 Verwundeten ringsum einsammelte und sofort an Bord in die Kojen steckte. Auch ein paar Hilfsschwestern hatte er vorsichtshalber gleich mitgebracht. Nun konnte die letzte Amtshandlung beginnen: Auf den grauen Schiffsrumpf wurden recht groß und kunstvoll die Embleme des Roten Kreuzes aufgemalt.

Die Farbe war noch gar nicht ganz trocken, als die ersten Schützenpanzer der am 27. April in Lübeck eingerückten britischen Armee vor SCHULSCHIFF DEUTSCHLAND anhielten, um hier ihres Beschlagnahme-Amtes zu walten. Aber da erschien Kapitän Otto Bauer, jeder Zoll ein Erzengel mit Flammenschwert, und wies alle Begehrlichkeiten ab: »Sorry, this is a German hospitalship!«

Dreimal »entwischt«

Und so trieb Deutschlands letztes Vollschiff ein abgekartetes Possenspiel, bei dem die Beschlagnahmekommission achselzuckend resignieren mußte – jedenfalls zunächst.

Aber die Geier kreisten 1945 weiter über SCHULSCHIFF DEUTSCHLAND. Zweimal schon waren Mitglieder einer TMMC[23]-Inspektionsgruppe an Bord erschienen. Durch die roten Kreuze fühlten sie sich zunächst abgewiesen. Aber mit der Zahl der zur Entlassung kommenden Leichtverwundeten schwanden die Chancen für das »Hilfslazarett« SCHULSCHIFF DEUTSCHLAND, das zum 24. August 1945 tatsächlich aufgelöst werden mußte. Also galt es, dringend eine neue Möglichkeit zu finden, eine weitere, möglichst noch längere Galgenfrist herauszuschinden.

Und genau daran wurde hinter den Kulissen längst fieberhaft gearbeitet. Dem Vorstand des Deutschen Schulschiff-Vereins gehörte der frühere Generaladmiral Otto Schultze an. Nach seiner Alterspensionierung hatte er seit 1942 das zivile Amt des »Leiters der Berufsausbildung in der Seeschiffahrt« inne, aber er verfügte noch über recht »gute Drähte« zur »Blauen Zunft«. So traf er sich mit Konteradmiral Fritz Krauss, der von den Engländern als Befehlshaber der Deutschen Minenräumdienst-Leitung (German Mine-Sweeping Administration, abgekürzt GM/SA) eingesetzt war.

Die möglichst rasche Aufstellung von Minenräumverbänden drängte, denn es galt, rund 636 000 Minen im Küstenvorfeld weitmöglich unschädlich zu machen und Schiffahrt sowie Fischerei wenigstens in bestimmten, nach und nach zu erweiternden Seegebieten ungefährdet wieder in Gang zu bringen.

Das DSV-Vorstandsmitglied Otto Schultze wußte natürlich, daß man mit einem Vollschiff keine Minen suchen und daß man die antriebslose »Arche« SCHULSCHIFF DEUTSCHLAND nicht einmal als Mutterschiff für die in See arbeitenden Kleinfahrzeuge verwenden konnte. Aber vielleicht ließ sich ja doch etwas finden, um dieses wertvolle Schiff vorerst den Krallen der TMMC-Gewaltigen zu entwinden.

Konteradmiral Krauss erfaßte sofort, was auf dem Spiel stand, und beschloß, das maritime Wertstück der 2. Deutschen Minenräumdivision in Cuxhaven als Wohn- und Büroschiff anzudienen. Er wußte sehr wohl, daß das eine heikle Sache sein würde, denn hier galt es, eine alliierte Dienststelle gegen eine andere auszuspielen.

Beim Kontrollrat verstand man keinen Spaß, die Sache war ein Politikum ersten Ranges. Das genannte Objekt war immerhin kein Kriegsschiff, sondern ein zur Kriegsbeute erklärtes Handelsschiff.

Konteradmiral Krauss schaffte es tatsächlich, die Unterschrift des britischen Vizeadmirals Sir Harold Martin Barrough zu erlangen. Der britische und der deutsche Stab hatten längst ein kollegiales Verhältnis zueinander aufgebaut, das auf gegenseitiger Hochachtung beruhte.

Für Kapitän Bauer und Otto Hattendorf verhieß die Vorladung beim Verbindungsoffizier der Royal Navy für den Raum Lübeck zunächst allerdings nichts Gutes. Zu ihrer Überraschung bekamen die beiden Deutschen dort jedoch ein Permit für die Fahrt durch den Nord-Ostsee-Kanal zur Unterelbe ausgehändigt. Das Schiff sei sofort schleppklar zu machen. Die Herren Bauer und Hattendorf sollten bitte von der TMMC keinerlei Weisungen entgegennehmen, die nicht zuvor mit der britischen Marine abgesprochen waren! Das war deutlich genug.

Nun begann eine entsetzliche Schufterei. Innerhalb kürzester Frist hatten zwei Offiziere, der Segelmacher und vier Leichtmatrosen das gesamte Inventar des Lazaretts von Bord zu geben, für die Kanalfahrt die Stengen, die Oberbram- und die Royalrahen wegzufieren und die Trossen klarzulegen. Schon am 26. August, nur zwei Tage nach Auflassung des »Hilfslazaretts«, erschienen zwei Schlepper, mit deren Hilfe SCHULSCHIFF DEUTSCHLAND von Lübeck nach Cuxhaven überführt wurde. Das Schiff wurde dort tatsächlich dem »British Naval Commander-

Otto Hattendorf, 1. Offizier, später Kapitän des stationären Segelschulschiffs.

in-Chief Germany« direkt unterstellt und war auf absehbare Zeit für die TMMC-Beutemacher genauso tabu wie vorher unter dem Roten Kreuz.

Fortan wohnten elf Offiziere und 80 Mann vom Minenräumdienst an Bord. Die Kombüse mußte für insgesamt rund 200 Mann kochen. Ein Bootsmann und zwölf Seeleute der Marine wurden »Hein Pampig« als Helfer zur Seite gestellt, außerdem kamen ein Maschinist und vier Techniker an Bord.

Natürlich ließ die TMMC noch immer nicht locker. Sie lag wie ein Raubtier auf der Lauer. Im Juni 1946 erschien abermals ein Trupp an Bord. »Control Commission for Germany, Transport Division Shipping Branch« prangte als Kopf auf deren mitgebrachtem Fragebogen. Man hatte den Segler mit der Registriernummer X-2698 versehen. Damit war er ausdrücklich für beschlagnahmt erklärt, jedoch würde es »vorübergehend für andere Nutzung« freigegeben.

Wohl niemand wird erfahren, welches Gerangel insgeheim zwischen Kontrollrat und Royal Navy um SCHULSCHIFF DEUTSCHLAND entstanden war, es dürfte recht heftig gewesen sein. In Cuxhaven aber lag das Schiff, jedenfalls über zwei Jahre lang, unbehelligt. Erst Anfang Dezember 1947 hatte die immer weiter verkleinerte 2. Deutsche Minenräumdivision für das Wohn- und Büroschiff keine Verwendung mehr. Am 1. Januar 1948 wurde das Schiff »entlassen«.

Nun galt es, vor neuen Begehrlichkeiten der TMMC ebenso auf der Hut zu sein wie vor Leuten, die im »Besorgen« und »Abstauben« von Materialien mittlerweile einige Übung entwickelt hatten. Der Schwarzmarkt blühte. Es gab kein einziges seemännisches Inventarstück, das nicht sofort gegen begehrte »Naturalien« wie frische Nordseekrabben, Frischfisch, selbstgebrannten Fusel oder geschmuggelte amerikanische bzw. englische Zigaretten den Besitzer hätte wechseln können. Vor allem die Fischer konnten nahezu alles gebrauchen.

Aber mit so etwas kamen solche Leute beim Freiherrn Georg von Kiedrzynski an die falsche Adresse. Er und seine drei zusätzlich angemusterten Leichtmatrosen waren mit Marlspiekern und Muschkeulen bewaffnet. Sie paßten wie die Höllenhunde auf, damit nur ja jedes einzelne in der Ausrüstungsstelle der Marine an Land eingelagerte Segel aufs Schiff, d.h. an den DSV als rechtmäßigen Besitzer, zurückgegeben wurde, ebenso wie jedes der dort aufbewahrten schiffseigenen Boote samt Inventar. Und sie standen sogar nachts freiwillig Wache.

Nach Wiederanbordnahme des Inventars ging die kleine Besatzung Anfang Januar 1948 erst einmal ans Werk, die anderthalb Jahre lang nicht sonderlich gepflegten Kammern und Wohndecks gründlich zu säubern.

Der nächste Coup war bei der DSV-Geschäftsstelle in der Bremer Parkallee längst eingefädelt worden. Dort lag die Aufforderung auf dem Tisch, das Schulschiff nun endlich ablieferungsklar zu machen. Man habe es jedoch vorher einer längst überfälligen Werftinstandsetzung zu unterziehen.

Damals gab es mehr als eine Unstimmigkeit zwischen der Militärregierung für die Britische Besatzungszone und der Militärregierung für die U.S.-Enklave Bremen-Bremerhaven, identisch mit dem heutigen Land Bremen.

So frostig das Verhältnis zwischen den einstigen Kriegsverbündeten an der Unterweser geworden war, so sehr erfreuten sich die deutsch-amerikanischen Beziehungen in Bremerhaven und Bremen einer positiven Entwicklung. Das Gouvernement lag vornehmlich in den Händen von amerikanischen Marineoffizieren, die jeder Fortsetzung einer Bestrafungspolitik Deutschlands abhold waren.

Darauf baute der DSV seinen Plan auf, unter heimlicher Mitwisserschaft der zuständigen Amerikaner. Da man bei der TMMC-Forderung nach einer Werftliegezeit für SCHULSCHIFF DEUTSCHLAND nicht bestimmt hatte, wo diese vorgenommen werden solle, erschien das Schulschiff am 22. Juli 1948 bei der Werft A.G. »Weser« in Bremen und befand sich damit im amerikanischen Besatzungsgebiet.

Nun arrangierte sich der Bremer Senat unter persönlichem Engagement seines Präsidenten Wilhelm Kaisen mit der amerikanischen Militärregierung des Landes. Obwohl SCHULSCHIFF DEUTSCHLAND noch immer ein X-Schiff war, wurde es kurzerhand für eine neue Verwendung »zwischengeparkt«.

Mitte des Jahres 1948 hatte es in den drei Westzonen Deutschlands die Währungsreform gegeben. Das neue Geld namens D-Mark war ebenso hart wie knapp. Für junge Menschen waren Urlaubsreisen allenfalls erschwinglich, wenn sie in Jugendherbergen kampieren konnten. Gerade an solchen mangelte es noch in den ersten Wiederaufbaujahren. Der Landesverband Weser-Ems des Deutschen Jugendherbergswerkes (DJH) bat deshalb im September den Senatspräsidenten Kaisen, sich für eine Verwendung des Schulschiffs als Jugendherberge stark zu machen. Kaisen reagierte prompt, weil das ein positiver, auch für Bremen selbst nützlicher Vorschlag war.

Trotz X-Schiff-Status als beschlagnahmtes Eigentum des Alliierten Kontrollrates stimmte der Senat zu und dessen Finanzdeputation bewilligte im Januar 1949 einen Betrag von DM 16 900,– für diesbezügliche Sofortmaßnahmen am Schiff.

Am neuen Liegeplatz Buffkaje des Bremer Europahafens übergab Senatspräsident Kaisen am 6. März 1949 das Schiff dem DJH »zum Nutzen der wandernden deutschen Jugend«.

Kapitän und zugleich Jugendherbergsvater war Otto Hattendorf, der mit Segelmacher von Kiedrzynski und den drei Leichtmatrosen das Schiff weitmöglich instand hielt. Und es war eine große seemannschaftliche Leistung, daß diese kleine Restcrew es mit Bordmitteln schaffte, alle noch an Deck weggestauten Stengen, alle Oberbram- und die Royalrahen wieder aufzuheißen und das Schiff komplett aufzuriggen.

Der 27. Februar 1950 wurde ein ganz besonderer Tag. Das fünfjährige Katz-und-Maus-Spiel mit dem Alliierten Kontrollrat und auch das Verstecken in der amerikanischen Enklave an der Unterweser hatten sich gelohnt. Das inzwischen etablierte Bundesverkehrsministerium konnte unter dem genannten Datum mitteilen, daß das X-Schiff Nr. 2698 von der Alliierten Hohen Kommission offiziell seinem Eigner, dem Deutschen Schulschiff-Verein, zurückgegeben wurde.

Gerade erst – im Januar 1950 – hatte der DSV in aller Unauffälligkeit seinen 50. Geburtstag gefeiert und kundgetan, daß seit der Vereinsgründung bis zum Jahr 1945 insgesamt 6736 Schiffsjungen und außerdem 101 Flugschüler ausgebildet worden seien. Nun würde es weitergehen können.

Das Petersberger Abkommen vom 21. November 1949 hatte inzwischen starre Schiffbauverbote des Potsdamer Abkommens partiell aufgehoben und den Deutschen den Wiederaufbau einer Hochsee-Kauffahrteiflotte mit Frachtschiffen bis 7000 BRT und Tankern bis 10 700 BRT gestattet. Dementsprechend fanden nun zwischen den vier Küstenländern und der Bundesregierung Verhandlungen über die künftige Seemannsausbildung statt. Das Bundesministerium gab DM 200 000,– für Substanzerhaltungszwecke des Schulschiffs frei. Alles andere ließ man noch offen.

1952 wurde das schon lange mit schwarzer Rumpfbemalung versehene Schiff mit Hilfe einer neuen Finanzspritze vom Bund sowie der Länder Niedersachsen, Bremen und Hamburg weitmöglich wieder instand gesetzt. Die Takelage wurde gründlich renoviert, vom Großdeck mußten 200 qm erneuert und ein Waschhaus auf dem Oberdeck gebaut werden. Neue Bramstengen, 60 neue, diesmal hölzerne Spinde für 120 Zöglinge, 16 neue Bakken und 32 Bänke, ein neuer Lichtmotor sowie mehrere hundert Quadratmeter Segeltuch zur Anfertigung neuer Hängematten wurden beschafft, so daß der unverändert an Bord lebende Segelmacher mit seinen Helfern vor einer neuen Riesenarbeit stand. Aber was machte das schon, wenn es nun endlich wieder »nach See zu« gehen würde. Genau das war jener Angelpunkt, um den sich alle Hoffnungen und Gespräche drehten.

Es dauerte seine Zeit, bis die gesetzlichen Bestimmungen für die Ausbildung seemännischen Nachwuchses unter Dach und Fach waren. Es gab mittlerweile eine Kultushoheit der Länder. Die zuständigen Minister oder Senatoren für das Bildungswesen mußten zunächst ihre eigenen Zielsetzungen einbringen, bevor eine Verordnung des Bundes erlassen werden konnte. Der Jugendherbergsbetrieb auf SCHULSCHIFF DEUTSCHLAND konnte also getrost bis 1952 weiterlaufen.

Dann aber wurde endlich Klarheit geschaffen, auch wenn sie bittere Erkenntnisse enthielt und Hoffnungen begrub. Aus finanziellen Gründen ging man von der vorher üblich gewesenen Pflichtfahrzeit für künftige Nautiker auf Segelschiffen und damit von einer obligatorischen Ausbildung auf Segelschulschiffen ab. Der Bundesrat unterzeichnete am 24. März 1952 das Gesetz, demzufolge alle Jugendlichen, die im Decksdienst zur See fahren wollten oder Nautiker zu werden wünschten, eine zweimonatige Vorausbildung in einer stationären Ausbildungsstätte abzuleisten hatten.

So kam es zur stationären Schiffsjungen-Ausbildung auf SCHULSCHIFF DEUTSCHLAND. Es ging nunmehr in Bremen zu wie früher in Elsfleth, wenn »die Neuen« eingestellt wurden: Schwindelprobe, Tampenjagd, Beeilung, Beeilung …

Die Schiffsjungen schliefen in Hängematten, sie wurden noch immer im Aufentern, zunächst sogar im Segelexerzieren hart rangenommen. Man machte sie in der Takelage so trittfest, daß sie auch in den Masten der damaligen maschinengetriebenen Seeschiffe jede nur denkbare Konservierung oder Instandsetzung vornehmen konnten. Und gerade weil diese Ausbildung im Rigg, d.h. in der Takelage von SCHULSCHIFF DEUTSCHLAND die besten Voraussetzungen dafür bot, konnten auch 20 indonesische Seeleute als künftige Stammbesatzung des 1953 in Hamburg für Indonesien gebauten Segelschulschiffs DEWARUCI auf dem Bremer Vollschiff ausgebildet werden. Diese heute noch im Dienst befindliche Schonerbark (70

Auf dem stationären Segelschulschiff lief alles wie gewohnt weiter, auch das Segelexerzieren. Der Alltag begann mit der Hängemattenmusterung an Deck.

Kadetten) wurde übrigens unter Führung des damaligen SCHULSCHIFF-DEUTSCHLAND-Kapitäns Otto Hattendorf nach Südostasien überführt. Und es verdient auch hervorgehoben zu werden, daß die erste Stammbesatzung des ebenfalls in Hamburg 1957/1958 neu gebauten und heute noch über die Meere kreuzenden Segelschulschiffs GORCH FOCK (II) der Deutschen Marine ebenfalls auf SCHULSCHIFF DEUTSCHLAND »eingetrimmt« wurde.

Es gab ja seinerzeit noch die klassische Berufsausbildung zum reinen Seemann, die nach insgesamt drei Jahren mit dem Matrosenbrief endete, der dem Gesellenbrief eines Handwerks vergleichbar war. Innerhalb der drei Lehrjahre waren die künftigen Vollmatrosen zunächst Schiffsjunge, im zweiten Lehrjahr Jungmann und im dritten Leichtmatrose.

Zitieren wir letztmalig den Ausbildungsoffizier Gerhard Eckard: *»Dem Volksschüler und dem Abiturienten boten eine Grundausbildung auf einem ehemaligen Segelschiff den großen Vorteil, daß die Jungen von Anfang an an das Bordleben gewöhnt wurden und die Einrichtung eines Schiffes gründlich kennenlernten. Ihre erworbenen seemännischen Kenntnisse konnten sie praktisch bei allen an Bord vorkommenden Takel- und Konservierungsarbeiten verwenden.«*

Den endgültigen Status als Seemannsschule erhielt das Schiff allerdings erst 1955. Die gesetzlich vorgeschriebene Vorausbildungszeit der künftigen Seeleute war inzwischen auf drei Monate verlängert worden.

Es folgten die Jahre des Booms, die neu aufgebaute Handelsflotte bot mehr Arbeitsplätze an, als Bewerber vorhanden waren. 1958 durchliefen nicht weniger als 455 See-Berufsanwärter die Seemannsschule für die im Land Bremen auszubildenden künftigen Seeleute. SCHULSCHIFF DEUTSCHLAND hatte seinen endgültigen Liegeplatz an der Kleinen Weser, dicht unterhalb der Stephanibrükke, gefunden, als es im Juni 1955 von der Buffkaje des Europahafens dorthin verholt wurde.

Der neue Liegeplatz an der Kleinen Weser von Bremen-Woltmershausen, die durch einen Leitdamm von der eigentlichen Weser abgetrennt ist, erwies sich für den Bootsdienst als günstig. Er konnte dort weitgehend un-

SCHULSCHIFF DEUTSCHLAND mit schwarzem Anstrich am neuen Liegeplatz in der Kleinen Weser. Im Vordergrund das fahrende Ausbildungsschiff SEUTE DEERN ex NOONA DAN, Gaffelketsch, für Fahrausbildung unter Segeln vom DSV beschafft.

Blick über die Backbordwant des Kreuzmastes auf die 1962 gebaute landfeste Seemannsschule in Bremen-Woltmershausen, mit maritimem Schmuckband in der Fassade.

gestört vom Hafenbetrieb und vom Schiffsverkehr durchgeführt werden. Außerdem installierte man unweit vom Schiff eine moderne Schwerkraftdavitanlage, mit der das Aus- und Einsetzen von Rettungsbooten mit der neuen Technik und nach neuen internationalen Vorschriften geübt werden konnte. Außerdem wurden an Land eine Ladeluke sowie ein Pfahlmast mit Ladebäumen aufgebaut, damit fachgerecht der Hafenumschlag mit eigenem »Geschirr« trainiert werden konnte.

Anfang Mai 1962 wurde der unmittelbar vor dem Liegeplatz des Schiffes errichtete Neubau der landfesten Seemannsschule eingeweiht. Der gesamte fach- und allgemeintheoretische Unterricht fand fortan in diesem Gebäude statt, an Bord nur noch die praktische Ausbildung in den Bereichen Boots- und Feuerschutzdienst, praktische Seemannschaft und Schiffskonservierung.

In den Jahren 1952–1962 erhielten auf dem zunächst stationär weiterbetriebenen Segelschulschiff und danach auf der schwimmenden Seemannsschule SCHULSCHIFF DEUTSCHLAND rund 5400 Schiffsjungen ihre Erstausbildung. Zählt man die Jahre bis 1992 hinzu, unter Einschluß der Auszubildenden für das neue Berufsbild Schiffsmechaniker, dann stand SCHULSCHIFF DEUTSCHLAND für rund 7000 Nachwuchskräfte (nach dem Krieg) am Anfang ihrer seemännischen Laufbahn – seit geraumer Zeit keineswegs nur für männliche, sondern auch für weibliche Azubis.

Im Eiswinter 1986/87 erlitt das Schulschiff Havarieschäden durch drei vom starken Eisgang abgerissene Binnenschiffe. Die Behebung der Schäden wurde 1987 mit einer Eindockung zur Inspektion und Konservierung des Unterwasserschiffes, dem Einbau einer modernen Kombüse, neuer Waschräume und Sanitäranlagen sowie von 38 Zwei-Mann-Kammern für 76 Auszubildende kombiniert. Damit war die Ära der Hängematten vorbei. Die neuen Kabinen sowie ein großer Tagesraum für rund 100 Personen verwandelten das Internatsschiff gründlich.

Aber noch größer wurde der Wandel durch radikale Änderungen der Seemannsausbildung. An Bord der Schiffe erzwang der harte Konkurrenzkampf immer weitere

Erste Maßnahmen der Besatzung zur Sichtung und provisorischen Beseitigung der durch drei abgerissene Binnenschiffe bei Eisgang angerichteten Schäden.

Reduzierungen der Besatzungsstärke. Man ging zu »integrierten Besatzungen« über, die sowohl an Deck als auch im Maschinendienst eingesetzt werden konnten. Der Seemann alter Art, der Vollmatrose, wich nunmehr dem universeller ausgebildeten Schiffsmechaniker, der neben einer reduzierten seemännischen Ausbildung auch in den Fertigkeiten der metallverarbeitenden Berufe, der Motoren- und Elektrotechnik/Elektronik praktisch und theoretisch unterrichtet werden mußte. Auf SCHULSCHIFF DEUTSCHLAND wurde eine große Lehrwerkstatt mit allen erforderlichen Werkzeugmaschinen sowie Schweißerkabinen eingerichtet.

Das Lehrpersonal gab sich alle Mühe, den neuen Ausbildungsgrundsätzen gerecht zu werden. Die fachliche Ausbildung wurde durch berufene Experten für die Fachgebiete Motoren- und Elektrotechnik sowie Elektronik optimiert. Der Lehrplan wurde vollgepackt mit Neuerungen, die SCHULSCHIFF DEUTSCHLAND fast nur noch zum schwimmenden Internat und zur schwimmenden Maschinenwerkstatt degradierten. Mit der bewährten charakterbildenden Grundausbildung zum Seemann und handwerklich perfekten Seemannschaftler hatte das Ganze kaum noch etwas zu tun.

War es schon ein Kardinalfehler gewesen, das Aufentern und die Arbeit im Rigg (samt der damit verbundenen Selbstbestätigung) als »nicht mehr zeitgemäß« aus den Lehrplänen zu verbannen, so geriet eine weitere Neuerung zur Groteske: Man hatte auch keine Zeit mehr, Konservierungsarbeiten und Schiffspflege als Lehrfächer an künftige Seeleute weiterzugeben! Man übertrieb die Modernität bis zum Exzeß. Selbst seemännisch richtiges Reinschiff hatte zu unterbleiben, es wurden dafür zusätzliche Raumpflegerinnen eingestellt!

Die durch und durch seemännisch orientierten, modern denkenden norwegischen Praktiker betreiben in Bergen nach wie vor auf der STATSRAAD LEHMKUHL, der ehemaligen GROSSHERZOG FRIEDRICH AUGUST des Deutschen Schulschiff-Vereins, eine schwimmende Seemannsschule. Als Grundlage wird den Auszubildenden der Stolz auf ihr schönes Schiff samt der Verpflichtung zu seiner bestmöglichen Erhaltung eingebleut. Man verschwendet kein Geld für seefahrtsfremde Raumpfleger, sondern weiß gelegentlich sogar den Umgang mit dem »Gebetbuch« als Bestandteil seemännischer Traditionspflege weiterzugeben – wie übrigens auch auf der GORCH FOCK.

Für SCHULSCHIFF DEUTSCHLAND wurde die amtlich verordnete Nicht-Pflege zur tickenden Zeitbombe. Die Verrottung des Schiffes ging einher mit ständigem Schwund der Bewerberzahlen für die Ausbildung zum Schiffsmechaniker. Der Teufelskreis war programmiert: Sinkende Bewerberzahlen bedeuteten sinkende Einnahmen für den DSV, fehlende Schiffspflege zugleich immer weiteren Verfall des damals schon fast 70 Jahre alten Schiffes. Auch die Takelage fiel immer schneller der Korrosion zum Opfer. Die Verrottung der Decksplanken hatte schließlich solche Ausmaße angenommen, daß nur eine große darübergelegte Kunststoffplane das weitere Durchregnen verhindern konnte. So durfte es auf keinen Fall weitergehen. Eine Totalrenovierung des Schiffes war unausweichlich. Wie aber sollte sie finanziert werden?

Dem Verfasser dieses Buches gelang es, mit einem unwiderlegbaren Fachgutachten über den schiffbau- und seefahrthistorisch herausragenden Wert dieses letzten deutschen Vollschiffes zu bewirken, daß das Landesamt für Denkmalpflege der Freien Hansestadt Bremen 1994 erstmals in der Bremer Geschichte ein Schiff als Kulturdenkmal anerkannte: SCHULSCHIFF DEUTSCHLAND.

Fortan konnten auch Stiftungen, die satzungsgemäß nur denkmalpflegerische Aufgaben wahrnehmen durften, in die Förderung des Kulturdenkmals eingeschaltet werden. Und so ging man das große Wagnis einer 5,6 Millionen DM teuren Totalrenovierung und Rückverwandlung des Schiffes in den »Weißen Schwan« der Unterweser, getreu dem ursprünglichen Aussehen im Stapellaufjahr 1927, ein.

Der damalige Senator für Wirtschaft und Verkehr, Rechtsanwalt Claus Jäger, konnte mit beharrlicher Überzeugungsarbeit erreichen, daß von dieser Summe ein Betrag von drei Millionen DM von der Hansestadt beigesteuert wurde. Für die restlichen 2,6 Millionen DM mußte der Deutsche Schulschiff-Verein selbst geradestehen. Es gehörten großer Mut, Umsicht und ausreichende Verbindungen dazu, das Wagnis zu verantworten.

Der langjährige Vorsitzende des Deutschen Schulschiff-Vereins Dr. Horst Willner hatte diesen Mut. Der selbst segelschiffbefahrene DSV-Vorsitzende wußte, daß es ohne diesen gravierenden Eingriff kein Weiterleben für SCHULSCHIFF DEUTSCHLAND geben konnte.

Illusionslos war aber auch ich mir darüber im klaren, daß die Belegung der Seemannsschule Bremen immer weiter zurückgehen, in absehbarer Zeit für das kleine Bundesland gänzlich unrentabel sein und schließlich ganz aufgelassen würde.

Wann auch immer das geschehen mochte: Es galt in jedem Fall, bis zu diesem Augenblick eine Finanzierungs-Mischform zu finden. Das Schiff mußte nach seiner

Grundrenovierung weitmöglich auch als Museumsschiff zahlenden Besuchern zugänglich gemacht werden. Das aber war am Liegeplatz an der Alten Weser in Bremen-Woltmershausen eine Utopie. Das Schiff lag dort derart verkehrsfern isoliert, daß man es praktisch nur als Bahnbenutzer während der Vorbeifahrt von der Eisenbahnbrücke aus als Ganzes betrachten konnte. Dem Liegeplatz war landseitig ein Gewirr von Lagerhallen und Speditionsbetrieben benachbart. Selbst Taxifahrer fanden in vielen Fällen die richtige Anfahrt zum Schiff nicht.

An der freien Weser war ein halbwegs stadtnaher Liegeplatz wegen des großen Tiefgangs von SCHULSCHIFF DEUTSCHLAND und wegen der den weiteren Weg stromaufwärts versperrenden Brücken ohnehin nicht denkbar. Der Deutsche Schulschiff-Verein entschied daher, meiner Anregung folgend, dem Schiff in der Lesum-Mündung von Bremen-Vegesack einen neuen Liegeplatz zu verschaffen. Dort könnte das Schiff bei richtiger Handhabung der sich dort bietenden Möglichkeiten sogar zur besonderen Touristen-Attraktion werden. Zuvor aber müßte die beschlossene Grundrenovierung vorgenommen werden, die auch in Bremen-Vegesack erfolgen könnte. Am 29. April 1995 wurde das Schiff von zwei Schleppern zur damals noch intakten Werft Bremer Vulkan bugsiert, die von Anfang Mai 1995 bis zum 19. Januar 1996 zusammen mit den Subunternehmer-Werften Motorenwerke Bremerhaven (Takelage) und Fr. Lürssen, Vegesack (Holzdeck), die komplizierte Verjüngungskur mit Sorgfalt und Qualität vollbrachte. Danach machte das Schiff erstmals am inzwischen fertiggestellten neuen Anleger in der Lesum-Mündung von Bremen-Vegesack fest. Und es ergab sich der glückliche Umstand, daß neben dem neuen Liegeplatz das im Besitz der Lürssen-Werft befindliche, einstige Verwaltungsgebäude der nicht mehr existierenden Bremer Heringsfischerei noch vorhanden war.

In Vegesack war einst die größte deutsche Flotte von (Treibnetz-)Loggern stationiert. Aber neue seerechtliche Gegebenheiten mit Zuerkennung einer 200-Seemeilen-Wirtschaftszone vor der Küste der einzelnen Anliegerstaaten und deren alleinige Nutzungsrechte führten dazu, daß vor allem das Hauptfanggebiet Doggerbank ausschließlich den holländischen Loggern zugänglich blieb. Die bis zu dieser neuen Rechtslage vorhandenen deutschen Loggerflotten von Glückstadt, Leer, Emden und Vegesack hatten keine Chance mehr.

Die Werft Fr. Lürssen renovierte sogar das vorhandene Gebäude zugunsten einer guten Sache. Es wurde zum neuen DSV-Schulgebäude. Nun konnte der Umzug der Seemannsschule/Berufsschule vom Schulgebäude Woltmershausen nach Vegesack schon drei Tage nach dem Festmachen von SCHULSCHIFF DEUTSCHLAND am neuen Liegeplatz vorgenommen werden.

Es wurde das Bestmögliche versucht, mit einem neuen Nutzungskonzept das wieder höchst attraktive Schiff – das pro Jahr etwa eine halbe Million DM für seinen Unterhalt erfordert – durch Zusatz-Maßnahmen über die Runden zu bringen: Die Seemannsschule sollte so lange wie möglich weiterlaufen. Zugleich aber mußte das Schiff täglich von 10.00 bis 18.00 Uhr gegen Eintrittsgeld für den Besucherstrom geöffnet werden. Schiffsbezogene Souvenirs vom Buddelschiff und Präzisionsmodell bis zum T-Shirt, Poster, von Büchern bis zur DSV-Krawatte, zum Mützenband, bis zur Schiffspostkarte mit Bordstempel hatten zur Kassenaufbesserung beizutragen.

Eine solche Mischung von Berufsschul- und Museumsbetrieb konnte jedoch nur gelingen, wenn eine Art Paukenschlag den wiederauferstandenen »Weißen Schwan der Unterweser« in ganz Deutschland populär machte. Dazu bot sich das Medium Fernsehen bestmöglich an.

Es gelang tatsächlich, das ZDF dafür zu gewinnen, sein längst zum besonderen Markenzeichen gewordenes »Sonntagskonzert« an Bord der SCHULSCHIFF DEUTSCHLAND zu drehen. Dazu hatte das Schiff freilich in Fahrt zu sein, um mit immer neuen Uferkulissen und rund 120 Darstellern reizvolle Kameraeinstellungen zu ermöglichen.

Man mußte also auf einem fahrenden Segelschiff drehen, auf einem Schiff, das nicht einmal eine Hilfsmaschine und ebenfalls keine ausreichende Stromversorgung für das Gewirr von elektrischen und elektronischen Gerätschaften besitzt – das bedeutete für die Besatzung sowie für das Fernseh-Team eine besondere Herausforderung.

Eine ganze Woche lang hatten die ZDF-Techniker daran gearbeitet, die Offiziersmesse von SCHULSCHIFF DEUTSCHLAND in ein komplettes Fernsehstudio mit Mischpulten und allen sonstigen Apparaturen zu verwandeln. Pausenlos hatte man immer neue Kabel verlegt und dünnere Strippen gezogen, ohne Stolpergefahr heraufzubeschwören. Sogar auf Rahen wurden ferngesteuerte kleine Fingerkameras installiert, die mit Fischaugen-Aufnahmetechnik raffiniert schöne Bilder aus der Vogelperspektive beisteuern sollten. Und man hatte ein großes, leise laufendes Dieselaggregat per Kran an Deck heben lassen, um die Stromversorgung der gesamten Fernsehtechnik sicherzustellen. Überall herrschte das, was man in der

„Schulschiff Deutschland"

Im großen Ehrengeleit bei der ZDF-Paradefahrt segelte sogar der Dreimastschoner GROSSHERZOGIN ELISABETH, *der in Elsfleth beheimatet ist und unter diesem Traditionsnamen zusätzliche Bordausbildung für die Fachhochschule Seefahrt ermöglicht.*

Seemannssprache »Whooling« nennt: Offizierskammern wurden in Schminkgarderoben und Umkleideräume verwandelt. Längst türmten sich bereits an Bord gebrachte Musikinstrumente zuhauf. Es hatten in bestimmten Behältern, die nirgendwo vor die Kameras geraten durften, 250 zusätzliche Rettungswesten untergebracht werden müssen. Allein 200 Fernsehmitwirkende mit dem gesamten Aufnahme-Team bis zu Toningenieur, Beleuchtern, Regisseur und Aufnahmeleiter sowie besondere Gäste waren dabei, den Rahsegler in einen »schwimmenden Affenfelsen« zu verwandeln.

Der Erfolg des Unternehmens hing davon ab, daß das Wetter mitspielte. Den Organisatoren und Verantwortlichen war nicht sonderlich wohl in der Magengegend, denn die Wetterfrösche versprachen nichts Gutes. Aber ein Zurück gab es nicht mehr: Schlepper und Lotse waren bestellt, ebenso Luftbildhubschrauber und Motorboot für Außenaufnahmen des fahrenden Schiffes. Ein ganzes Geschwader von Traditionsseglern und fahrenden Museumsschiffen sowie von Segel- und Motorjachten war eingeladen worden, einen telegenen Begleitkorso zu bilden. Sie hatten begeistert zugesagt und waren schon unterwegs zu den Treffpunkten.

Eine reichlich sechsstellige Summe hatte für das ganze Vorhaben investiert werden müssen – in kollegialer 50:50-Aufteilung zwischen dem ZDF und dem Deutschen Schulschiff-Verein als Eigner dieses herrlichen Schiffes. Der DSV mußte über 55 000,– DM hinblättern.

Es galt zunächst, SCHULSCHIFF DEUTSCHLAND mit dem ablaufenden Wasser, dem Gezeiten-Ebbstrom, die Weser bis Bremerhaven hinunterzuschleppen, um das Schiff bei Umkehr der Tide in einer Paradefahrt mit vielen geladenen Ehrengästen vor die ZDF-Kameras zu bringen.

Der Drehplan dieser Fernsehaufnahmen war minutengenau auf die jeweiligen Sonnenstände nach dem Passieren der einen oder anderen Strombiegung der Unterweser sowie auf die im Auflicht zu drehenden Uferszenarien abgestimmt. Deshalb war man Wochen zuvor, bei genau gleichen Gezeitenverhältnissen, die gesamte Stromstrecke von Bremerhaven nach Bremen-Vegesack mit einer Barkasse abgefahren, in gleicher Abfolge der sich wandelnden Szenarien, wie sie sich während der Aufnahmefahrt real wiederholen mußten. Und das war die Crux an der Sache: Der Tidenkalender, die Gezeitentabelle, schrieb genau diesen Sonntag für die nicht »live« gesendeten Einstellungen vor. Keine einzige Aufnahme konnte wiederholt werden, denn das Schiff mitsamt seinem Troß von Wasserfahrzeugen ließ sich nicht stoppen oder gar zu Wiederholungszwecken wenden.

Heute oder nie, alles stand auf Messers Schneide. Es gab kein Zurück.

Festliche »Wiederauferstehung«

Es grenzte an ein Wunder – es war, als wollte der Himmel selbst zu diesem großartigen Ereignis gratulieren: Nach Wochen mit fast durchweg miserablem Wetter wurde der Aufnahmetag 21. April 1996 zu einem strahlend heiteren Tag mit hochsommerlichen Temperaturen. Das Ganze wurde zur Paradefahrt der »Wiederauferstehung«. Nach Luftbildermittlungen standen etwa 100 000 Menschen an den Ufern der Weser. So etwas hatte es seit Jahr und Tag nicht mehr gegeben.

Das letzte Vollschiff unter deutscher Flagge präsentierte sich als Mittelpunkt eines großen Ehrengeleits von Sportjachten und Oldtimern. Unter vollen Segeln kreuzten der attraktive, ebenfalls weiße Dreimastschoner GROSSHERZOGIN ELISABETH sowie der historisch wertvolle und schmucke letzte Segellogger BV 2 im Kielwasser von SCHULSCHIFF DEUTSCHLAND.

Ihm folgten der Traditionssegler NORDSTERN sowie der tipptopp in Schuß gehaltene Dampfeisbrecher WAL der Schiffergilde Bremerhaven, das von einem Förderverein vor der Verschrottung bewahrte Bergungsschiff GOLIATH sowie das Fahrgastschiff OCEANA. Auch kamen immer mehr Segel- und Motorjachten hinzu, die zum Teil schon aus der Geestemündung ausgelaufen waren.

Rund 120 Mitwirkende bestritten die Programmfolge des Orchesters, der Chöre und Einzeldarbietungen. Das Marinemusikkorps Nordsee, der Chor »Blaue Jungs« der Marineoperationsschule Bremerhaven, der Shantychor »Beckedorfer Schifferknoten«, die Trachten-Volksgruppe »Finkwarder Speeldeel« und andere Darsteller durften sich nicht gegenseitig ins Gehege kommen. Auch zahlreiche Ehrengäste waren davon abzuhalten, während einer der vielen Aufnahmen ins Bild zu laufen. Charmant und locker moderierte Wolfgang Binder die Sendung, der sich nicht scheute, auch mal mitsamt Mikrofon in die Takelage aufzuentern.

Als der Schiffs-Konvoi an den Verladebrücken und Kranen der Midgard-Pier von Nordenham mit ihren dort vertäuten großen Überseefrachtern vorbeiglitt, erhielten die Mitfahrer erste Kostproben von der latent vorhandenen Seefahrtbegeisterung der Bevölkerung dieser Region. Dieser Menschenschlag habe entweder Milch oder Salzwasser im Blut, sagte man früher. Wer nicht auf dem väterlichen Hof bäuerlich tätig war, ging zur See. Von diesem »Virus« muß wohl auch der letzte Oldenburger Großherzog Friedrich August befallen gewesen sein, der nach seinem Nautikerexamen sogar seine große Dampfjacht LEHNSAHN als Kapitän selbst zu führen pflegte.

Er wurde wie gesagt der Initiator und nachherige Gründer sowie Protektor (Vorstandsvorsitzender) des Deutschen Schulschiff-Vereins.

Die Kennung BV 2 besagt, daß der historisch wertvolle Segellogger VEGESACK einst zur großen Flotte der Treibnetz-Heringsfänger von Bremen-Vegesack gehörte.

Ganz Brake schien auf den Beinen zu sein. Die größte Menschenmenge stand beim Semaphor-Gebäude, das heute das Schiffahrtsmuseum I beherbergt.

Allmählich näherte sich das Geschwader von Schiffen und Booten der Seehafenstadt Brake mit den modernen Getreidesilos der Firmen »J. Müller« und der »Karl Gross Silo Company«. Sie gehören aufgrund ihrer Lagerkapazität von über 200 000 Tonnen zu den größten und höchsten Speicheranlagen Europas. An der fast zwei Kilometer langen Stromkaje mit ihren fortschrittlichen Umschlagsanlagen für Massenschütt- und Massenstückgüter sowie für Speise- und Mineralöle herrscht ständiges Kommen und Gehen von großen Seeschiffen bis zu 12 m Tiefgang.

Brake als das Schiffahrtszentrum des Regierungsbezirks Oldenburg entbot Schulschiff Deutschland einen überwältigenden Empfang. Aus dem Müller-Silo wurden bei unserem Herannahen Fallschirm-Leuchtraketen als Begrüßungsfeuerwerk gestartet. Der Schlepper Braksiel schoß mit den Wendestrahlrohren Wasser-Salut. Tausende von Menschen bevölkerten das Ufer schon vor der Seeschleuse zum Binnenhafen und erst recht vor dem 1846 gebauten Braker Telegraphenturm, dem Semaphor-Gebäude des einstigen Zeigertelegraphen vom Schiffsmeldedienst Unterweser, in dessen Räumen jetzt das vorzüglich gestaltete Braker Schiffahrtsmuseum I untergebracht ist.

Die Bürgermeisterin der Stadt rief ihre Glückwünsche über Großlautsprecher zu den Schiffen hinaus. Eine Musikkapelle intonierte sogar die Oldenburger Hymne. Die allseitige Begeisterung war beeindruckend.

Natürlich standen auch die Elsflether am Weserdeich und winkten »ihrem« Schulschiff Deutschland zu, für das ihre Stadt von 1927 bis 1945 Heimathafen gewesen ist. Sie winkten auch »ihrem« Dreimastschoner Grossherzogin Elisabeth zu, dem Ausbildungsschiff der Fachhochschule Elsfleth, mit dem ihr Elsflether Reeder Kapitän Hans Werner Janssen den Traditionsnamen des erstgebauten aller vier Rahsegler des Deutschen Schulschiff-Vereins weiterleben läßt. Aus Anlaß des herausragenden Ereignisses führte der Segler an diesem Tag zusätzlich die Flagge des einstigen Großherzogtums Oldenburg.

Und was sich dann von Bremen-Farge über Bremen-Blumenthal bis zum neuen Heimathafen von Schulschiff Deutschland, Bremen-Vegesack, an begeisterten Menschen auf den Deichen versammelt hatte, das übertraf auch die kühnste Phantasie. Als die beiden Schlepper den Rahsegler vor dem Vegesacker Hafenmund behutsam drehten, um ihn »über Stüer«, rückwärts, zu seinem Liegeplatz in der Lesum-Mündung zurückzubugsieren, war das Gewimmel am »Utkiek«, am Hafenmund und an der Lesum auch optisch nicht mehr erfaßbar. Selbst die Uferböschung war bis zur Wasserfläche hinunter lückenlos besetzt, so daß es auch hier Probleme gab, die Poller zum Festmachen des Schiffes freizumachen.

Der »Rekumer Schifferchor« gab ein Shantykonzert zum Empfang – und sobald die Ehrengäste sowie die Mitwirkenden des ZDF-Sonntagskonzerts Schulschiff Deutschland verlassen hatten, stürmte das Publikum das erstmals nach der Renovierung zur Besichtigung freigegebene Schiff. Die Warteschlange der Neugierigen riß bis Mitternacht nicht ab.

Von Bremen-Farge bis nach Bremen-Vegesack hatte sich eine geschlossene Menschenmauer entlang des Ufers gebildet.

Nun war die „Finkwarder Speeldeel“ mit ihrem Auftritt an der Reihe. Die Trachtengruppe ist weit über Norddeutschland hinaus bekannt.

Schulschiff Deutschland war binnen kurzer Zeit an ihrem neuen Liegeplatz kein »Mauerblümchen« mehr. Als nämlich am 5. Mai 1996 das ZDF-Sonntagskonzert ausgestrahlt wurde, löste das einen Strom von rund 40 000 Besuchern aus, die in den darauffolgenden Wochen aus allen Teilen Deutschlands kommend an Bord erschienen. Das Schulschiff war im Bewußtsein der Menschen aufgenommen oder dorthin zurückgekehrt.

Bei der Erstausstrahlung der Fernsehsendung registrierte man die Einschaltquote von 2,9 Millionen, bei der Wiederholungssendung im Jahr 1997 eine Quote von 1,6 Millionen. Die von beiden Sendungen ausgelösten Ströme zahlender und Souvenirs kaufender Besucher an Bord erbrachten Einnahmen, die jene hohe Investition des Eigenanteils vom DSV an der ZDF-Sendung um das Vierfache wettmachte. Und da Klappern heute mehr denn

SCHULSCHIFF DEUTSCHLAND machte vor großem Publikum in der Lesum-Mündung fest. Bald setzte der Besucher-Ansturm ein.

Was hatte die Menschen bewogen, sich stundenlang in ein Gedränge einpferchen zu lassen und keinen Umweg zu scheuen, um diesen Rahsegler zu bewundern?

je zum Handwerk gehört, war es höchst nützlich, daß am 3. April 1998 die neue Fernseh-Dokumentation »Der weiße Schwan von Vegesack – SCHULSCHIFF DEUTSCHLAND und seine schönen Schwestern«, produziert von Helmke und Peter Kaufner, bei »N3 maritim« gesendet wurde. Diese Dokumentation ist durch Einfügen von Ausschnitten aus den an Bord gedrehten Vorkriegsspielfilmen »Fahrt ins Leben« und »Kautschuk« ein höchst lebendiges Zeugnis. Der Beitrag wurde insgesamt weitere drei Male beim NDR sowie bei RTL und anderen Sendern wiederholt.

Nicht zuletzt diese »Fernsehauftritte« des Schiffes bewirkten, daß sich über 500 ehemalige DEUTSCHLAND-Schulschiffer von Binnenland und Waterkant zusammenfanden, nun als DSV-Mitglieder. Vor allem in den neuen Bundesländern war es vielen vorher gar nicht mehr bekannt gewesen, daß »ihr« Schiff überhaupt noch existierte.

Zahlreiche neue Presseberichte sowie eine gut gestaltete Internetseite machten SCHULSCHIFF DEUTSCHLAND ebenso immer weiter zum Begriff.

Nostalgie oder zeitlose Wahrheit

Was hatte die Menschen bewogen, sich am Tag der Paradefahrt von SCHULSCHIFF DEUTSCHLAND von Bremerhaven nach Vegesack stundenlang in ein Gedränge einzupferchen, was veranlaßte sie in der Folgezeit, keinen Umweg zu scheuen, um in Bremen-Vegesack den so herrlich renovierten und zum ursprünglichen Aussehen zurückverwandelten Rahsegler zu bewundern? War das eine unzeitgemäße, nur rückwärtsgewandte Romantik, ein Nichtwahrhabenwollen des heutigen Zeitalters von Kybernetik, Automation und Raumfahrt? Basierte diese spontan aufgebrochene Begeisterung gar auf gestrigem Denken? Was ist überhaupt die Ursache dafür, daß alle großen Windjammerparaden der beiden letzten Jahrzehnte in den Seehäfen Kiel, Bremerhaven, Hamburg und Rostock jedesmal die größten aller Verkehrsstauungen auf den Autobahnen und Zufahrtsstraßen hervorriefen? Steckte nicht doch etwas mehr dahinter – eine instinktsichere Suche nach tragfähigeren Werten unseres menschlichen Zusammenlebens?

Die Real täten sprechen eindeutig für letzeres – Segelschiffe verkörpern zeitlos gültige Werte. Man frage jeden Marineoffizier, sei er Flugzeugführer in einem Seefern-Aufklärer, Einsatzoffizier in der Operationszentrale einer hochtechnisierten modernen Fregatte oder Kommandant eines High-Tech-Unterseebootes unserer Tage. Ihre Antwort ist ebenso eindeutig wie die jedes einzelnen seemännischen Unteroffiziers der Marine: Die Fahrenszeit auf der GORCH FOCK, dem Ausbildungs-Rahsegler der Deutschen Marine, der seit einem halben Jahrhundert ohne Schramme über die Meere und Ozeane kreuzt, war Urerlebnis und eigentlicher Höhepunkt der gesamten Laufbahn. Der Rahsegler band jede Besatzung an die See. Wer unter Segeln zur See fuhr, der hat laut Alan Villiers *»an der großen Weltseele gelauscht«*.

Nirgendwo auf dieser Welt bekommt man besser und eindringlicher die Erkenntnisse um die Ohren geschlagen, daß der Einzelmensch allzu schnell mit seinem Latein am

Wind und Wetter schaffen ständig neue Situationen und sind unerbittlich.

Ende ist – daß er nur in der Gruppe, im Team, die Chance hat, auch schwierigste Lagen zu meistern. Oben auf der Rah ist man ein Nichts ohne die Kameraden, die links und rechts neben einem mit auf den Fußpferden stehen, um ein mit Tonnengewalt wild um sich schlagendes Segel zu bergen. Wind und Wetter und damit ständig sich ändernde Situationen sorgen dafür, daß einem die Flausen ausgetrieben werden. Ein Segelschiff ist und bleibt der beste Integrationsfaktor zum Einfügen auch verwöhntester Wohlstandsbürger in eine Gemeinschaft. Und jeder von uns weiß, daß sogar verhaltensgestörte junge Menschen an Bord von Segelschiffen ein völlig neues Verhaltensmuster und Selbstwertgefühl vermittelt bekommen.

Und so erübrigt sich ganz von selbst die Frage, warum nicht weniger als 18 Marinen ebenso wie die U.S. Coast Guard die Segelschulschiffausbildung beibehalten haben, nämlich die von Bulgarien, Deutschland, Frankreich, Indien, Indonesien, Iran, Italien, Jugoslawien, den Niederlanden, Polen, Portugal, Rumänien, Schweden, Spanien und Uruguay.

Wie aber sieht es dann mit den Handelsschiffsreedern bestimmter Nationen aus, die Rechenkünste durchaus beherrschen müssen und dennoch die Rahsegler-Pflichtausbildung für ihre künftigen Nautiker nicht ad acta gelegt haben?

In den Ländern Dänemark, Japan, Polen, Rußland und Ukraine ist man nie von der Rahseglerschulung des Nautiker-Nachwuchses abgerückt, und in dem klassischen Seefahrerland Norwegen ist ein Umdenkprozeß im Gange. Man hat die beiden Vollschiffe CHRISTIAN RADICH und SÖRLANDET längst wieder in Fahrt gebracht. Auch die Bark STATSRAAD LEHMKUHL (ex GROSSHERZOG FRIEDRICH AUGUST des Deutschen Schulschiff-Vereins) segelt alljährlich wieder temporär. Das Resultat ist seit längerer Zeit eindeutig: Unter Nautiker-Stellenbewerbern kommen alle, die eine Fahrzeit auf einem der drei genannten Schulschiffe nachweisen können, gleich unter die Bevorzugten. Man weiß, daß solche Schiffsoffiziere und späteren Kapitäne ihr besonderes Gespür für Wind und Wetter, für meterologische Navigation und seemannschaftlich korrekte Reaktionen mitbringen. Sie sind am flexibelsten bei der blitzschnellen Umstellung auf plötzlich gegebene neue Situationen. Vor allem aber haben sie ihre physischen und psychischen Grenzen einzuschätzen gelernt. Es ist eine Binsenweisheit, daß junge Menschen herausgefordert werden wollen. In ihnen steckt die Sehnsucht nach einem Sich-bewähren-Dürfen. Ihnen ist unterschwellig eine öde Erlebnislosigkeit zuwider, die eine aus Gründen der Kostenersparnis immer mehr zur einseitigen, mit Theorie überfrachteten Ausbildung – ohne gründliches Beherrschen der handwerklichen Seemannschaft – als eine notwendigerweise metallhandwerklich technisierte Allround-Ausbildung verursacht hat. Wenn eine nicht mehr »den ganzen Kerl« fordernde und sogar verkürzte Ausbildung ihre Attraktivität verloren hat, dann geschieht genau

Junge Menschen wollen gefordert sein. In ihnen steckt eine Sehnsucht nach Sich-bewähren-Dürfen, das alle Kräfte erfordert.

das, was sich in einem katastrophalen Mangel an seemännischem Nachwuchs niederschlägt.

Freilich sind die Ursachen vielfältiger Natur. Der seefahrtlichen Industrialisierung sind jedoch allzu viele seelische Komponenten abhanden gekommen.

Irgend etwas kann doch an der Sache nicht stimmen. Wie erklärt es sich sonst, daß zur gleichen Stunde die Sail Training Association Germany (STAG) längst über 4500 aktive Mitglieder zählt und damit zum größten europäischen Jugendverband für Rahsegelschiffahrt geworden ist?

Beinahe unbemerkt von der Öffentlichkeit gab es im Sommer des Jahres 2008 neben der Gorch Fock bereits wieder dreizehn deutsche Rahsegler mit reiner oder gemischter Rahtakelung. Die Skala dieser Windjammer reicht von der Brigg Roald Amundsen oder den Barken Alexander von Humboldt und Sea Cloud II bis zur Viermastbark Sea Cloud I, von den Barkentinen Fridtjof Nansen, Mary-Anne, Lili Marleen und Line Hinsch bis zur Brigantine Greif oder zu den Toppsegelschonern Nobile, Thor Heyerdahl, Atlantis und Albatros, die sämtlich zeitweilig oder sogar ständig unter Segeln in Fahrt sind.

Ganz gleich, ob diese Schiffe kommerziell vermarktet werden oder Amateur-Seefahrt betreiben – ähnlich wie auch beim höchst erfolgreichen Deutschen Jugendwerk zur See »Clipper« mit vier weiteren Segelschiffen –, ist den an Bord drängenden »Trainees« (wie man sie international einheitlich nennt) keine Arbeit zu schwer und keine Anforderung zu hoch. Sie suchen genau das, was ihnen früher (wenn auch unter anderen Vorzeichen und Disziplinarmethoden) auf den Rahseglern des Deutschen Schulschiff-Vereins und auf frachttragenden Segelschulschiffen einiger Reedereien vermittelt wurde.

Irgendwie rundet sich der Kreis. Bisweilen zeigt eine Vergangenheit am ehesten Wege in eine erstrebenswertere Zukunft. Das Bewußtsein dafür breitet sich immer weiter aus.

Genau zur rechten Zeit

SCHULSCHIFF DEUTSCHLAND war jedenfalls nun ständig im Gespräch. Das war wesentliche Voraussetzung für das Überleben des Schiffes, ungeachtet aller Mißhelligkeiten, die über den »Weißen Schwan der Unterweser« hereinbrachen.

Das Jahr 2000 wurde zu einem besonderen Prüfstein für die Management-Qualität der Verantwortungsträger. Senator a.D. und Rechtsanwalt Claus Jäger als Vorsitzender des Deutschen Schulschiff-Vereins und Nachfolger des inzwischen verstorbenen Dr. Horst Willner hatte die Zeichen der Zeit richtig erkannt. Er war sich illusionslos darüber im klaren, daß die Zukunft der Bremer Seemannsschule mit Sicherheit nicht mehr gegeben war. Schon im Januar 1998 hatte die vormalige »Seemannsschule SCHULSCHIFF DEUTSCHLAND« ihre Selbständigkeit verloren, sie wurde zum bloßen Anhängsel des Schulzentrums an der Kerschensteinerstraße herabgestuft: Es wurden seitdem nur noch Teile des Unterrichts an Bord durchgeführt. Damit verringerten sich die bis dahin alljährlich von der Bildungsbehörde für SCHULSCHIFF DEUTSCHLAND als Haushaltsmittel bereitgestellten 330 000,– DM pro Jahr auf nur noch 80 000,– DM. (Und es war klar, daß das »Sterben auf Raten« damit nicht beendet war.) Tatsächlich wurde der Betrieb der Seemannsschule Bremen am 30. Juni 2001 gänzlich eingestellt.

Der noch 1998 als Geschäftsführer des DSV gewonnene Fregattenkapitän a.D. Wulf Dominik – auf zwei großen Auslands-Ausbildungsreisen der GORCH FOCK segelschiffbefahren – war unermüdlich im Auftun neuer Möglichkeiten, zumal er eine Vielzahl guter Kontakte zu Medien und maritimen Gruppierungen aufgebaut hatte. Auf SCHULSCHIFF DEUTSCHLAND wurde er ideal durch den Schiffsbetriebsmeister Ingo Müller-Fellmett unterstützt, den man mit Fug und Recht als den guten Geist von SCHULSCHIFF DEUTSCHLAND bezeichnen kann. Dieser immens tüchtige Mitarbeiter seines Fachs ist seit mehr als 35 Jahren an Bord und als Überzeugungstäter mit ganzem Herzen bei der Sache. Seine perfekte Sachkenntnis ist einmalig. Sie ist gepaart mit der Fähigkeit, die zeitweilig zugeteilten Arbeitskräfte – zumeist Sozialhilfeempfänger – mit Fingerspitzengefühl richtig anzusprechen und zu motivieren, erst recht die ehrenamtlichen freiwilligen Mitarbeiter.

Geschäftsführer Wulf Dominik vor seiner Pensionierung Oktober 1998. (Pressefoto)

Von Toynbee stammt der Lehrsatz, daß das Leben ein ständiges Wechselspiel von Herausforderung und Antwort sei. Und so gelang es SCHULSCHIFF DEUTSCHLAND nach dem illusionslos erwarteten Wegbrechen der alljährlichen Zuwendungen für die Seemannsschule, auf eigenen Beinen sicher weiterzulaufen.

Der »Weiße Schwan« ging nicht »den Bach hinunter«. Das Schiff überstand alle Turbulenzen und negativen Veränderungen des Millenniumwechsels unbeschadet.

Die »Ära Dominik« betrieb die Umformierung von Abhängigkeit (Schulsenator und Reedereien) zur Selbständigkeit ideenreich und konsequent. Beizeiten sahen der Vorstand und der neue Geschäftsführer voraus, daß auch die Schließung des reinen Internatbetriebes für Seemannsschüler unausweichlich heranrückte. Das geschah tatsächlich Mitte 2001 mit der Einstellung auch der Ausbildung im Schulzentrum Kerschensteinerstraße.

Zum Glück erkannte man auch, daß das als magerer Ersatz angebotene KiDZ-Projekt zur Sonderbehandlung von Schulverweigerern an Bord von SCHULSCHIFF DEUTSCHLAND keine Erfolgschancen haben werde. Das Scheitern war geradezu programmiert.

Unbeirrt zuversichtlich ging man in Vegesack ans Werk, die Einnahmen des Schiffes durch Vermietung des ganzen Schiffes für Seminare, Jubiläen, Familienfeiern ebenso wie die Kabinenvermietung zur Übernachtung mit Frühstück für Einzelpersonen und Reisegruppen ständig zu erhöhen. Die wachsende Zahl von Anträgen zu Trauungen an Bord machte die Schulung einer Mitarbeiterin des DSV-Stabes zur Standesbeamtin notwendig.

Ein Ausruhen auf irgendwelchen Lorbeeren durfte es nicht geben. Immer neue Investitionen waren erforderlich, um die Qualität des Schiffes zu erhöhen und im Internet

Internationale Hochzeit an Bord (von links nach rechts: Senator a.D. Claus Jäger, Standesbeamter, Brautpaar, Standesbeamtin Heide Orthmann, Geschäftsführer Wulf Dominik.

für weitere Publizität zu sorgen. Auch die Pressearbeit wurde immer weiter perfektioniert.

Am 15. Januar 2000 begann der Abriß des bis dahin am Liegeplatz Vegesack zur Verfügung gestellten Schulgebäudes im Rahmen neuer Bauvorhaben im Umfeld des Schiffes. Es galt also, beizeiten an anderer Stelle auf dem »Haven Höövt« ein eigenes »Schulschiff-Haus« zu bauen, das alle landseitigen Ver- und Entsorgungseinrichtungen des Schiffes sowie die DSV-Büroräume, bestimmte Lager und das gesamte systematisch erfaßte und auf EDV umgestellte Archiv unterzubringen und obendrein eine schiffsnahe Gaststätte namens »Sailor's Inn« zu schaffen, deren Verpachtung den Etat entlasten konnte.

Die Finanzierung des architektonisch ansprechenden Gebäudes gelang durch Verkauf des dem DSV gehörenden Hauses in der Bremer Parkallee, das früher die Geschäftsstelle beherbergt hatte. Außerdem konnten vom Finanzsenator 545 000,– DM als Anlaufverluste für die nächsten Jahre (infolge permanenter Behinderung des Besucherverkehrs durch die ständigen Baustellen im Schiffsbereich für die Neugestaltung einer Senioren-Wohnanlage und eines nahegelegenen Einkaufszentrums) in die Finanzierung des DSV-Neubaus mit eingebracht werden.

Das Jahr 2000 bot zwei ganz besondere Chancen, SCHULSCHIFF DEUTSCHLAND abermals in den Mittelpunkt öffentlicher Aufmerksamkeit zu bringen.

Nach sorgfältiger Vorbereitung konnte im traditionsreichen oberen Rathaussaal – in dem jedes Jahr die exklusive Schaffer-Mahlzeit abgehalten wird – am 20. März 2000 das Jubiläum »100 Jahre Deutscher Schulschiff-Verein« in denkbar würdigem Rahmen gefeiert werden. Gastgeber war der Senatspräsident und Bürgermeister der Freien Hansestadt Bremen, Dr. Henning Scherf, Ehrengast der Enkel des DSV-Gründungsprotektors, seine Königliche Hoheit Großherzog Anton Günther von Oldenburg. Die Festrede hielt Professor Peter Tamm, Inhaber des Wissenschaftlichen Instituts für Schiffahrts- und Marinegeschichte in Hamburg.

Nach einem Essen an Bord der SCHULSCHIFF DEUTSCHLAND in Vegesack nahm man am gleichen Tage die Grundsteinlegung des besagten Schulschiff-Hauses vor.

Im Vorstand des DSV waren seit der gelungenen Paradefahrt zum ZDF-Sonntagskonzert die Bedenken gegen gelegentliche, gut organisierte Fahrten im Schlepp mehr und mehr gewichen. Die Teilnahme des Schiffes an dem nur alle fünf Jahre stattfindenden Großereignis SAIL BREMERHAVEN wurde zum absoluten »Volltreffer«.

Wiederum hatte man die An- und Abreise nach und von Bremerhaven bestens vermarkten können. Am 28. August 2000 traf SCHULSCHIFF DEUTSCHLAND am einsichtsvoll gewährten Liegeplatz unterhalb des nostalgisch schönen Leuchtturms »Bremerhaven Oberfeuer« in der Südwestecke des Neuen Hafens ein. Man hatte erreichen können, daß dort erstmals in ihrem Dasein das ebenfalls an der SAIL BREMERHAVEN 2000 teilnehmende einstige DSV-Schulschiff STADSRAAD LEHMKUHL ex GROSSHERZOG FRIEDRICH AUGUST und SCHULSCHIFF DEUTSCHLAND freundschaftlich zusammentreffen konnten. Diese norwegisch-deutsche Be-

Der »Weiße Schwan« nach seiner »Wiederauferstehung« vor dem Helgoland-Anleger bei der »Strandhalle« von Bremerhaven.

gegnung fand starke Beachtung. Mit Raffinesse hatten die Schiffe ihre Liegeplätze so einnehmen können, daß deren Klüverbäume gegeneinander zeigten. Auf diese Weise konnten die Fotografen und Kameraleute die beiden Schiffsnamen gemeinsam ins Bild bringen. Und als Traditionsträger des ersten DSV-Schulschiffes machte der Elsflether Dreimastschoner GROSSHERZOGIN ELISABETH hinter den beiden Beinahe-Schwesterschiffen fest.

SCHULSCHIFF DEUTSCHLAND war für alle Hafentage an ein bedeutendes Industrieunternehmen verchartert, das Bordveranstaltungen durchführte, ohne deshalb einen Besucherverkehr gänzlich zu unterbinden. Es kamen dank dieses Einvernehmens 10 000 Besucher auf das Schiff. Ein erstmalig durchgeführtes Ehemaligentreffen erfreute sich großer Resonanz. Heute sind es schon über 800 ehemalige »Schulschiff-Zöglinge« und »Seemann-Schüler«, die der Betreuer Dieter Heugelage aufgelistet hat.

Aber der noch größere Wurf gelang bei der abschließenden Parade von 300 teilnehmenden Segelschiffen auf der Weser. SCHULSCHIFF DEUTSCHLAND bekam vor Anker einen »Logenplatz« unterhalb von Blexen-Reede, wo sich das ganze Schiffsgeschwader formierte. In Zusammenarbeit mit der Handelskammer Bremen konnten 200 Handelskammer-Präsidenten und -Hauptgeschäftsführer aller deutschen Bundesländer als Gäste das Schauspiel dieser Schiffsparade aus nächster Nähe genießen. Durch umsichtige Planung war dafür gesorgt worden, daß keiner von ihnen in irgendeinen Verkehrsstau geriet. Alle per PKW Angereisten hatten ihre Wagen von vornherein in Bremen abgestellt. Sie wurden von einem gecharterten Schnellverkehrsboot von der Bremer Schlachte direkt zum Ankerplatz von SCHULSCHIFF DEUTSCHLAND gebracht. Ab Nordenham waren sie sogar von der Wasserschutzpolizei durch das Getümmel der sich formierenden Paradeteilnehmer gelotst worden.

Bei vorzüglicher Bewirtung war nachher die am Ankerplatz des Schiffes vorbeikommende und sachkundig moderierte Schiffsparade für alle Gäste ein herausragendes Erlebnis. Man hatte einflußreiche Freunde gewonnen, die man am Ende der Veranstaltung auch wieder per Speedboot nach Bremen zurückbrachte.

Im Jahr 2001 war es SCHULSCHIFF DEUTSCHLAND möglich,

als besonderer »Star« unter den Gastschiffen im Mai am 30. Deutschen Seeschiffahrtstag in Elsfleth teilzunehmen. Die Anteilnahme der Einwohnerschaft und der maritim interessierten Tagungsteilnehmer war stürmisch. Das Schiff lief bei diesem Anlaß zum ersten Mal seit 61 Jahren seinen einstigen Heimathafen wieder an. Bis tief in die Nacht wimmelte es an Bord von begeisterten Besuchern.

Die Anfahrt sowie die Abreise von Elsfleth waren dank guter Routenwahl mit Zugabestrecken, interessanter Moderation und Darbietungen durch den inzwischen ins Leben gerufenen »Schulschiff Deutschland-Chor« auch finanziell höchst erfolgreich.

So waren immer neue Initiativen des DSV erfolgreich. Es gab Benefizkonzerte und Sonderveranstaltungen aller Art, nicht zuletzt bei den Vegesacker Festveranstaltungen.

Die Umgestaltung der sanitären Verhältnisse im Zwischendeck erhöhten die Attraktivität der Zweier-Kabinen für Übernachtungen. Der Buchungsstand ist derart dynamisch, daß die Zukunft von Schulschiff Deutschland gesichert erscheint. Ganz wesentlich trug auch der Ausbau des bisherigen großen Mannschaftsraumes (Messe) zu einem ansprechenden »Salon« dazu bei. Der prächtige Einfall, für die Neugestaltung ganze Tische mit Intarsien-Logos von Sponsoren zu gestalten, machte das Schiff auch für anspruchsvolle Nutzer heimelig. Der Schatzmeister des DSV, Reeder Kapitän Peter Harren, hatte das Konzept für den gelungenen Messe-Umbau geliefert und für Akquise gesorgt.

Das Sprichwort sagt: »Wat dem eenen sien Uhl is dem anneren sien Nachtigall.« Durch die Insolvenz der »Gläsernen Werft« auf dem Gelände der vormaligen Werft Bremer Vulkan wurden plötzlich europäische Fördermittel in Höhe von 250 000,– EURO frei. Wulf Dominik entwickelte binnen vier Stunden ein neues Konzept, für welche Posten dieses Geld auf legale Weise anderweitig in Anspruch genommen werden könne. Er schickte die Ausarbeitung sofort per E-Mail an das Haus des Wirtschaftssenators. Das Ganze wurde zum Volltreffer. Nun konnte der genannte Betrag für die Neuherstellung der Klimaanlage an Bord und zum Einsatz der störanfällig gewordenen

Schiffsbetriebsmeister Ingo Müller-Fellmeth (seit 35 Jahren an Bord).

Abwasseranlage, vor allem aber für das Auswechseln der marode gewordenen hölzernen Ober-Rahen (Royal und Oberbram) an allen drei Masten gegen stählerne verwendet werden.

Und nun zahlte sich der immer neu bestätigte Ideenreichtum aus: Dominik hatte das Schiff zum Ausbildungszentrum für Industriekletterer mit europäischem Diplomabschluß gemäß dem in der Satzung festgelegten Ausbildungsauftrag erhoben. Das Auswechseln der Rahen wurde prompt zur großen Show und zum Presse-Ereignis. In schwindelnder Höhe von rund 50 Metern hingen die aufgeenterten Kletterer, in den Toppen angeleint, um die besagten Rahen zu lösen. Brassen, Eselshaupt, Toppnanten und Jackstage mußten gelöst werden, bevor ein am Ufer in Stellung gebrachter Teleskopkran die bis zu 836 Kilo schweren Holzrahen abheben und auf einen Tieflader verstauen konnte. Die bei der Fassmer-Werft in Auftrag gegebenen originalgetreu nachgebildeten stählernen Rahen wurden im umgekehrten Verfahren wieder in ihre Position gebracht und in den Toppen festgemacht. Was die Industriekletterer bei ihrer Ausbildung empfinden, gilt auch für die Incentiv-Gruppen von Firmen und Gesellschaften, die an Bord Quartier nehmen: Es entsteht ein Zusammengehörigkeitsgefühl. Tugenden wie Kameradschaft, wechselseitiges Aufeinander-angewiesen-Sein, Loyalität und Hilfsbereitschaft werden neu entdeckt.

Man ahnt die Ursache, warum alle großen Windjammerparaden der letzten drei Jahrzehnte in den Seehäfen Kiel, Bremerhaven, Hamburg und Rostock jedesmal die größten aller Verkehrsstauungen auf den Autobahnen und Zufahrtsstraßen hervorriefen: Segelschiffe verkörpern zeitlos gültige Werte. Allan Villiers prägte den Satz: »Wer unter Segeln zur See fuhr, der hat an der großen Weltseele gelauscht.«

Die Sail Training Association Germany (STAG) zählt über 4500 aktive Mitglieder und ist damit zum größten europäischen Jugendverband für die Rahsegelschiffahrt geworden. Immer mehr Traditionsschiffe können mit »Trainees« bemannt werden.

Ebenso positiv gestaltet sich die Arbeit des Deutschen Jugendwerks zur See »Clipper«, dessen vier Ausbildungsschiffe stark gefragt sind.

Schulschiff Deutschland ist dazu berufen, diese Zusammenhänge zu vermitteln – als schwimmendes Museum, durch Ausstellungen, Filme und Veranstaltungen sowie Ausbildungen.

Es wurde zum glanzvollen Ereignis, als in der bereits benutzbaren unteren Etage des Lange-Speichers am 14. Juni 2007 der 80. Geburtstag von Schulschiff Deutschland gefeiert werden konnte. Ein Festprogramm umrahmte das Jubiläum, das breite Zustimmung des Publikums fand. Erkennbar haben die Menschen Deutschlands letztes, überaus schmuckes Vollschiff ins Herz geschlossen.

So rundet sich der Kreis. Bisweilen zeigt eine Vergangenheit am ehesten Wege in eine erstrebenswerte Zukunft. Das Bewußtsein dafür breitet sich immer weiter aus.

Kein Ausruhen »auf den Lorbeeren«

Das Vollschiff, das Schulschiff-Haus und der von der »Deutschen Stiftung Denkmalschutz« restaurierte Speicher der früheren Lange'schen Werft bilden eine Sichtachse und könnten sehr wohl ein seefahrthistorisch einmaliges Ensemble bilden. Die drei Objekte befinden sich unmittelbar neben Deutschlands ältestem Hafenbecken, das schon 1630 geschaffen wurde. Die Lange'sche Werft war bis weit ins 19. Jahrhundert hinein die älteste große Schiffswerft der Unterweser. Auch Deutschlands zweitältestes Dampfschiff Die Weser ist dort entstanden.

Der Deutsche Schulschiff-Verein hat klare Vorschläge unterbreitet, wie man zumindest die beiden unteren Etagen des Speichers zu einem sehenswerten Museum der Vegesacker Schiffahrtsgeschichte ausgestaltet. Auch könnten gemeinsam vermarktete, wechselnde Ausstellungen z.B. über Marinemalerei – für die an Bord des Schiffes zuwenig Platz ist – den Besuchern von Schulschiff Deutschland gleich mitangeboten werden.

Immerhin wurde zumindest symbolisch ein Anfang gemacht, als in der als Saal nutzbaren unteren Etage am 14. Juni 2007 recht glanzvoll der 80. Geburtstag des Schiffes gefeiert werden konnte. Dieses zeigt sich dank immer weiterer Nachbesserungen und Vervollkommnung schmucker denn je. Ein Festprogramm umrahmte das Jubiläum, es fand breite Zustimmung des Publikums, das das Schulschiff Deutschland immer deutlicher erkennbar ins Herz geschlossen hat.

Aber es bleibt immer von neuem unvorstellbar viel zu tun. Nach zähen Verhandlungen mit dem Wirtschaftssenator konnte für 30 000,– EUR der Stiftung »Wohnliche Stadt« endlich die Erneuerung der Takelage des Schiffes durch Auswechseln der mittlerweile morbide gewordenen, noch hölzernen oberen Rahen aller drei Masten gegen neue, stählerne vorgenommen werden. Ein Glücksumstand führte dazu, daß der Original-Takelplan aus dem Jahr 1926 von einem »Shiplover« erworben worden war. Und es wurde für Publikum und Presse gleichermaßen zum interessanten Ereignis, als mit einem extrem weit ausladenden Teleskopkran die alten Rahen abgenommen und die neuen später installiert wurden.

Ideenreichtum und neue Maßnahmen führten zur Verbesserung der Schiffsqualität für die Nutzung – vor allem für Firmenseminare und Jubiläen. Die Umgestaltung der sanitären Verhältnisse im Zwischendeck erhöhten die Attraktivität der Zweier-Kabinen für Übernachtungen. Der Buchungsstand ist derart erfreulich, daß die Zukunft von

Kapitänssalon.
Original restauriert 1927!
Ort der Trauungen.

Die neue Messe nach Umbau. Idee: Reeder Kapitän Peter Harren.

SCHULSCHIFF DEUTSCHLAND gesichert bleibt. Ganz wesentlich trug auch der Ausbau des bisherigen großen Mannschaftsraumes zu einem entsprechenden Salon dazu bei. Der prächtige Einfall, für die Neugestaltung ganze Tische mit eingelassener Dank- und Erinnerungsplakette an Sponsoren zu veräußern, machte das Schiff auch für anspruchsvolle Nutzer heimelig.

Insgesamt ist es beispielhaft, mit welcher nie nachlassender Energie für die optimale Erhaltung und weitere Ausgestaltung dieses eindeutig schönsten deutschen Rahseglers Sorge getragen wird.

Selbstverständlich hatte SCHULSCHIFF DEUTSCHLAND – abermals ausgebucht mit lukrativen An- und Abfahrten und dortiger erneuter Vercharterung – an der SAIL BREMERHAVEN 2005 teilgenommen.

Und man sollte sich kreativen Visionen nicht verschließen: Alle vier Rahsegler des DSV sind noch immer vorhanden, in vier verschiedenen Ländern: Die »Urmutter« GROSSHERZOGIN ELISABETH ist als DUCHESSE ANNE das maritime Prunkstück der französischen Hafenstadt Dünkirchen (Dunkerque). Die PRINZESS EITEL FRIEDRICH ist als DAR POMORZA schwimmendes Museum erst einer deutschen und nachher beachtlichen polnischen Tradition in Gdynin. Von der STATSRAAD LEHMKUHL ex GROSSHERZOG FRIEDRICH AUGUST im norwegischen Bergen wurde bereits gesprochen.

Wie wäre es, wenn diese Schiffe bei besonderem maritimem Anlaß im Rahmen einer europäischen Fernseh-Ringsendung ihre vier Länder auf besondere Weise in die Herzen der Menschen brächten? Wo kann es bessere Botschafter für eine Völkerverständigung geben als »vier weiße Schwäne«? Jedes Schiff tritt ins Bild – mit Seemannschören in der jeweiligen Landessprache und mit Volkstänzen aus Französisch-Flandern, aus der Kaschubei, aus dem Sünnhordland, aus dem Ammerland oder aus Finkenwerder.

Menschen haben eine Seele, Schiffe haben sie auch. Da paßt etwas Schönes zum Herzenöffnen zusammen.

SCHULSCHIFF DEUTSCHLAND am Liegeplatz in Bremen-Vegesack. (Foto: DSV)

SAIL 2005 – Crew SCHULSCHIFF DEUTSCHLAND (Ehrenamtliche und Stammbesatzung).

Fußnoten

1 Laut Wolfram Claviez' »Seemännisches Wörterbuch« bedeutet »auf Steuerbordbug« segeln: Der Bug liegt Steuerbord vom einkommenden Wind, die Segel stehen an Backbord. Dies ist gleichbedeutend mit Steuerbordschoten und Backbordhalsen. Das Ganze ist beim Segeln auf Backbordbug entgegengesetzt.

2 Bei den Großseglern mit ihren aus drei Teilen zusammengebauten Masten sind die Salinge wichtige Bauelemente, die den Wanten und dem Fuß einer aufgesetzten Stenge (sprich: des nächten Mastteils) Halt geben. Es handelt sich also um kleine Plattformen, die beim Aufentern umklettert werden müssen.

3 Die bis zu diesem Zeitpunkt getragene Zivilkleidung wurde in die bei der Anreise auf ausdrückliche Anordnung mitgebrachten Kartons verpackt und per Post an die Heimatadressen geschickt.

4 Der angemusterte Schiffsjunge Gunter Hoffmann hatte im letzten Augenblick wegen Erkrankung wieder ausgeschifft werden müssen. Er wurde später mit einem Dampfer nachgeschickt und konnte am 22. Oktober 1927 in Funchal/Madeira wieder auf Schulschiff Deutschland einsteigen.

5 Alle Drahtseile einer Takelage, die nicht unmittelbar zur Bedienung der Segel gehören und stets am gleichen Platz bleiben (Stage, Wanten, Pardunen, Pferde usw.) bezeichnet man als »stehendes Gut«. Hingegen nennt man alle durch Blöcke, Scheiben und Rollen geschorenen Leinen eines Riggs (Fallen, Schoten, Niederholer, Brassen, Gordings, Geitaue und jede Talje – Flaschenzügen entsprechend) als »laufendes Gut«.

6 Wer die Größe der Erde wirklich erfassen will, der sollte zur See fahren. Der heutige Welt-Luftverkehr mit seinen zeitraffenden Düsenflugzeugen verschiebt alle Maßstäbe. Wer jedoch täglich auf den Weltmeeren mit nautischen Distanzen fertig werden muß, der entwickelt die richtigen Perspektiven. D. Verf.

7 Die architektonischen Zeugnisse der Barockzeit, des Klassizismus und Historismus erzählen die bewegte Geschichte der einstigen Kolonie Portugals. Sie war die größte aller überseeischen Besitzungen des kleinen Landes auf der Westseite von Spanien. Aber die Kolonialzeit war derart prägend, daß in Brasilien als einzigem Land Südamerikas nicht Spanisch, sondern Portugiesisch zur Amtssprache wurde.

8 Der Spitzname »Blauer Peter« bezeichnet im Jargon der Seeleute die Flagge »P« des internationalen Flaggenalphabets, von dem jedes Schiff der Welt mindestens ein komplettes »Stell« an Bord mitzuführen hat. Die Flagge »P« besteht aus einem weißen Rechteck, das ringsum von einem blauen Rechteck eingerahmt wird. Dieses Ein-Buchstaben-Signal bedeutet, daß das Schiff innerhalb der nächsten 24 Stunden in See gehen wird. Die ursprüngliche Bedeutung dieser Flagge war »Payment Day« – Zahltag. Alle Händler und Lieferanten wurden damit aufgefordert, etwa noch offenstehende Rechnungen zur Begleichung vorzulegen, ehe das Schiff – vielleicht nie wieder in den jeweiligen Hafen zurückkommend – davonsegelte. Das hatte vor dem Aufkommen eigentlicher Reedereien besondere Bedeutung. Die Kapitäne waren zumeist Eigner oder wenigstens Partenreeder ihrer Schiffe, für die sie auch kaufmännische Verantwortung trugen. Sie fungierten als »compradores«, Ladungsbeschaffer, weil es noch keine Agenturen im heutigen Sinne gab.

9 Schiffbaudirektor Dr.-Ing. E.h. Georg Claussen hatte seine Laufbahn als einfacher kleiner Zimmermannslehrling begonnen, um nachher sein schaffens- und erfolgreiches Leben als Technischer Direktor und Teilhaber der Schiffswerft Joh. C. Tecklenborg in Geestemünde zu beschließen. Neben seiner beruflichen Tätigkeit widmete er seine zahlreichen praktischen Erfahrungen auch öffentlichen Interessen, so in seiner Eigenschaft als Beisitzer im Reichsoberseeamt, als Vorstands- und späteres Ehrenmitglied der Schiffbautechnischen Gesellschaft, als Königlicher Baurat und späterer Ehrensenator der Technischen Hochschule Berlin-Charlottenburg. (Zitiert nach Jochen Brennecke)

10 Die damalige Schreibweise der Abkürzung ist Mitte der fünfziger Jahre der Abkürzung DSV ohne gesetzte Punkte gewichen. Sie wird schon jetzt fortan verwendet.

11 Die Geschlechter der Fugger und Welser gehörten zu den bedeutendsten Finanziers der Habsburger, der Hanse und gewisser Aktivitäten der Entdeckerschiffahrt. Die Fugger waren Geldgeber für die erste Weltumsegelungs-Expedition unter Ferdinand Maghellan, die freilich nur einem seiner fünf Schiffe gelang. Und es ist ein besonderes Kuriosum, daß ein bayerisches Handelshaus bereits im 16. Jahrhundert zeitweilig eine südamerikanische Kolonie besaß: Die spanische Krone war derart an die Welser verschuldet, daß diese ihnen »Klein-Venedig« – zu wesentlichen Teilen im heutigen Venezuela aufgegangen – abtrat.

12 Schon in dem am 31. März 1920 abgelaufenen Geschäftsjahr hatten die Einnahmen 958 656 Mark, die Ausgaben jedoch schon über 1,411 Millionen Mark betragen, so daß sich schon zu diesem Zeitpunkt ein Verlust von reichlich 453 143 Mark erkennen ließ. Und der Deutsche Schulschiff-Verein fügte mit Recht hinzu: »... Eine Erscheinung, die in dem 20jährigen Bestehen des Vereins zum ersten Mal eingetreten ist.« Auch die 3-Millionen-Entschädigungssumme für die zwangsabgelieferten Schulschiffe Prinzess Eitel Friedrich und Grossherzog Friedrich August schmolz nachher hoffnungslos dahin. Man wußte sehr bald, daß man 1921 aus dem Reservefonds abermals 1,2 Millionen Mark zum Defizitausgleich werde zuschießen müssen. Nachher ergaben sich sogar Gesamtausgaben von rund 7 Millionen, denen nur noch Einnahmen von 1,25 Millionen Mark gegenüberstanden! Das sei zum besseren Verständnis der aufgeführten finanziellen Nöte des Deutschen Schulschiff-Vereins dargestellt. Auch der Hinweis darauf scheint angebracht, daß die Inflation schließlich bis zum Irrsinn eskalierte: Am 1. Juli 1923 zahlte man für einen US-Dollar 160 Mark, am 1. Oktober bereits 242 000 Mark und am 15. November gar schon 4,2 Billionen Mark. Diese Summe ließ sich kaum noch begreifbar in Ziffern ausdrücken: 4 210 500 000 000 Mark!

13 Alle vier genannten Schiffe waren üble Seelenverkäufer. Man hatte sie in Zeitungsanzeigen als »Segelschiffe 1. Klasse« angepriesen, um für teures Geld Kadetten zur Ausbildung anzulocken. Es gab keinerlei Lehrpersonal. Auch die Besatzung bestand großenteils aus völlig unerfahrenen Leuten, es waren Nautiker mit unzureichenden Patenten unter den Offizieren. Alle vier Schiffe verunglückten unterwegs.

14 Das Vollschiff Hamburg war im Spätherbst 1925 zum Löschen seiner Weizenladung nach Cork/Irland beordert worden. Es geriet kurz vor dem Reiseziel in eine derart extreme Wetterlage, daß Kapitän Volquardsen beschloß, Dublin als Nothafen anzulaufen. Dort unterblieb infolge Unachtsamkeit der Lotsenstation die dringend angeforderte Schlepperhilfe. Es blieb Volquardsen nichts anderes übrig, als ohne Hilfe in den Hafen hineinzusegeln. Bei einer Orkanböe lief das Schiff jedoch plötzlich aus dem Ruder und kam in der Hafeneinfahrt fest. Es kam zwar mit der Flut wieder flott, strandete aber kurz danach auf dem Sutton Sand nördlich der Hafeneinfahrt endgültig. Die Besatzung wurde vom Rettungsboot der Station Kingston abgeborgen. Nach Besserung des Wetters konnte ein Teil der Ladung gelöscht werden und das Schiff soweit abgeleichtert werden, daß es nach Dublin ins Dock geschleppt werden konnte. Bei Dr. Meyer heißt es dann aber: »Die anschließende Besichtigung ergab, daß das Schiff bei der unverschuldeten Strandung so schwer beschädigt wurde, daß nichts anderes übrig blieb, als die Hamburg zu kondemnieren. So wurde die dann zum Abbruch verkauft.«

15 Unter dem Begriff Schweinsrücken versteht man eine Decksverstärkung, auf der ein an Deck genommener, nicht in der Klüse gefahrener Anker festgelascht wird.

16 Backspier nennt man eine querschiffs ausklappbare Spiere, an der im Hafen oder vor Anker die zu Wasser gelassenen Beiboote festgemacht werden.

17 Der spätere Marineoberbaudirektor und Professor Dipl.-Ing. Hermann Burkhardt galt als der Ästhet im Marineschiffbau. Seine Formgebungsgedanken spiegelten sich zum Beispiel auch in der harmonischen Silhouette des Mehrzweckschiffes Aviso GRILLE wider. Das gleichermaßen als Staatsjacht, Artillerieschulschiff und Minenleger verwendete Fahrzeug wirkte dank seiner grazilen Formen und seinem Segelschiffsbug mit Klüverbaum eher wie eine elegante Segeljacht. Burkhardt und Dr. Süchting waren auch in diesem Falle gemeinsame Ideenspender.

18 Schneidet eine Ebene die Erdkugel derart, daß der Kugelmittelpunkt in der Schnittebene liegt, entsteht als Schnittlinie an der Oberfläche der Erdkugel ein Kreis größten Durchmessers, ein Großkreis. »Das Bogenstück eines Großkreises ist die kürzeste Verbindung zweier Punkte auf der Erdoberfläche. Diese Strecke heißt ›Großkreisdistanz‹«, definiert Claviez. (Hochsee-Navigation mit astronomischen Standortbestimmungen bedeutet also permanente Anwendung von sphärischer Trigonometrie. D. Verf.)

19 Aus der im Juni erworbenen, ursprünglich belgisch gewesenen L'AVENIR wurde das frachttragende Segelschulschiff ADMIRAL KARPFANGER.

20 Faulenzer = Ladebaumaufholer. Wolfram Claviez: »Die Ladebäume der klassischen Trockenfrachter wurden mittels Hanger bis in die gewünschte Stellung aufgetoppt. Damit dann die am unteren Ende des Hangers befestigte Langgliedkette zur Justierung der Länge mit jeweils günstigem Glied in den dafür vorgesehenen Augbolzen an Deck eingeschäkelt werden konnte, entlastete der vom Anfang der Kette zum Spillkopf der Ladewinde laufende Baumaufholer (Faulenzer) den Hanger vorübergehend. Darüber hinaus war es am Lade- und Löschvorgang nicht beteiligt« – was seinen Namen erklärt.

21 Eine Erklärung des Phänomens konnte wohl nur darin liegen, daß sich im nahegelegenen Hochland von Santa Catarina (800 m) eine kompakte, kältere Luftmasse ins Tiefland bewegt hatte, die von dort weiter seewärts abgeschoben wurde, wo sie nun abstürzte.

22 In der Zeit der holländischen Besetzung ab 1630 wurde Recife, an der Mündung der Flüsse Capibaribe und Beveribe, planmäßig im Stil des holländischen Städtebaus angelegt. Aber von diesem einstigen Regierungssitz des Prinzen Moritz von Nassau ist nichts außer den beiden Befestigungsanlagen nahe der Hafeneinfahrt und am Südende der Altstadt von Recife erhalten geblieben. Die Portugiesen haben sie nachher weitergenutzt und ausgebaut.

23 TMMC = Tripartite Merchant Marine Commission

Schulschiff Deutschland – Der Großsegler mit Eventcharakter

Das letzte deutsche Vollschiff. Zum Heiraten, für Besichtigungen, Tagungen, Seminare – zum rustikalen Übernachten und anderes mehr.

Übernachten an Bord des letzten deutschen Vollschiffes ist ein ganz besonderes Erlebnis. Wer möchte, kann sich für eine Doppelkabine mit den beiden Kojen übereinander entscheiden oder sie auch als Einzelkabine nutzen. Insgesamt 30 Kabinen stehen für Einzelreisende oder Gruppen zur Verfügung. Die Kojen sind mit Bettwäsche und Handtüchern ausgestattet. Wer es komfortabler haben möchte, kann die Kapitäns-Suite wählen, inklusive Sekt zum Frühstück.

Trauungen an Bord, standesamtlich oder kirchlich, sind der perfekte Start in die Ehe. Die standesamtlichen Trauungen finden im Kapitänssalon (mit maximal 20 Personen) statt, zuvor trifft sich die Hochzeitsgesellschaft im ehemaligen Schiffshospital, in dem inzwischen ein Museum eingerichtet wurde.

Rio de Janeiro und Buenos Aires, die Bahamas und das südafrikanische Kapstadt, Venezuela und die Kanarischen Inseln: die Mannschaft an Bord des Segelschulschiffes, das am 14. Juni 1927 in Bremerhaven vom Stapel lief und auf den Namen Schulschiff Deutschland getauft wurde, kam weit rum.

Zwölf ausgedehnte Seereisen absolvierten bis zu 140 „Zöglinge", ausgebildet von einer Stammbesatzung von 24 Mann, zwischen 1927 und 1939. Dazwischen und danach segelte das Schiff 16mal über Nord- und Ostsee bis Helsinki.

Seit 1996 hat Schulschiff Deutschland ihren Stammliegeplatz in Vegesack – umgeben von Werften, die Schiffbau als High-Tech-Disziplin definieren. An Bord des Großseglers stehen die Decks und Räumlichkeiten heute für allerlei Aktivitäten zur Verfügung.

Die Daten des Seglers:
Die Gesamtlänge: 86,20 m, der Rumpf ist 73,50 m lang. Die Breite: 11,98 m, der Tiefgang: 5,45 m. Das Schiff ist ein Vollschiff (alle drei Masten sind rahgetakelt). Der Vortopp ist 50 m hoch, der Großtopp 52 und der Kreuztopp 48 m. Schulschiff Deutschland wurde mit 1.257 BRT (769 NRT) vermessen. Die Verdrängung beträgt 1.470 Tonnen. Der Festballast im Rumpf wiegt 560 Tonnen. Ein Stell, eine komplette Ausstattung mit Segeln, umfaßte 25 Segel mit insgesamt 1.950 qm.

Georg W. Claußen, der weltweit führende Segelschiffskonstrukteur seiner Zeit, hatte das Schiff eigens als Ausbildungssegler konstruiert. Gebaut wurde es unter der Baunummer 417 bei Joh. C. Tecklenburg in Bremerhaven-Geestemünde. Schulschiff Deutschland kostete damals 920.000 RM (Reichsmark). Das Geld wurde durch den Deutschen Schulschiff-Verein, vom Land Preußen, den Senaten in Bremen und Hamburg sowie aus Spenden großer Reedereien aufgebracht.

Unsere Angebote für Sie:
Weitere Infos unter www.schulschiff-deutschland.de

Übernachtungen an Bord
30 Einzel- bzw. Doppelkabinen können an Bord von SCHULSCHIFF DEUTSCHLAND gebucht werden. Außerdem die Suite des Kapitäns, mit Salon, Reederkammer, Büro sowie Dusche und WC.

Service für Fahrrad-Touristen
Für Sie gibt es neben der Übernachtung selbstverständlich auch Unterstellmöglichkeiten für Ihre Räder.

Gebucht wird direkt und schnell
Für Einzel- oder Gruppenbuchungen stehen alle Informationswege offen: per Telefon, Fax, E-Mail direkt beim Deutschen Schulschiff-Verein oder online über die Bremer Touristikzentrale: www.bremen-tourism.de

Heiraten an Bord
Für standesamtliche oder kirchliche Trauungen, für Taufen oder andere Veranstaltungen bietet SCHULSCHIFF DEUTSCHLAND die optimale Kulisse. Wir informieren Sie gern.

Besichtigungen
Unser Schiff steht täglich für Besichtigungen zur Verfügung. Gruppenangebote auf Anfrage möglich.

An Bord gehen ...
Besichtigungen sind werktags von 10 bis 17 Uhr, samstags, sonntags und an Feiertagen von 10 bis 18 Uhr möglich. Auf Wunsch und nach vorheriger Anmeldung werden Gästeführungen für Gruppen angeboten. Der Liegeplatz von SCHULSCHIFF DEUTSCHLAND ist in Bremen-Vegesack, in der Nachbarschaft des historischen Hafens, wenige Schritte von der Weserfähre, dem Anleger der Fahrgastschiffahrt und dem Bahnhof entfernt.

Deutscher Schulschiff-Verein e.V.
Zum Alten Speicher 15
28759 Bremen
Fon 0421-658 73 73, Fax 0421-658 73 74
info@schulschiff-deutschland.de
www.schulschiff-deutschland.de

Das Erlebnis-Schiff mit Geschichte

Die 12 Atlantik-Reisen von »SCHULSCHIFF DEUTSCHLAND«

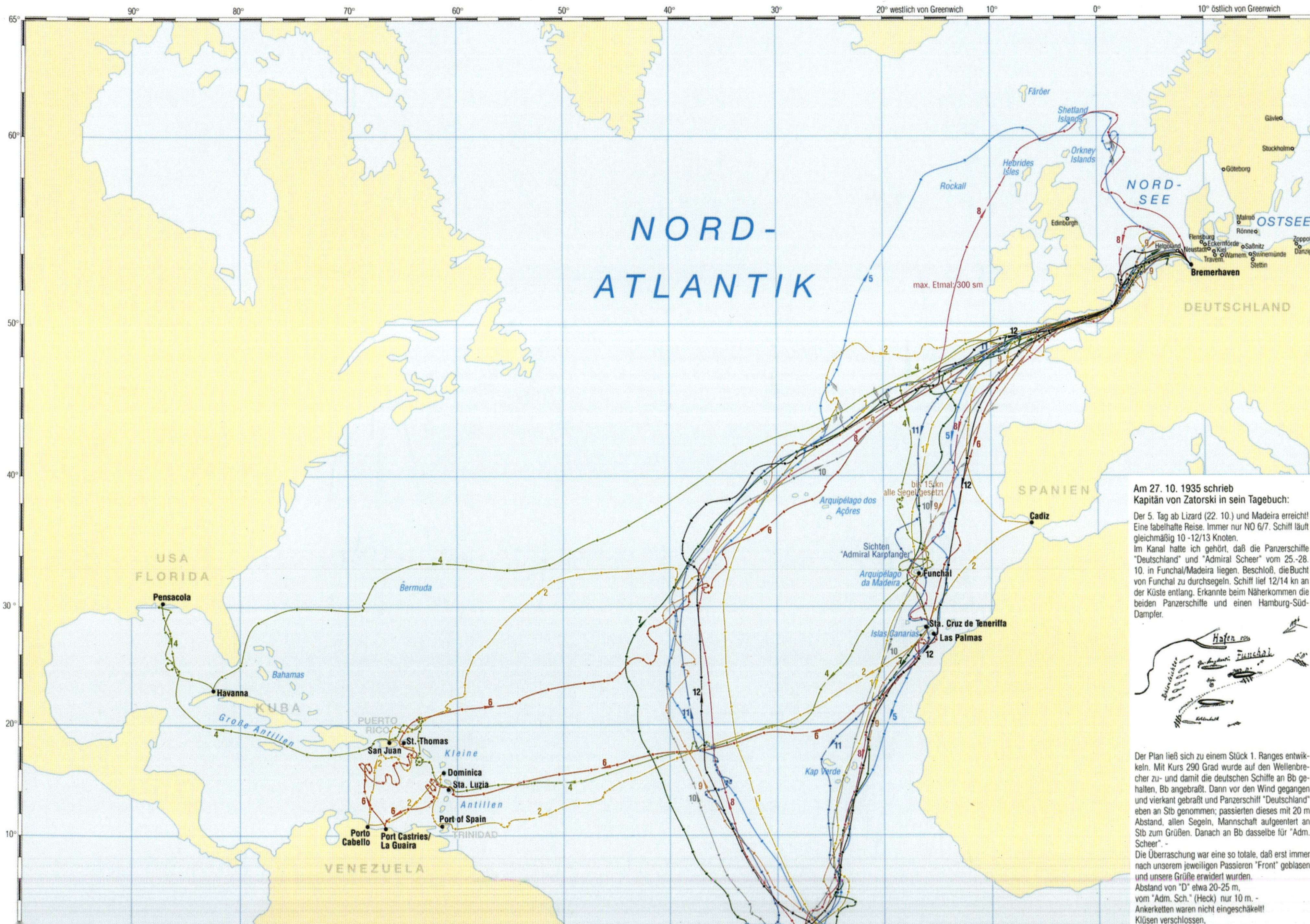

Am 27. 10. 1935 schrieb Kapitän von Zatorski in sein Tagebuch:

Der 5. Tag ab Lizard (22. 10.) und Madeira erreicht! Eine fabelhafte Reise. Immer nur NO 6/7. Schiff läuft gleichmäßig 10 -12/13 Knoten.
Im Kanal hatte ich gehört, daß die Panzerschiffe "Deutschland" und "Admiral Scheer" vom 25.-28. 10. in Funchal/Madeira liegen. Beschloß, die Bucht von Funchal zu durchsegeln. Schiff lief 12/14 kn an der Küste entlang. Erkannte beim Näherkommen die beiden Panzerschiffe und einen Hamburg-Süd-Dampfer.

Der Plan ließ sich zu einem Stück 1. Ranges entwikkeln. Mit Kurs 290 Grad wurde auf den Wellenbrecher zu- und damit die deutschen Schiffe an Bb gehalten, Bb angebraßt. Dann vor den Wind gegangen und vierkant gebraßt und Panzerschiff "Deutschland" eben an Stb genommen; passierten dieses mit 20 m Abstand, allen Segeln, Mannschaft aufgeentert an Stb zum Grüßen. Danach an Bb dasselbe für "Adm. Scheer". -
Die Überraschung war eine so totale, daß erst immer nach unserem jeweiligen Passieren "Front" geblasen und unsere Grüße erwidert wurden.
Abstand von "D" etwa 20-25 m,
vom "Adm. Sch." (Heck) nur 10 m. -
Ankerketten waren nicht eingeschäkelt!
Klüsen verschlossen,